室內設計的施工圖與裝修工程

陳德貴 編著

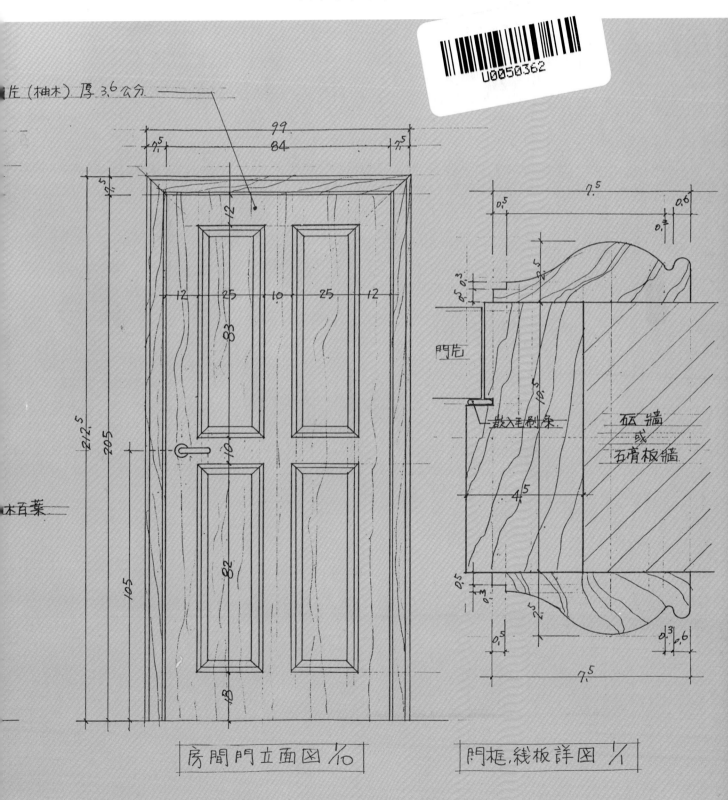

房間門立面圖 1/10

門框,線板詳圖 1/1

- 工別與工序　● 施工圖的表現　● 報價與簽約和開工準備　● 全套施工圖實例

陳德貴 1952年台北市人

現　任：得貴室內裝修有限公司負責人
　　　　兼任台北科技大學室內設計教師
　　　　中華民國室內設計協會理事
　　　　中華民國建築物室內裝修專業技術人員協會之常務理事

著　作：室內設計基本製圖（1982）
　　　　百貨公司的內裝設計（2006）
　　　　室內設計的施工圖與裝修工程（2009）

地　址：台北市士林區福華路122號2樓
電　話：02-2835-5896
傳　真：02-2831-3903

歷年重要作品：

2008年	外雙溪小別墅和一般華宅之設計與施工
	日立家電南區營業所和展示廳之設計與施工
2007年	日立家電於各百貨公司之專櫃設計與施工
2006年	台北SOGO百貨復興館之2F. 1F. B1F公共空間設計
	台北SOGO百貨復興館B1F之女鞋. 女包區賣場設計
	台北SOGO百貨復興館1F浪琴表名店之設計與施工
2005年	遠東百貨天津店 全館設計
	中壢中央新館改裝設計
	雙和太平洋百貨小吃街改裝設計施工
2004年	遠東百貨重慶江北店 全館設計
	成都春照新館 全館設計
	中壢SOGO中央新館B1F、1F及外觀、公共區設計
2003年	101大樓SOGO百貨設計
	中壢SOGO本館1F鞋區改裝設計施工
	新竹SOGO本館1F鞋區改裝設計施工
2001年	微風廣場購物中心專案技術總監
	微風廣場購物中心GF Die Gute麵包店
	微風廣場購物中心B1F元富士鐵板燒
	微風廣場購物中心B1F菊川日本料裡
2000年	中壢SOGO 1F 飾品區設計、施工。
1999年	SOGO百貨(新竹)1F丙工程設計。
	山崎麵包(新竹SOGO百貨B2)設計、施工。
1998年	SOGO百貨(中壢)1F 丙工程設計、施工。
	漢神百貨(高雄)5F(改裝) 乙、丙工程設計。
	勝利百貨(中國‧大連)A棟B1、MB1、1F丙工程設計。
1996年	SOGO百貨(高雄)B2~7F 乙工程設計及
	B2~1F丙工程設計。
1993年	遠東百貨(中壢) 全棟乙、丙工程設計。
1991年	太平洋百貨(豐原) 全棟乙、丙工程設計。
	(與陳耀東建築師合作)
1989年	鴻源百貨(台北)1F~9F 乙、丙工程設計。
	(與姚仁祿先生合作)
1997年	SOGO百貨(台北) 全棟 實施設計。
	與陳耀東建築師合作)
1990年	來來百貨(台中) 全棟 實施設計。
	(與日本KAN DESIGN事務所合作)
1978年	來來百貨(台北) 全棟 實施設計。
	(與日本KAN DESIGN事務所合作)
	◎一般私人住宅設計作品繁多，不及詳載。

目錄

姚序

　　室內設計(interior design)工作是二十世紀七〇年代之後，從建築設計工作中分裂出來的「新」的工作項目，主要是因建築設計的需求呈商業化的量化產品，如集合住宅尚未確定市場末端的「使用者」而發生的商業需求業務，就由「室內設計」來擔任；還有一些是「閒置空間」的再利用，如巴黎的大皇宮、羅浮宮、奧塞美術館（原為火車站）、台北的華山藝文廣場、台中的三號倉庫、台東的車站藝文園區等，都是透過「室內設計」的手法來轉換新的空間利用，表現出「新」的機能與使用生命。

　　室內設計工作也是一項三度空間(three dimensions)的機能與藝術的表現，從「理性」的function到「感性」的form。一位設計師必須從感性的表現出發，透過理性機能的「支撐」才能創造出令人「感動的」藝術觸覺，而除了從「概念」(concept)、「基本設計」(schematic design)的設計圖出發外，將以「施工設計」(detail design)及「工程文件」(construction document)的表達，執行「工程」的手段才能完全實現(realization)「可用」的實境。這些過程中，設計師從紙上虛擬的(invented)設計圖，透過「施工」的方法呈現完成可使用的空間，「施工設計」就是最重要的階段。

　　陳德貴老師是我多年老友，進入室內設計工作近四十年，從基層的現場實務做起，以手工繪圖的表現方式，紮實的基礎、理論和經驗並重，這些累積的「能源」份量厚重，從1982年編著「室內設計基本製圖」一書以來，又在忙碌的工作中，貢獻更進一步的「施工設計」專書，為臺灣室內設計界負起承先啟後的重責大任，我個人感動不已。在出版的前夕，我樂予作序推薦並樂觀未來對後進的提攜。

姚 德 雄 2009年8月
中華民國建築物室內裝修專業技術人員協會理事長

黃序：築基與導引

　　很久很久以前，我們的朋友中就有一個這樣的人：身材高大壯碩、個性開朗耿直、說話時陽剛之氣十足、唱歌時有職業歌手水準，嗓音還帶著濃濃的個人魅力與迷人的豪邁。他是一位室內設計師，他徒手繪圖製圖的技術至今已是業界稀有之至寶，電腦也未必能有他這般精準謹慎細緻的功夫，大家都親切地叫他Toku，他就是本書作者陳德貴先生。

　　什麼時候認識陳德貴已經不太記得，但是他1982年的著作：＜室內設計基本製圖＞一書，其初版是當年我任職的「北屋出版公司」發行的。當時，台灣的大學或專業教育體系裡還未設立「室內設計系／科」（按：1985年，中原大學是全台灣第一所創設室內設計系的大學），迄今27年，室內設計研究所／系／科，已然倍速成長，而陳德貴的處女作：＜室內設計基本製圖＞依然是台灣室內設計科系中被教授們指定為初學者必讀的教科書，能夠如此這般不被歲月淘汰而長銷的好書，市場上應該不多見。由此可見Toku的製圖功力。

　　邁進電腦時代的21世紀，幾乎所有年輕人都能輕易駕馭電腦，而設計系所的每位同學也都會操作電腦ACAD和3D來繪製工程圖和施工圖，但，在承接project時，設計師和業主之間除了硬　的設計費和工程估價之外，似乎少了一層「立即加分的深刻印象」。記得以前採訪室內設計師時，每每在他說話說到興起時，立刻隨手取來餐巾紙即席徒手繪出他們構想的空間透視圖，甚至家具式樣圖；我遇過更瘋狂的設計師是他發現工班未讀懂他的施工圖時，立刻在工地現場的牆面徒手畫出施工細部程序。這就是設計師的「手底功夫」之必要。

當一位成功的空間設計師不容易，除了必備的專業和藝術素養，他還必須很流利地用嘴巴說出他構思的故事，也就是說，他的「手」與「口」以及「腦」在即席表達上都佔很大的成敗關鍵。我們知道說話表達能力強的人是與生俱來的天賦，但是繪製施工圖、裝修工程圖等，卻是一位準室內設計師的築基訓練。如今，Toku再度將設計人視之為吃飯傢伙的繪製施工圖私房秘笈完全公開，並彙集成他的第二本著作＜室內設計的施工圖與裝修工程＞，真是非常難得。再者，如果大家知道他的功夫有多紮實渾厚，必定更想先「讀」為快。

　　1972年，Toku甫踏入室內設計這一行，就很幸運的遇到當時建築設計界十分知名的大師級人物華肖忠、傅勵生、袁嘯虎、梁敏川等，從正確使用比例尺開始，指導並訓練他學習繪製針筆透視；因緣際會他又參與幾個知名的日系百貨公司如西門町的來來百貨、SOGO百貨系列，與日本知名的丹青社設計師共事，有機會觀摩並學到日本人在室內裝修工程營造案中全套標準的製圖技巧和整套圖的構成程序。作為一個設計人的築基功夫與實作經驗之深厚，令我這個一路跟著觀察台灣室內設計業成長與茁壯長達30年的媒體人敬佩不已。

　　Toku的起心動念是那樣的無私，且充滿著對人世間的善意，將他30多年的經驗法則，真心誠意地以文字和圖像彙集成冊，與大眾分享。相信這本書對於未來有意投入此行業的新世代，肯定有築基與導引的功效。

室內雜誌總編輯　**黃 湘 娟** 2009年8月

王序

　　台灣近年來獨衷設計這門學問，室內設計更是熱門得很。
然而自本人從業界到大學任教職的這段期間以來，甚覺學生的
基本功夫有待加強，學習的態度和學習的方法更應積極，由其
以較無趣的基本製圖學和施工圖學和工程實務，大多被學生和
教師漠視，一直偏重於電腦輔助繪圖ACAD和3D方面，殊不知沒
有紮實的圖學和施工圖的基本功夫做基礎的話，那麼這些電腦
繪圖表現出來的也僅僅是花拳繡腿而已。

　　今年學界和業界在中國科技大學召開室內設計學術論壇
中，大家都對此現象憂心不已，一致認為學校與職場應如何更
緊密結合?讓學生畢業就業接軌順利，這正是政府對技職教育
的目標。因此本人很感謝德貴兄於百忙之中不忘把他寶貴的
經驗無私的傳承，讓莘莘學子有很好的學習參考的教材可以使
用。

　　德貴兄雖然年紀不大，他在早期的室內設計界可是一個響
叮噹的人物，熱情開朗的個性贏得好人緣，另一方面是他紮實
的功力和認真執著的工作態度，更是被同業所肯定和尊敬的。
近兩年來他復出參加兩個同業協會，不但積極參與會務，更被
學界看重邀聘到大學現身說法，今年九月開始他將會兼任三所
學校的室內設計的施工圖教學，為此他積極的整理資料編寫這
本書來供教學之用。

　　本人很榮幸的能為此書寫序，推薦給學生和介紹給剛入這
個行業的新鮮人，我相信這本好書一定能激發有志室內設計工
作的年輕人們的熱情，更能奠定年輕人們的基本功夫，也預祝
這本書能叫好又叫座。

王 明 川 2009年8月
台灣室內空間設計協會理事長
中國科技大學室內設計系主任

作者自序

筆者自1972年入行迄今已有37年時間了，曾於1982年編著室內設計基本製圖一書，至今也已27年了，這本書一直受到業界和學界的肯定，一直都被指定為初學者入門必讀的教科書，筆者在此深表感謝。

僅管電腦繪圖已被業界和學界廣泛使用，但經過這二十多年來的印證得知，若沒有在初學時奠定紮實的圖學觀念，和手工繪圖表現技巧的話，光是會操作電腦繪圖軟體而已，那麼肯定是錯誤百出，不但經常一錯再錯造成人力物力資源的浪費，若萬一主持設計者沒空詳查的話，甚至可能造成工程上的損失，最後是操作電腦者沒事，由老闆承受所有虧損。

自2008春季起，筆者有幸應聘兼任台北科技大學教職，只教基本製圖學。這三個學期下來給筆者相當多的感想，所以產生了編寫這一本書的念頭。當年的基本製圖一書旨在教初學者如何製圖，對於施工圖雖也有圖文介紹，但受篇幅之限沒能深入解說，今日本書將以施工圖和室內裝修工程之營造為旨來編寫，以期讓初學者能更容易學到施工圖該怎樣表現才是正確？裝修工程該怎樣進行才會順利完工？

施工圖和裝修工程和材料工法是不可切割的，所以本書將會以常見的住宅裝修工程為範本來編寫，特別是以老屋新生的案例自拆除工程開始，到完工交給業主為止的整段工程順序來編寫。並且配合每個章節內容，和各個不同工別的施工，來穿插實際案例的施工圖，讓讀者能同時有圖文可以參考學習。

本書的附圖將會有本人的手繪圖和經助手翻譯後的電腦ACAD的圖，讀者可以從而比較其中之差異為何？

作者

陳 德 貴 謹識於2009年8月20日

第一章　各種線條和各類記號

　　每一張設計圖都是由各種線條和各類記號所畫成。從前完全手工製圖的時代,初學者必須花一段時間磨練各種線條的表現,和熟悉各類設備的記號(有稱為符號,有稱為圖例),因為,每一種線條各有其表示的意義,例如:重實線通常表示樑柱和外牆等主要結構體。

　　現在雖然普遍使用電腦繪圖來表現設計圖了,但各種輕.重.粗.細.虛.實的線條仍應被正確的使用,因為它們所表現的不同定義依然被遵循,否則就很難將圖面表達得很正確。試想一張圖若只用一種線條來畫,不分輕重粗細虛實的差別,那麼它會讓圖面看來主從不分,主題不明,不知所云。就好比一個女孩將眉毛,眼影,睫毛,腮紅,口紅等,都畫得一樣粗一樣濃,那還能看嗎?

　　水電,消防,空調等設備,各有其符號(或稱圖例),早期沒有整合,大多各自為政各說各話,特別在室內設計製圖更是獨樹一格,但自運用電腦ACAD和網路聯絡以來,特別是因各大建商推出豪宅銷售並接受客戶辦理變更事宜,讓室內設計和營建業密切配合,彼此之間對水電,消防,空

各種線條表現的定義			
各類線條	名稱	應用說明	CAD線寬
———————	重實線	結構, 或某細部之強調	0.4mm
———————	實　線	一般製圖線	0.3mm
———————	輕　線	標示尺寸,建材或牆面粉刷	0.15mm
- - - - - - - - -	虛　線	表示被遮住的物體	0.05mm
— · — · —	細線一點虛線	柱芯,牆芯線常用	0.05mm
— · — · —	一點虛線	表示活動的設備,或開門方向	0.09mm
— ·· — ·· —	二點虛線	可彈性運用	0.09mm
— ··· — ··· —	三點虛線	可彈性運用 (例如表示鐵捲門)	0.09mm

調等設備的記號,已經達到整合統一的程度了,由其是將來會出現在裝修完成面的強電和弱電的記號更是一致了。

各種建材圖例的表現倒是常被忽略,由其是電腦繪圖時,不論磚牆或輕隔間,不論夾板或大理石或實木,都被畫成45度斜線來表現,這是很錯誤極待改正的地方。在施工圖的表現裡,必須很清楚表現不同的建材之間的接合工法,才不會混淆不清,所以初學者必須熟悉實木怎麼畫?夾板怎麼畫?石材怎麼畫?磁磚怎麼畫?---等。唯有學會正確的建材圖例,才能畫出正確的施工詳圖。(見10-16頁)

平面圖上常用的符號

代號	説　明	記號	説　明
L	表示客廳	A‾‾‾	圖面展開方向
D	表示餐廳	D◇B (A上C下)	立面圖方向, 順序（順時鐘方向進行）
K	表示廚房		
BRm	表示寢室	A	立面圖號 表示A向立面圖
Ba	表示浴室	A — A′	展開圖號 表示A－A′向展開圖
ELV	電梯	4/25	第幾圖號（第4圖）第幾張圖記入
E.S	電扶梯		
SW	不鏽鋼製窗	2/AW	門窗號（如第2號）門窗種類代號記入
SD	不鏽鋼製門		
SDW	不鏽鋼製落地門窗	1/剖	斷面圖號 第幾號記入 斷面之剖
AW	鋁製窗		
AD	鋁製門	A/詳	詳細圖號 第幾號記入 詳細之詳
ADW	鋁製門窗		
WW	木製窗	A	細部放大（圓用虛線, 輕線）
WD	木製門		
∅	表示直徑 如φ=500m/m	FL	表示地坪完成面
R=500	表示半徑為500m/m	CH	表示天花板完成面 如CH=2400m/m
UP→	表示上昇, 或下降之方向 DN表示下降	@	表示固定間隔或距離 如@=450m/m
⊕	柱芯線番號	✦	表示地坪完成面的高低 如+100m/m -50m/m
◤	基準線（芯線）	董事長室	室名表示（文字記入方格內）

常用的門.窗圖例			
圖 例	名 稱	圖 例	名 稱
	單開門		拉藏門
	雙開門		互拉窗
	子母門		三拉窗
	雙開180°自由門		四拉窗
			固定窗
	迴轉門		單推窗
			單邊氣密推出窗
	摺疊門		雙邊氣密推出窗
	伸縮門		樓梯
	互拉門		
	單拉門		

圖例 比例 名稱	縮尺1/100	縮尺1/50~1/30	縮尺1/10~1/1
鋼筋混泥土			
磚牆 (B)			
磚牆 (B/2)			
輕隔間牆			
壁板			
石膏板			
矽酸鈣板			
夾板			
木心板			
木材			
石材			
磁磚			
水泥砂漿			
疊蓆			
鐵絲網			
玻璃			
地盤			
鋼骨			
C型鋼			

常用的建材記號

常用的消防圖例

圖 例	名 稱	圖 例	名 稱
◣	消防栓箱	⊗M	中型安全門燈
✳	消防撒水頭	Ⓔ	緊急照明燈
G	瓦斯測漏檢知器	Ⓢ	擴音喇叭 揚聲器
S	偵煙式感知器	→□	避難方向指示燈
⌣	定溫式感知器		
▭◁	監視攝影機		
Ⓐ	壁燈出線口 (接緊急電源)		

常用的燈具圖例

圖 例	名 稱	圖 例	名 稱
⊙	石英平崁燈	◖◀	固定式投射燈
◉	崁燈	▯◀	軌道式投射燈
⊕	檯燈或立燈	◑	魚眼型投射燈
⊕	圓盤型吸頂燈	▮◑	壁燈
◎⊙◎	AR系列 三連燈	◗	1/2圓壁燈
—○—	日光燈 (吸頂露出時)	✳	水晶燈或各式主燈
- -○- -	日光燈 (隱藏時)		
▯	日光燈的斷面		

常用的水工圖例

圖 例	名　稱	圖 例	名　稱
GH	熱水器		面盆
	地板落水頭		雙洗面盆
	地板清潔口		
G	瓦斯錶位置		馬桶
	冷熱水龍頭		
	水龍頭		小便斗
▽	給水龍頭		浴缸

常用的空調圖例

圖 例	名　稱	圖 例	名　稱
F	浴室暖風機		線型側出風口
HRV	全熱交換器		線型側回風口
A/C	冷氣主機		線型下吹出.回風口
FC	吊隱冷氣主機		下吹擴散旋轉出風口
⊗	冷氣主機排水口		檢修口
	冷氣室內機排水口		

常用強.弱電圖例			
圖 例	名 稱	圖 例	名 稱
▶◀	電力分電盤	Ⓘ	雙聯插座 (不斷電)
○	燈具出線口	ⒾR	冰箱插座 (不斷電)
Ⓜ	馬達出線口	▬	弱電箱
F	浴室四合一抽風機	Ⓣ	電話插座
S	單切開關 H=120cm	BS	衛星電視插座
S₃	三路開關 H=120cm	TV	電視插座
Sᴄ	遙控延遲開關	Ⓝ	網路插座
⊘	熱感自動開關燈 (人來亮)	MT	室外影視對講機
⊖	單聯插座	K	防盜設定鎖 (含門鈴)
⊖	雙聯插座	D	門鈴對講機
Ⓓ	烘碗機暗插 H=60cm	NS	磁簧開關
⊖W	洗衣機插座H=120cm	⊙	緊急按鈕開關
⊖G	熱水器插座		
⊖F	排油煙機插座		
⊟	地面彈跳防水插座		
▲	插座220V		
▲K	烤箱插座		
▲W	蒸爐插座		

第二章　室內裝修工程營造之概述

室內設計業和建築業有很大的差異，同樣的室內裝修工程營造和建築營造也有很大差異。建築師只要畫到建築設計圖完成了，其他有結構技師，水電技師等專業人士分工畫圖，然後送建管單位申請建照，接著業主發包給營造廠展開施工。但那些外觀貼磁磚或是乾掛花崗石，那些鋁窗和陽台欄杆，那些金屬鍛造的入口大門等，都是由各承包的花崗石業者，金屬門窗業者分別畫施工圖，工地主任再審核整理相互間的安裝先後工序和收頭收尾的細部。所以建築師本人不必對營造深入太多，可以專心玩建築設計這部份。

但是室內設計師就必須對室內裝修工程營造要深入了解，因為室內裝修工程的規模都不大（特別是住宅的裝修），根本沒有營造廠來承包，因而必須發小包，所以設計師也兼任營造商的角色，既然如此就必須對各種工別要深入瞭解，對各種工別進場施工的先後順序，和在場施工時間的長短，也就是工序與進度的安排十分重要，否則萬一先後倒置既耽誤時間又增加成本，由其會影響施工品質。

再來就必須對各工別的不同施工方法要能理解，要對各種建材的特性和材料規格和安裝工法加以瞭解，還有對表面處理的效果和色澤和質感要有一定程度的認識。只有這樣的充實自己練就一身好武功，才能畫出正確的施工圖，才能掌控工程的進度和品質，才能順利完工賺一點小利。

常見的住宅室內裝修工程的類別大約可以分成下列：

1. 預售屋類

通常業主會邀請設計師陪同去看樣品屋，看其室內格局和內裝設計風格和建商提供的門.窗.衛浴.廚具.磁磚.大理石等建材是否達到水準以上？以供業主參考和判斷。當業主下訂簽約後就是接到設計案的開始，從替業主辦理客戶變更的作業開始，到交屋可進行裝修工程為止，通常約18個月到24個月的時間，是一段很長的耕耘期間。

這類住宅因為建商受理客戶變更，等於是為業主量身訂做的一樣，所以不會有敲牆打壁和移動給排水位置，和移動強弱電位置的工程，所以工程較不複雜，由其是新建物尚無住戶，鄰居也許正同步進行裝修工程，所以也沒有打擾鄰居的顧慮。

2. 新成屋類

這類案子和上一類雷同，只是不必先有一段很長的耕耘期，當然從丈量現況開始經歷和業主溝通後進行設計作業也要一段時間。尤其很可能有急迫性的使用需求，所以業主才會買新成屋，不買預售屋。

這類案子通常會有敲牆打壁改變隔局的可能，既然隔局變了當然水、電、弱電等也會配合移設，但一般而言變更不會太大，更不可能改變外牆和門窗。通常這類案子會有鄰居已遷入居住，所以工程進行中會受到管委會較多的干涉和約束。

3. 老屋新生

　　這類案子多數是屋齡接近30年左右的老屋，業主願買老屋的原因多半是因價格較便宜，和內部淨面積較寬(公設比例較低)之故。但老屋的門窗和隔牆等屋況都已很差，甚至普遍有漏水和壁癌等現象。各種強弱電和給排水管路也已老舊，尤其沒有現代化的寬頻網路和新型空調設備，所以這類工程的規模雖不大但卻很複雜，卻也是最能發揮的案件。

　　和預售屋，新成屋的案子相較，老屋新生案必須仔細勘查丈量現況，必須打除舊有隔間和裝修表面材，甚至更新大門和氣密鋁窗，當然外牆和門窗邊的收邊細部都要留意處理，所以這類案子的施工圖的內容就會涵蓋較多工別和工法。

　　還有特別注意這類老屋新生的案子多數位於老舊社區裡，鄰居眾多又複雜，從勘查到工程進行等階段都必須小心謹慎，才不會損傷鄰居房舍，甚致發生必須賠償鄰居的後果。

　　以上是住宅裝修工程的主要三大類，另有非住宅類的如百貨公司，小吃街，餐廳，服飾店，麵包店，髮廊，酒店，辦公室----等各種商業空間的裝修工程，這些都較為複雜不太適合給初學者參考，所以就不納入本書的內容。

這是筆者約20年前親手繪的透視圖

第三章　施工圖的定義和內容

從廣義的角度而言，所謂施工圖應是經過業主確認同意，用以做為施工依據的所有設計圖面和文件，都可稱為施工圖。這些圖文不一定都是用電腦繪圖製成，它們可以是手工繪製，也可能是自某本雜誌上掃描下來的圖片，也可能是相機拍下來的相片----等。只要是能讓業主明白設計構想的，只要是為設計裝修工程所需的圖面或文件都包含在內。所以廣義的施工圖一般而言有下列：

◆ 客戶變更圖

這是買預售屋的業主會要求設計師繪製，以供建商變更其隔間和水.電等移設之需。（見20-29頁之附圖）

◆ 現況圖

這是勘察丈量現場之後繪製的圖面，以掌握現場既有隔間和門窗位置，以及各部的高低寬深等尺寸，還有空調，水電，消防，衛浴廚具等設備之位置和狀況，以做為設計研發之基礎依據。（見30-35頁之附圖）

◆ 平面配置圖

這是表達各部空間的運用和家具的配置，還有動線和各空間的關係，以及各部的面積。必須平面配置圖被確認同意了，才能繼續向下作業。（見36-41頁之附圖）

◆ 隔間放線圖

這是依據定案的平面圖來繪製的放樣圖，它必須正確畫出各部隔間的材質和厚度，並標示各空間和各門窗開口的淨寬尺寸，以供開工放樣之需。（通常也會包含標示出增.移配的水電出口位置。）（見42-47頁之附圖）

◆ 地材配置圖

這是表達各部空間的地坪表面處理和其完成面的高度，還有不同空間不同地材的銜接界面，需標示地材名稱，材料規格和面積。（通常也會包含地插座或地排水口等的標示）（見48-51頁之附圖）

◆ 天花板高程圖

這是依據定案的平面圖並配合各樑位和各部結構之高度，以及已有消防管.排水.排污管.電管.空調機.風管等設備之位置和高度，來研發的天花板裝修完成面的圖。必須標示完成面高度，標明裝修用料名稱規格。（通常也會將灑水頭，偵煙器，檢修口，出.回風口等一併標示）（見52-55頁之附圖）

◆ 燈具配置圖

這是依據天花板高程圖再發展的各空間的照明計畫，必須標示出各空間的燈具安裝位置，這些燈具必須避開灑水頭，偵煙器，檢修口，出.回風口，還必須和上列這些設備有秩序的並存才能美觀，所以各燈具的定位座標尺寸都需標示清楚。並必須標示各空間的開關如何控制該空間的燈具。（見56-59頁之附圖）

◆ 透視圖

這是一般人最容易看懂的完成預想圖。從前都是手工繪製，但是自從有電腦3D效果圖問世之後，幾乎所有業主都要求必須有3D圖呈報，否則就會認為設計作業不完整。（見60-62頁與162頁之附圖）

◆ 建材樣品板

這是依據上列圖面，配合業主喜好和預算來呈報的使用建材樣品，讓業主明白將會得到什麼品質的?甚麼顏色的完成面?讓業主來下判斷來選定各空間的材質和色彩。

客戶變更圖

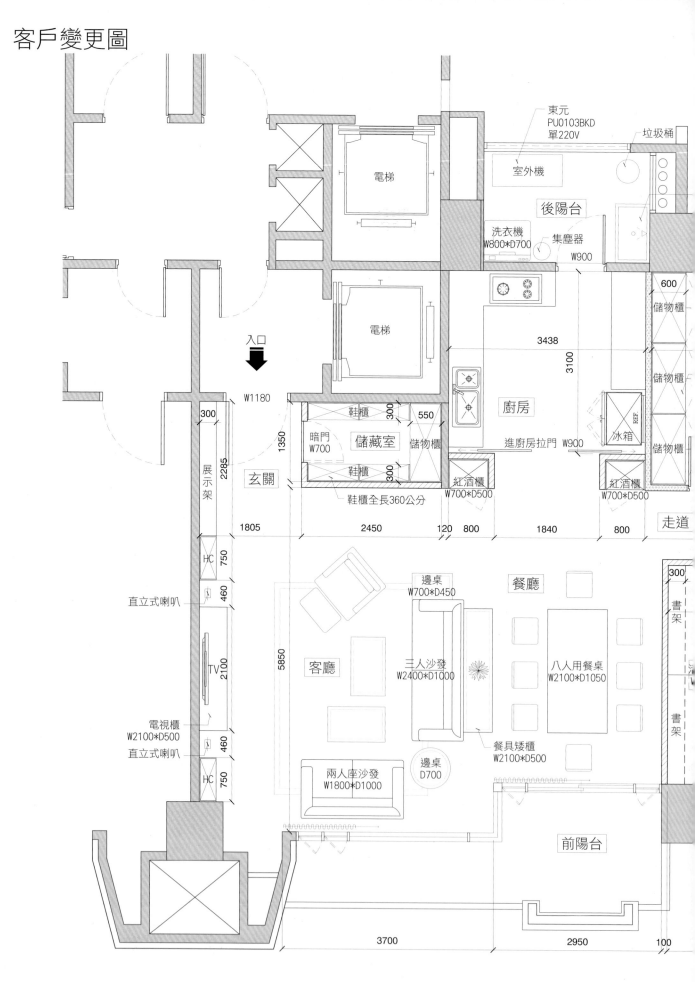

東元
PU0103BKD
單220V

垃圾桶

室外機

後陽台

洗衣機
W800*D700

集塵器

W900

600

儲物櫃

3438

3100

儲物櫃

廚房

冰箱 REF.

儲物櫃

電梯

電梯

入口

W1180

300

1350

展示架

2285

暗門
W700

鞋櫃

300

550

儲藏室

儲物櫃

進廚房拉門 W900

300

玄關

鞋櫃

紅酒櫃
W700*D500

紅酒櫃
W700*D500

鞋櫃全長360公分

1805

2450

120

800

1840

800

走道

HC

750

300

書架

邊桌
W700*D450

餐廳

直立式喇叭

460

5850

TV

2100

客廳

三人沙發
W2400*D1000

八人用餐桌
W2100*D1050

書架

電視櫃
W2100*D500

直立式喇叭

460

餐具矮櫃
W2100*D500

HC

750

兩人座沙發
W1800*D1000

邊桌
D700

前陽台

3700

2950

100

得貴室內裝修有限公司
TEL (02) 28355896 FAX (02)28313903

陸江新建築 陳公館

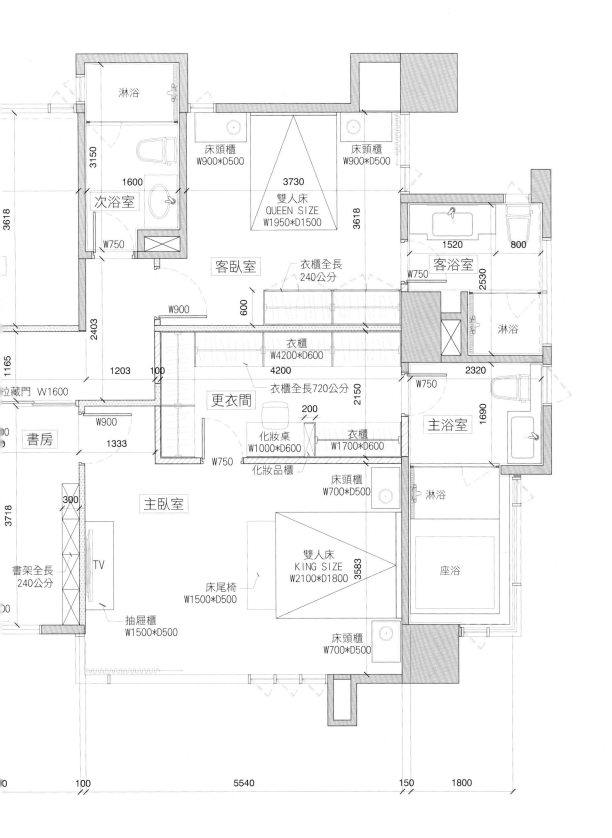

淋浴

次浴室

3150

1600

3618

3618

床頭櫃
W900*D500

3730

雙人床
QUEEN SIZE
W1950*D1500

床頭櫃
W900*D500

客浴室

1520

800

2530

客臥室

衣櫃全長
240公分

W750

淋浴

W900

600

衣櫃
W4200*D600

4200

W750

2320

2150

衣櫃全長720公分

主浴室

1690

1165

2403

立藏門 W1600

1203

100

更衣間

200

W900

化妝桌
W1000*D600

衣櫃
W1700*D600

書房

1333

W750

化妝品櫃

床頭櫃
W700*D500

座浴

淋浴

3718

300

主臥室

書架全長
240公分

TV

雙人床
KING SIZE
W2100*D1800

3583

床尾椅
W1500*D500

抽屜櫃
W1500*D500

床頭櫃
W700*D500

100

5540

150

1800

圖名	業主簽認	比例	日期	圖號	張號
平面配置圖(客變用圖)		1:60	2009.07.28	01	01
		設計	繪圖 GLEE		

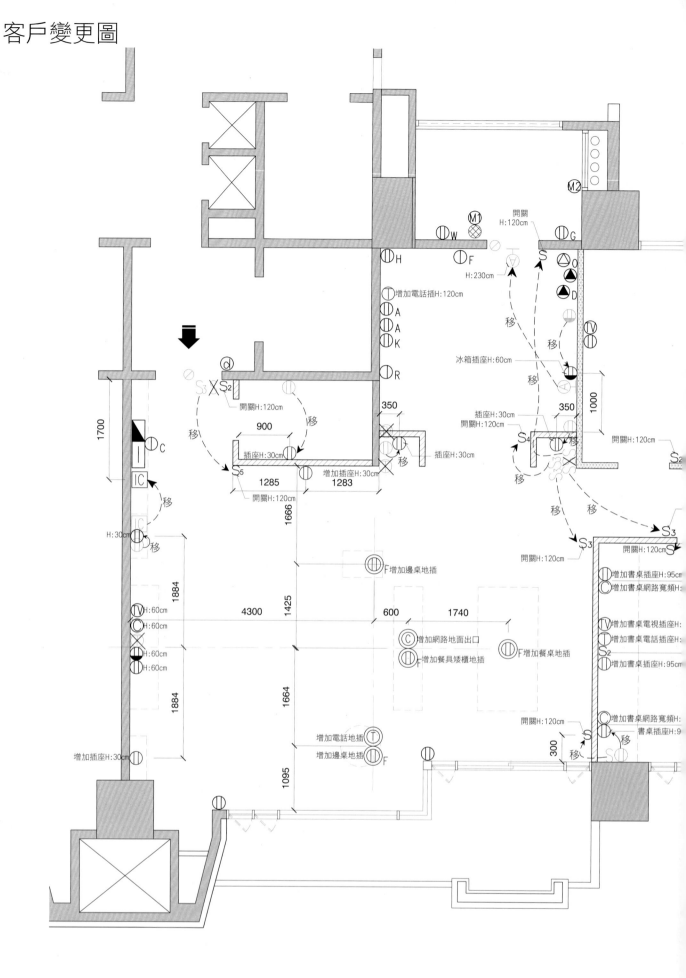

增加電話插H:120cm
A
A
K
R

增加插座H:30cm
開關H:120cm
插座H:30cm
900
插座H:30cm
1285
1283

開關H:120cm
S₃ X S₂
開關H:120cm

C
IC
移
IC
H:30cm
移

冰箱插座H:60cm
移
移

插座H:30cm
開關H:120cm
S₄
350
1000
開關H:120cm
S₂

350
移
移

S₃
開關H:120cm
S₃
開關H:120cm

增加書桌插座H:95cm
增加書桌網路寬頻H

增加書桌電視插座H
增加書桌電話插座H
增加書桌插座H:95cm

增加書桌網路寬頻H
書桌插座H:9

開關H:120cm
移
移

1700
1884
TV:60cm
C H:60cm
H:60cm
H:60cm
1884

4300
1425
600
1740
1664

增加邊桌地插
F增加邊桌地插

增加網路地面出口
增加餐具矮櫃地插
F增加餐桌地插

增加插座H:30cm
增加電話地插
增加邊桌地插

1095
300

H
W
F
M₁
開關H:120cm
G
H:230cm
S
O
D
M₂

得書室內裝修有限公司
TEL (02) 28355896 FAX (02)28313903

案名
陳汀新建築 陳公館

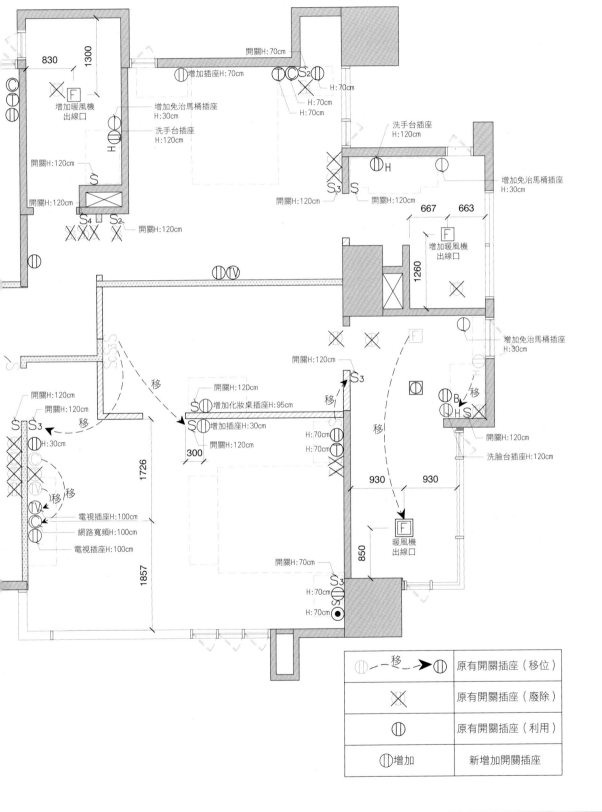

⊘——移——▶⊘	原有開關插座（移位）
⊗	原有開關插座（廢除）
⊘	原有開關插座（利用）
⊘增加	新增加開關插座

圖名	業主簽認	比例	日期	圖號	張號
弱電開關位置圖(客變用圖)		1:60	2009.07.28	02	02
		設計	繪圖 GLEE		

23

客戶變更圖

不作更動

依2009.01.23會談後修正

鞋櫃

配電箱

矮櫃

1100

750

900 拉門

高身櫃　高身櫃

廚房

抽屜

1200

1500

鞋櫃

1000*2000
餐桌

貯物櫃　貯物櫃

4150

100

3425

400　900　800

拉門

800

書桌
1500*700

書架

電
視
櫃

書架

書架

琴房

鋼琴

4000　2400

1000*1000
咖啡桌

書架

800

書架

4150

100

2000

室內設計的施工圖與裝修工程
24

TOKU
得貴室內裝修有限公司
TEL (02) 28355896 FAX (02)28313903

長春路忠泰極　陳公館

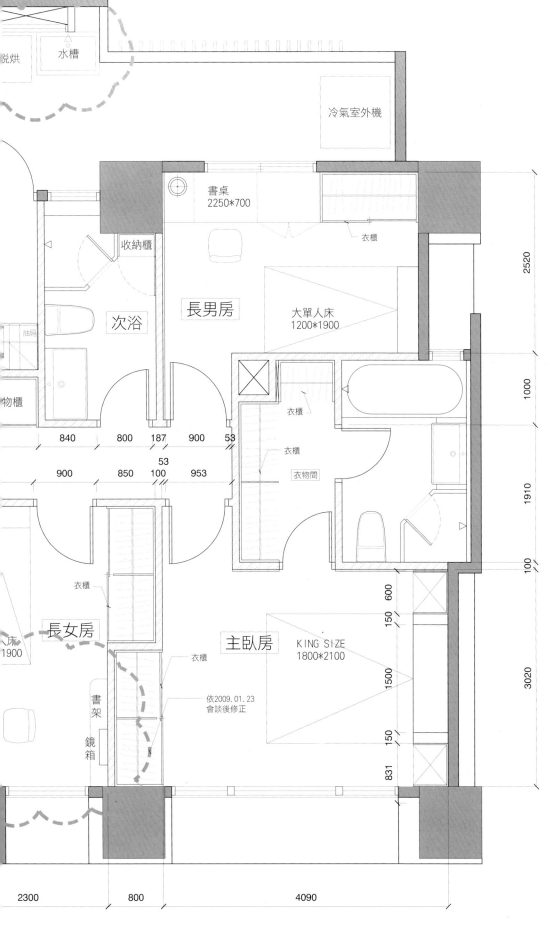

洗烘
水槽

冷氣室外機

書桌
2250*700

衣櫃

收納櫃

次浴

長男房

大單人床
1200*1900

抽屜

物櫃

2520

1000

840   800 187   900 53

900   850   100   953

53

衣櫃

衣櫃

衣物間

1910

100

衣櫃

長女房

床
1900

主臥房

KING SIZE
1800*2100

衣櫃

依2009.01.23
會談後修正

書架

鏡箱

600
150
150

1500

150

831

3020

2300   800   4090

圖名		業主簽認	比例		日期		圖號	張號
平面配置圖(客變用圖)			1/50		2009.05.14		01	01
			設計		繪圖 CHRIS			

得貴室內裝修有限公司

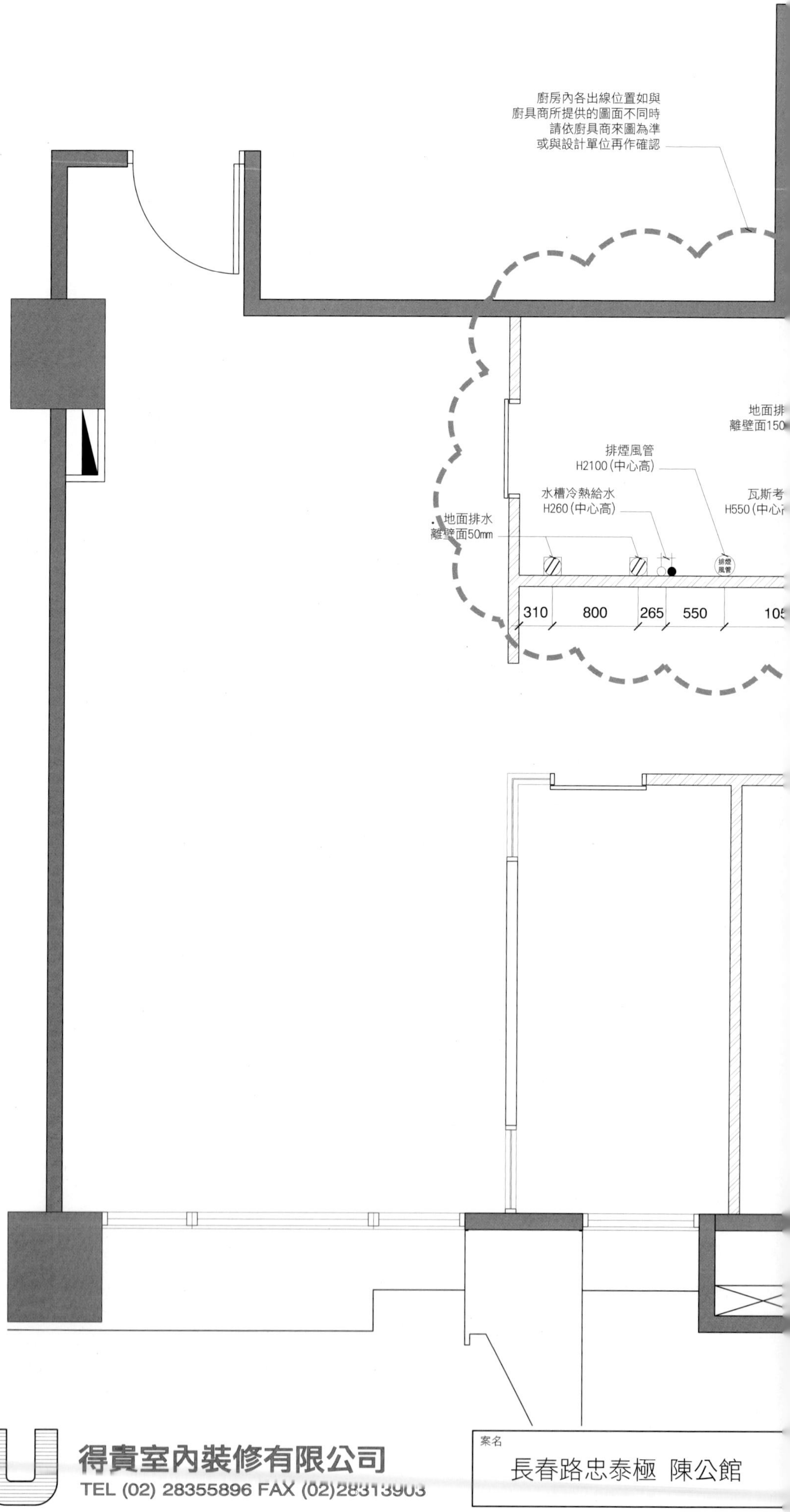

廚房內各出線位置如與
廚具商所提供的圖面不同時
請依廚具商來圖為準
或與設計單位再作確認

地面排
離壁面150

排煙風管
H2100(中心高)

瓦斯考
H550(中心

水槽冷熱給水
H260(中心高)

. 地面排水
離壁面50mm

| 310 | 800 | 265 | 550 | 105 |

TOKU
得貴室內裝修有限公司
TEL (02) 28355896 FAX (02)28313903

案名
長春路忠泰極 陳公館

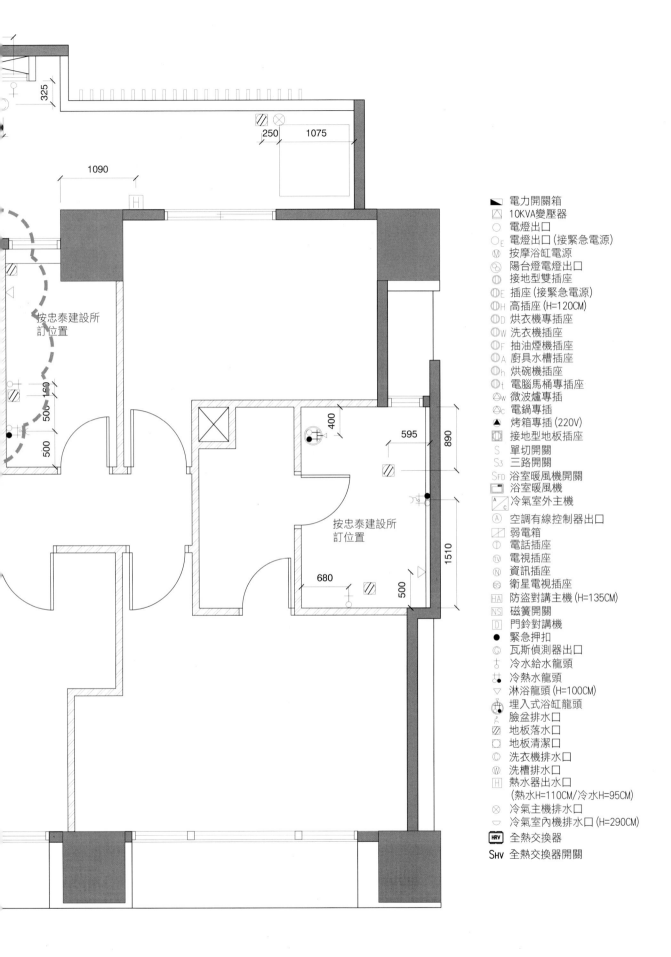

325

250 | 1075

1090

按忠泰建設所
訂位置

160

500 500

500

400

595 | 890

1510

680

500

按忠泰建設所
訂位置

◣	電力開關箱
⬛	10KVA變壓器
○	電燈出口
○E	電燈出口(接緊急電源)
Ⓜ	按摩浴缸電源
Ⓑ	陽台燈電燈出口
◍	接地型雙插座
◍E	插座(接緊急電源)
◍H	高插座(H=120CM)
◍D	烘衣機專插座
◍w	洗衣機插座
◍F	抽油煙機插座
◍A	廚具水槽插座
◍h	烘碗機插座
◍t	電腦馬桶專插座
◍w	微波爐專插
◍c	電鍋專插
▲	烤箱專插(220V)
▣	接地型地板插座
S	單切開關
S3	三路開關
SFD	浴室暖風機開關
▭	浴室暖風機
◪	冷氣室外主機
Ⓐ	空調有線控制器出口
▱	弱電箱
Ⓣ	電話插座
Ⓣⱽ	電視插座
Ⓝ	資訊插座
Ⓢ	衛星電視插座
HA	防盜對講主機(H=135CM)
NS	磁簧開關
D	門鈴對講機
●	緊急押扣
Ⓒ	瓦斯偵測器出口
⊥	冷水給水龍頭
⊥	冷熱水龍頭
▽	淋浴龍頭(H=100CM)
⊕	埋入式浴缸龍頭
⚲	臉盆排水口
▨	地板落水口
▢	地板清潔口
⊙	洗衣機排水口
Ⓦ	洗槽排水口
⊞	熱水器出水口 (熱水H=110CM/冷水H=95CM)
⊗	冷氣主機排水口
⊖	冷氣室內機排水口(H=290CM)
HRV	全熱交換器
SHV	全熱交換器開關

圖名	業主簽認	比例		日期	圖號	張號
給排水位置圖(客變用圖)		1/50		2009.02.03	03	03
		設計	繪圖	CHRIS		

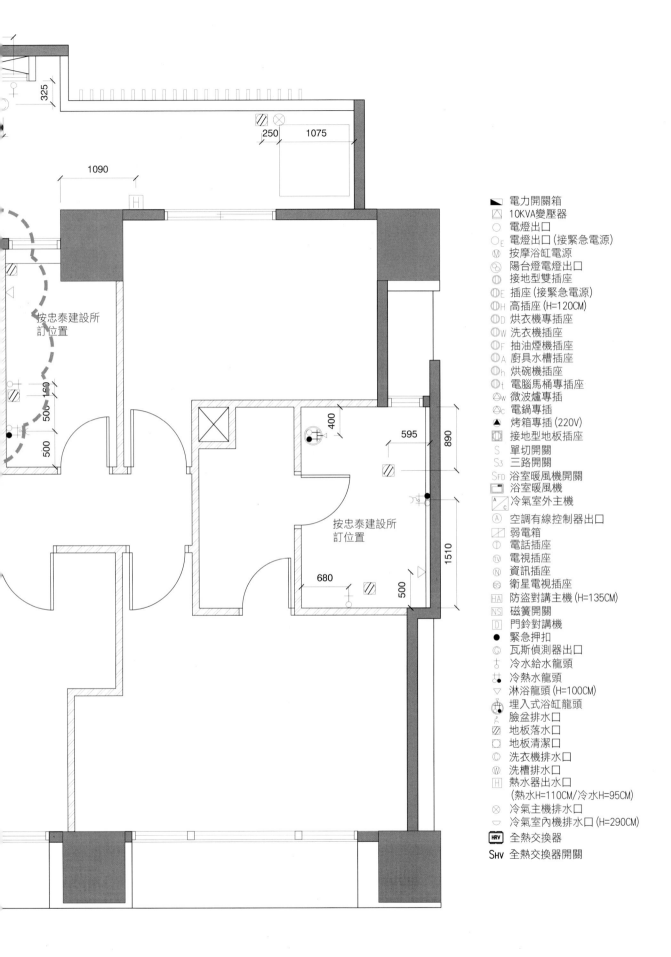

客戶變更圖

圖例	説明		圖例	説明		圖例	説明		圖例	説明	
◢	開關箱	H=150cm	ⓘ	烘碗機插座	H=180cm	Ⓗ	接地型雙連暗插座	H=120cm	Ⓗ Ⓔ Ⓗ	瓦斯，電能熱水器位置	
◯	電燈電源出口		Ⓦ	洗衣機插座	H=120cm	Ⓝ	排油煙機插座	H=200cm	Ⓖ	瓦斯錶位置	
●	浴廁燈，廚房燈		Ⓚ	廚房插座	H=120cm	Ⓒ	瓦斯漏氣偵測器	H=150cm	→◯	洗衣機龍頭	H=120cm
◎	陽台燈		Ⓡ	電熱爐插座	H=70cm	Ⓚ	防盜設定鎖(含門玲)	H=120cm	Ｅ-◯	冷氣排水口	H=120cm
Ⓕ	浴廁排風扇		▼	冷氣電源線出口	H=30cm	●	隱藏式磁磺開關	門窗框上方	▭	空調套管	
S₂S	雙切，單切開關	H=120cm	▼	冷氣電源線出口	H=150/250cm	◉	門窗磁磺開關	門窗框上方	Ⓣ	電話插座	H=30cm
◺	室外機位置		ⓛ	接地型雙連暗插座	H=30cm	ⓂⓉ	電視對講機	H=120cm	Ⓣⓥ	電視插座	H=30cm
新增圖例 (下列圖例皆為建設公司未列之圖例)											
圖例	説明		圖例	説明		圖例	説明		圖例	説明	
Ⓝ	網路插座	H=30cm									

*圖面上所有未標示高度之插座或出線，請依本表所列出的高度施作。

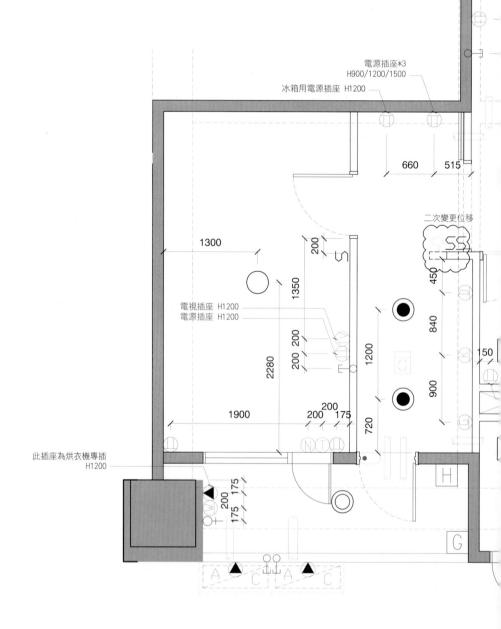

470
200
660   515
1300
200
1350
200 200
1200
2280
1900
200 175
720
840
900
150

二次變更位移
電源插座*3
H900/1200/1500
冰箱用電源插座 H1200

電視插座 H1200
電源插座 H1200

此插座為烘衣機專插
H1200

175
200
175

A▶C A▶C

得肯宇內裝修有限公司
TEL (02) 28355896 FAX (02)28313903

案名
新店台北人社區 陳公

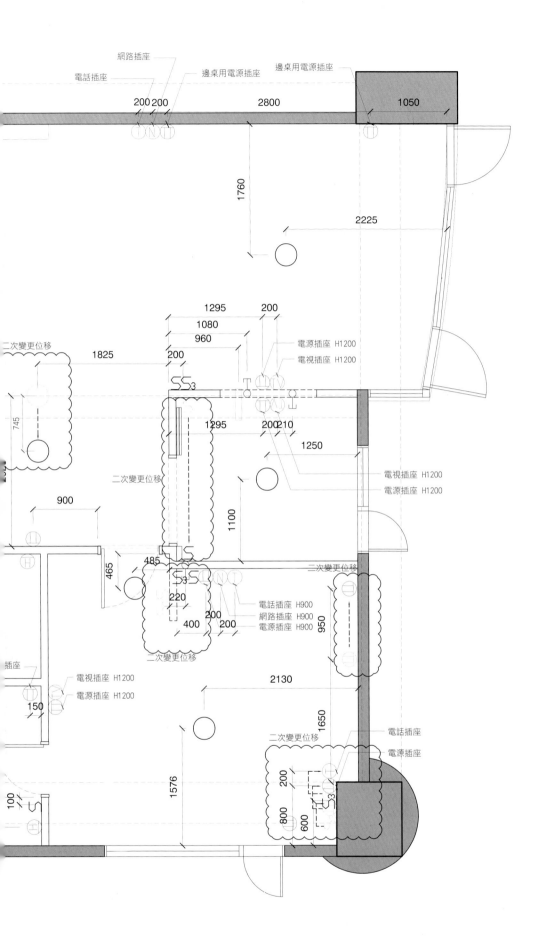

網路插座
電話插座
邊桌用電源插座
邊桌用電源插座

200 200
2800
1050

1760

2225

1295
1080
960
200
二次變更位移
1825
200
745

電源插座 H1200
電視插座 H1200

SS₃

1295
200 210
1250

二次變更位移

電視插座 H1200
電源插座 H1200

900

1100

465

485
二次變更位移

S₃
220
400 200 200

電話插座 H900
網路插座 H900
電源插座 H900

950

二次變更位移

插座
電視插座 H1200
電源插座 H1200
150

2130

1650

二次變更位移

電話插座
電源插座

1576

200
800 600

S₃

100

S

圖名　客變用圖-各類出線位置　　業主簽認　比例 1/50　日期 2009.07.16　圖號 02　張號 02
設計 TOKU　繪圖 JASON

G29(70*80)

W1

G28(70*80)

DW7

DW6

b7*(35*70)

主臥室

G54(70*80)

客廳

D2

更衣室

G24(70*80)

D1

G23(70*80)

D2

起居室

餐廳

b5(35*70)

D1

D1

G53(70*80)

廚房

次主臥室

b6(35*70)

臥室

D2

D2

W8

D2

G18(70*80)

G17(70*80)

W10

DW1

	D1	D2	D4	D5	DW6	DW7
門窗圖	90 / 230	80 / 230	100 / 230	180 / 230	315 / 227 Fix	227

15

15

XX建設股份有限公司　工程名稱　新世紀大樓與

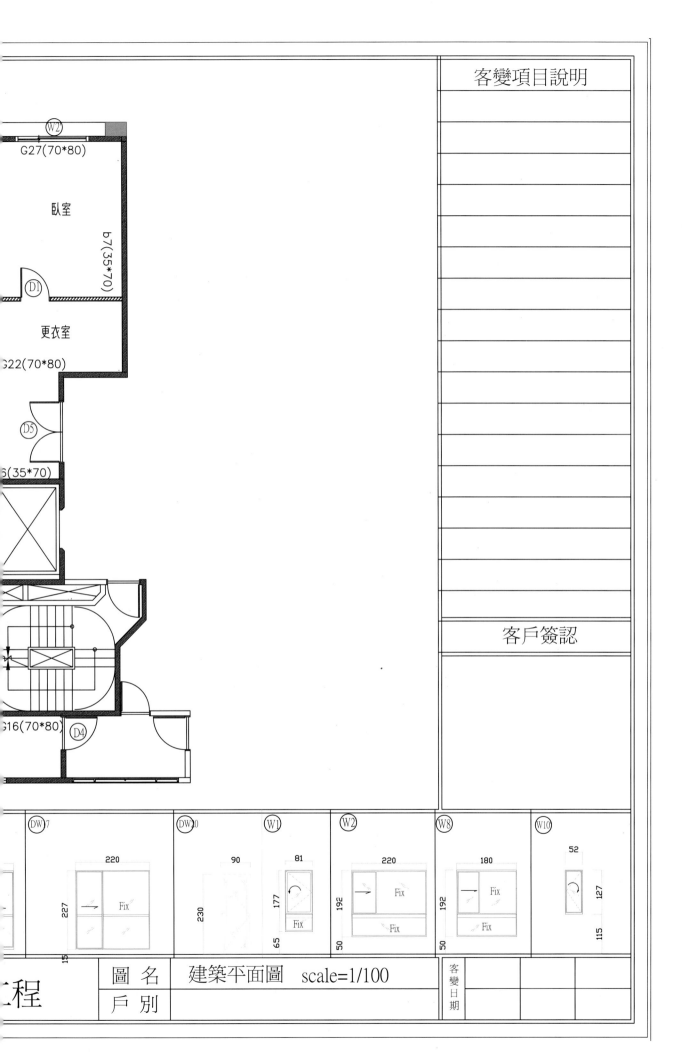

客變項目說明

臥室

G27(70*80)

b7(35*70)

D1

更衣室

G22(70*80)

D5

(35*70)

G16(70*80)   D4

客戶簽認

DW 7		DW 0		W1		W2		W8		W10

DW 7

220

227

Fix

15

DW 0

90

230

W1

81

177

Fix

65

W2

220

192

Fix

Fix

50

W8

180

192

Fix

Fix

50

W10

52

127

115

程

圖 名　建築平面圖　scale=1/100

戶 別

客變日期

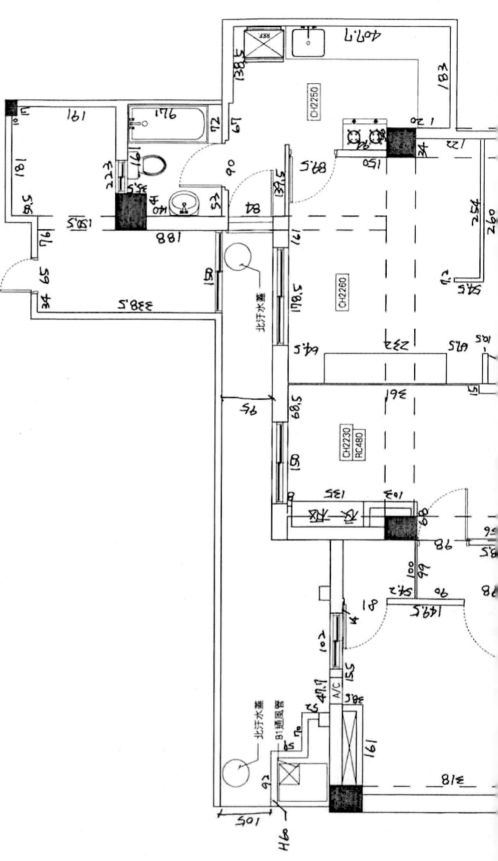

得貴室內裝修有限公司
TEL (02) 28355896 FAX (02)28313903

案名

林森北路　陳公館

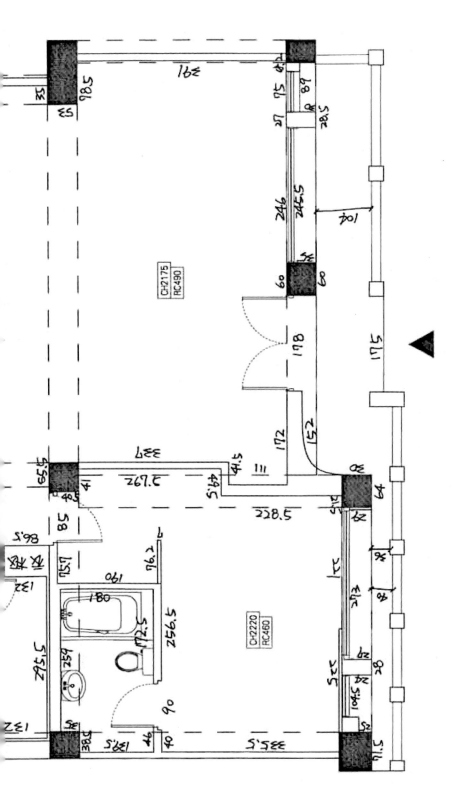

現況圖

圖名	業主簽認	比例	日期	圖號	頁號
現況圖		1/60	2009.03.03		
	設計	TOKU	繪圖 Alan		

現況圖

BH-2300

3720

4180

3590

BH-2350

BH-2350

BH-2350

1260

3365

BH-2350

1560

1480

2080

1860

得貴室內裝修有限公司
TEL (02) 20366896 FAX (02)28313903

案名
民生東路五段 陳公館

室內設計的施工圖與裝修工程
34

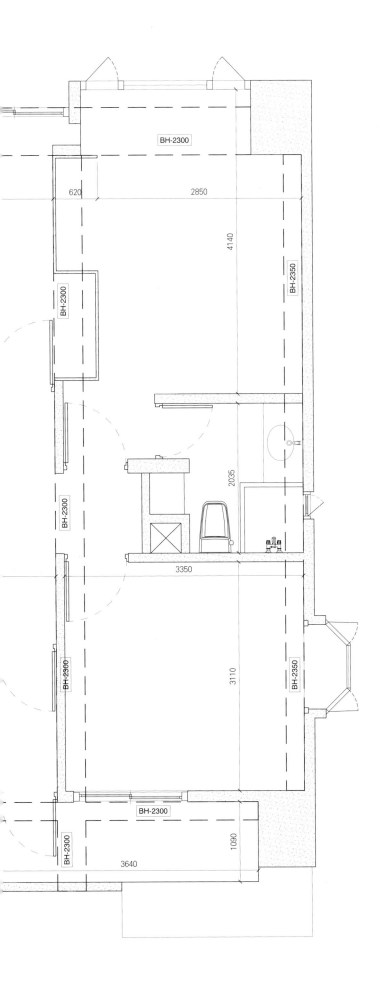

圖名		業主簽認	比例		日期		圖號	張號
現況圖			1/50		2008.06.20		01	01
			設計	TOKU	繪圖	Alan		

BH-2300

BH-2300

BH-2350

BH-2300

BH-2300

BH-2350

BH-2300

BH-2300

620   2850   4140   2035   3350   3110   3640   1090

平面圖

3320   155

700   1630   700   320   700

880

帷幕板

高腳椅   高腳桌   高腳椅

暗櫃

南方松木地板

150

大理石門檻

飾品櫃
700*370

4040

TV

客廳
6.7P

3330

咖啡桌
1200*700

沙發椅
2200*900

電視櫃
1800*500

飾品櫃
700*365

業主自購

單人椅

邊桌
500*700

1200

造型壁板

餐
3.

W750
暗門

玄關
1.4P

廁所
0.9P

紅酒櫃

2280

1485

餐具櫃
1260*600

1670

抽

原有配電箱

鞋櫃
1500*450

抽

管道間

W1485

▲
入口

三合一後

得貴室內裝修有限公司
TEL (02) 28355896 FAX (02)28313903

案名

民生東路五段 陳公館

室內設計的施工圖與裝修工程
36

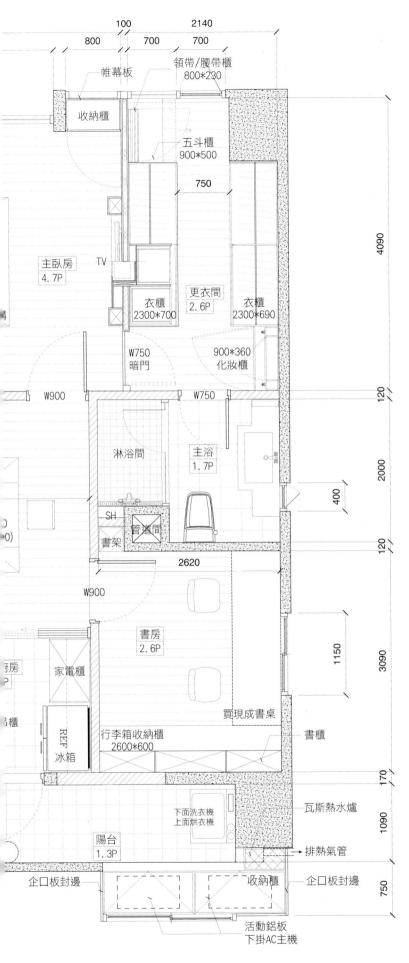

100
2140
800 700 700

帷幕板
領帶/腰帶櫃
800*230

收納櫃

五斗櫃
900*500

750

主臥房
4.7P

TV

衣櫃
2300*700

更衣間
2.6P

衣櫃
2300*690

W750
暗門

900*360
化妝櫃

4090

W900

W750

淋浴間

主浴
1.7P

2000

400

SH

書架

管道間

120

W900

2620

書房
2.6P

買現成書桌

120

1150

3090

家電櫃

REF
冰箱

行李箱收納櫃
2600*600

書櫃

170

下面洗衣機
上面烘衣機

瓦斯熱水爐

1090

陽台
1.3P

排熱氣管

企口板封邊

收納櫃

企口板封邊

750

活動鋁板
下掛AC主機

圖名		業主簽認	比例		日期		圖號	張號
平面配置圖-C案			1/50		2009.07.02		02	02
			設計 TOKU	繪圖 Alan				

平面圖

洗衣機
洗衣水槽

同主臥浴廁 地、壁磚

REF 水箱

倉庫

同廚房地磚 壁面刷漆

高飾品櫃 W900*D450

餐具櫃 W1800*D500*H1900

排水溝直立管

W650

洗衣區

大同氣密窗 W1500

熱水爐

垃圾

備人浴廁

使用舊門板 W880

二合一 後場合門 W840

大同氣密窗 W1800

廚房

使用舊門板 廚房門W930

冷氣

十人份餐桌 Ø1600~1700

排水溝直立管

大同氣密窗 W1500

備人房

W800

供桌 W800*D800

餐廳

神明桌 W1800*D600

燈桌

達新牌衣櫥 W1150*D490*H1600

單人床 W1900*D1000

大同氣密窗 W2400

看護者沙發床

組合原有衣櫃 最長W3600

冷氣

虛線表示採光罩的滴水天溝

舊圍牆上留氣窗，砌磚接採光罩

晒衣場

大同氣密窗 W1652

大同氣密窗 W1500

董事長睡床 W1900*D1500

夜燈

B1F排氣管

得貴室內裝修有限公司
TEL (02) 28355896 FAX (02)20010003

案名

林森北路 陳公館

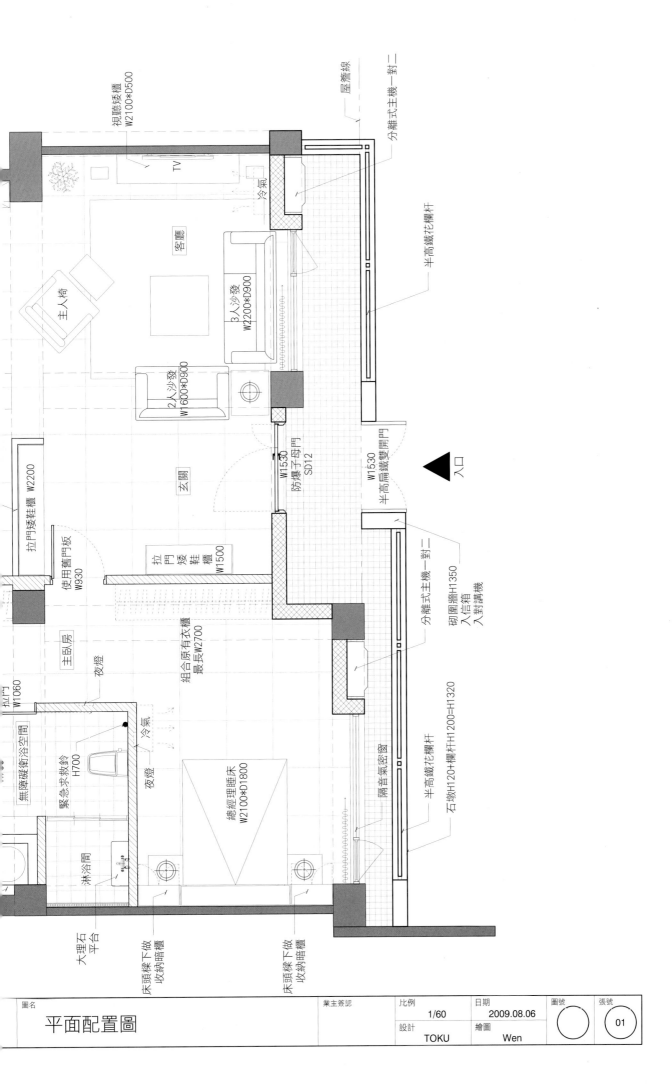

視聽矮櫃
W2100*D500

TV

冷氣

客廳

主人椅

3人沙發
W2200*D900

2人沙發
W1600*D900

玄關

W1530
防爆子母門
SD12

拉門矮鞋櫃 W2200

拉門
矮
鞋
櫃
W1500

使用舊門板
W930

組合原有衣櫃
最長W2700

主臥房

夜燈

拉門
W1060

無障礙衛浴空間

緊急求救鈴
H700

冷氣

夜燈

總經理睡床
W2100*D1800

淋浴間

大理石平台

床頭樑下做
收納暗櫃

床頭樑下做
收納暗櫃

屋簷線

分離式主機一對二

半高鐵花欄杆

W1530
半高兩鐵雙開門

入口

分離式主機一對二
砌圍牆H1350
入信箱
入對講機

半高鐵花欄杆

隔音氣密窗

石墩H120+欄杆H1200=H1320

圖名		業主簽認	比例		日期		圖號	張號
平面配置圖			1/60		2009.08.06			01
			設計		繪圖			
			TOKU		Wen			

平面圖

W2600拉門式衣櫃

W1500餐具矮櫃

餐廳
3.8坪

門
1.

冰箱　　小冰箱

兩片拉藏門

W1600高書架

梁下作吊書架

次男房
3.6坪

公用浴
1坪

1200*1900
大單人床

廚房
2.3坪

床頭桌、收納櫃

TV

W1350*D700
書桌

上置烘衣機

洗衣機

後陽台
1.4坪

洗衣槽

A　C　A　C

空調室外機

得賣室內裝修有限公司
TEL (02) 28355896 FAX (02)28313903

案名
新店台北人社區　陳公

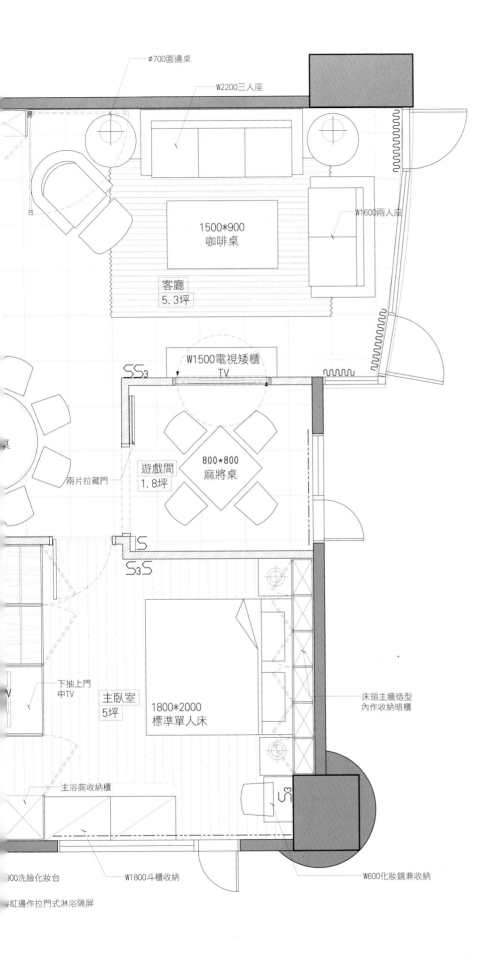

Φ700圓邊桌

W2200三人座

1500*900
咖啡桌

W1600兩人座

客廳
5.3坪

W1500電視矮櫃
TV

SS₃

800*800
麻將桌

遊戲間
1.8坪

兩片拉藏門

S₃S

S

下抽上門
中TV

主臥室
5坪

1800*2000
標準單人床

床頭主牆造型
內作收納暗櫃

S₃

主浴廁收納櫃

900洗臉化妝台

W1800斗櫃收納

W600化妝鏡兼收納

缸邊作拉門式淋浴隔屏

圖名		業主簽認	比例	日期	圖號	張號
平面配置圖			1/50	2009.07.16	(----)	01
			設計 TOKU	繪圖 JASON		

隔間放線圖

施工説明：
1. 本圖所標示尺寸皆為完成面尺寸
2. 圖面上有打斜線部份為建商施作
3. 現場放樣完成後，如與圖面上尺寸有出入，請於施作前與本戶所屬設計師聯絡及協調

變電箱包覆由室內裝修施作

依2009.01.23會談後修正

2475　　100　　3425

750

900

2350

4150

700

1500

100

700

1000

1300

100

800

電視主牆及玻璃隔屏由室內裝修施作
但建商須依圖面位置留出預理的各類出線
（詳出線圖）

4000

3900

6250

4150

得青室內裝修有限公司
TEL (02) 28355896 FAX (02)28313903

案名
長春路忠泰極　陳公館

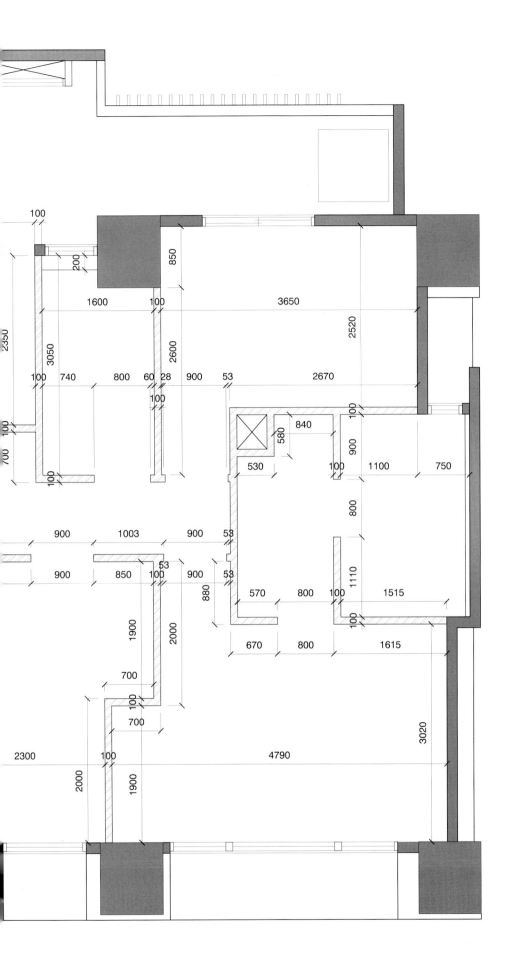

圖名		業主簽認	比例	日期	圖號	張號
隔間放線圖(完成面尺寸)			1/50	2009.05.14	04	04
			設計	繪圖 CHRIS		

隔間放線圖

施工說明：
1. 本圖所標示尺寸皆為完成面尺寸
2. 圖面上有打斜線部份為建商施作
3. 現場放樣完成後，如與圖面上尺
   寸有出入，請於施作前與本戶所
   屬設計師聯絡及協調

2475   100   3425

750

900   2350

變電箱包覆由室內裝修施作

依2009.01.23會談後修正

4150   700

1500   100

700

5450   1000

1300   100

800

電視主牆及玻璃隔屏由室內裝修施作
但建商須依圖面位置留出預埋的各類出線
（詳出線圖）

4000   3900

6250

4150

TOKU 得貴室內裝修有限公司
TEL (02) 28355896 FAX (02)28313903

案名
長春路忠泰極 陳公館

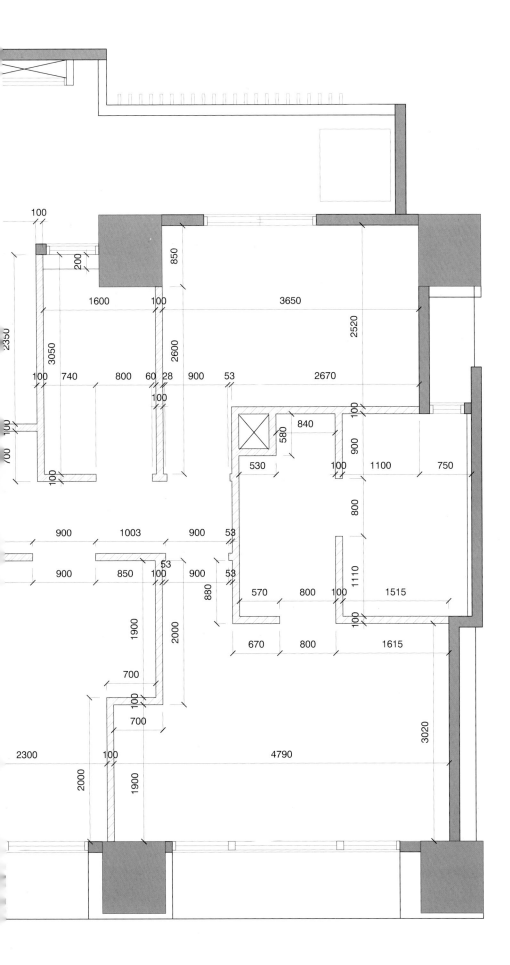

圖名	業主簽認	比例	日期	圖號	張號
隔間放線圖(完成面尺寸)		1/50	2009.08.17	(####)	(####)
	設計		繪圖 CHRIS		

隔間放線圖

700 1630 700

700 1920 700 320 410

365 650

100

500

1800 3330 3330

100

650

365

120

630 750 1580

120 120 600

450

1500 1860

20 120

380 220

150

600

得貴室內裝修有限公司
TEL (02) 28355896 FAX (02)28313903

案名

民生東路　陳公館

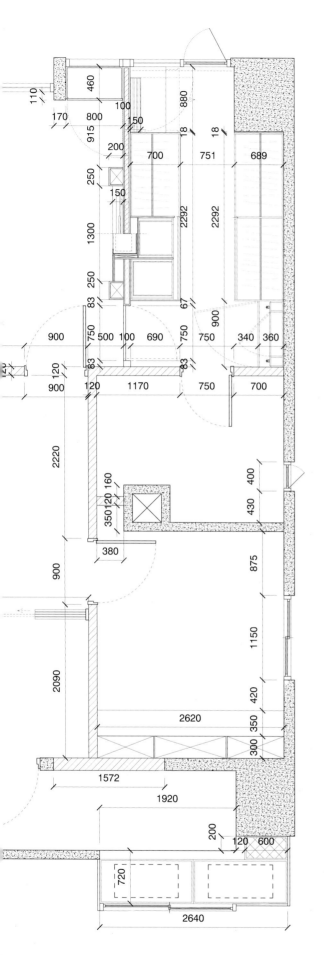

圖名		業主簽認	比例		日期	圖號	張號
隔間放線圖			1/50		2009.07.02		02
			設計		繪圖		
			TOKU		Alan		

460
110
100
170 800
915 880
150
200 18 18
250 700 751 689
150
2292 2292
1300
250
83 67
750 900
900 750 500 100 690 750 750 340 360
120 83 83
900 120 1170 750 700

2220

350 120 160
380

430 400
900
875
2090
1150
420
2620 350
300
1572
1920
200
120 600
720
2640

地坪配置圖

止水大理石門檻

主臥衛浴磁磚
按捷寶建設
提供

止水大理石門

木地板
±0

舖設起始點

止水大理石
門檻

衛浴磁磚
按捷寶建設
提供

衛浴磁磚
按捷寶建設
提供

止水大理石
門檻

木地板
±0

衛浴磁
按捷寶列
提供

止水大理
門檻

木地板
±0

得貴室內裝修有限公司
TEL (02) 28355896 FAX (02)28313903

案名
竹北新世紀大樓　陳

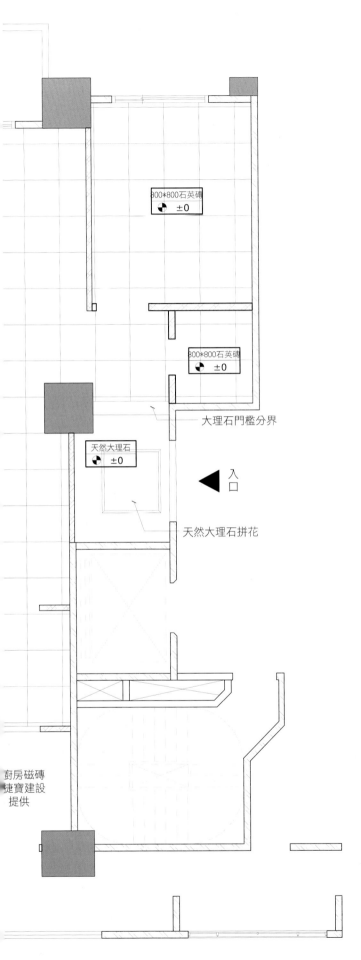

800*800石英磚
±0

800*800石英磚
±0

大理石門檻分界

天然大理石
±0

◀ 入口

天然大理石拼花

廚房磁磚
捷寶建設
提供

圖名	業主簽認	比例	日期	圖號	張號
地坪配置圖		1/80	2009.08.20		
		設計 TOKU	繪圖 Wen		

地坪配置圖

250*250石英磚
±0

310*310石英磚
±0

鋪設起始點

310*310石英磚
±0

鋪設起始點

310*310石英磚
±0

100*100止滑磚
±0

1320
150
300
700
170

B1F排氣孔

得青室內裝修有限公司
TEL (02) 28355896 FAX (02)28313903

案名
林森北路 陳公館

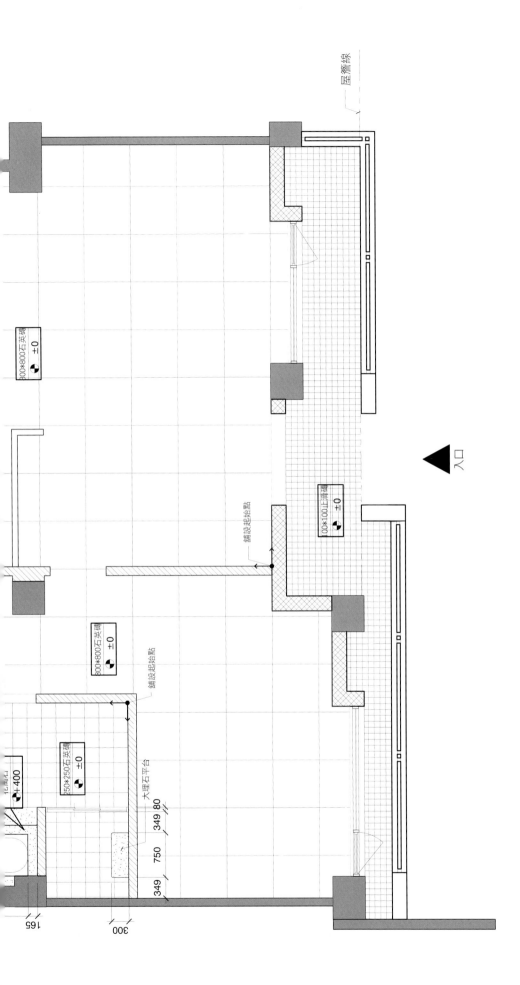

入口

呈簽線

800*800石英磚
±0

800*800石英磚
±0

100*100止滑磚
±0

250*250石英磚
±0

+400

舖設起始點

舖設起始點

大理石平台

349 80

750

349

349

165

300

圖名		業主簽認	比例		日期		圖號	張號
地坪配置圖			1/60		2009.08.06			03
			設計 TOKU		繪圖 Wen			

天花板圖

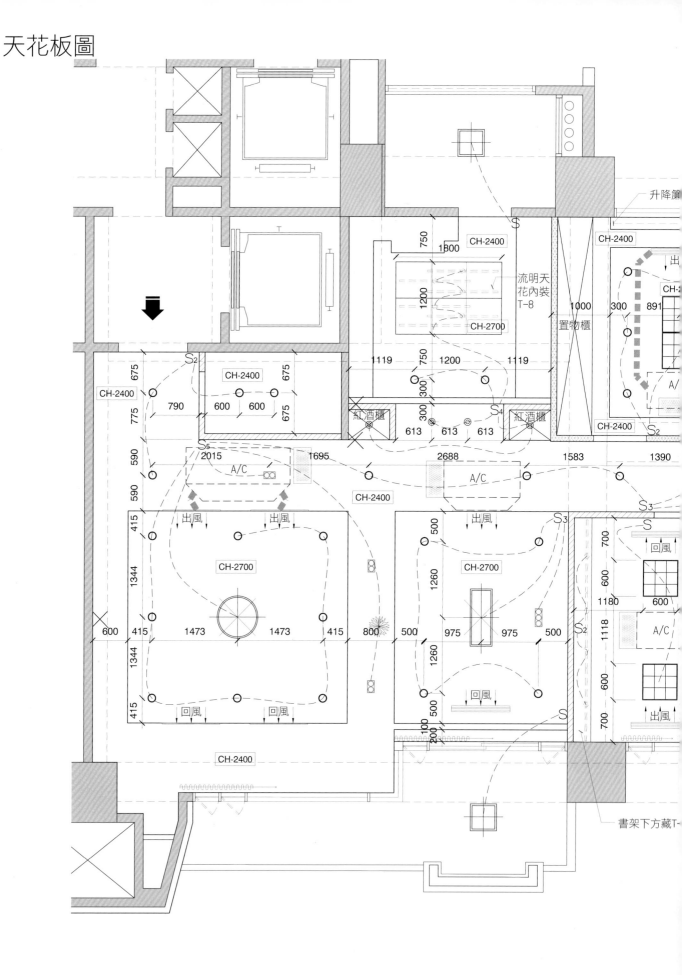

升降簾

CH-2400

CH-2400

750
1800

CH-2400

流明天
花內裝
T-8

1200

CH-2700

1000
300
置物櫃

300 891

A/C

CH-2400

675
675

S₂

CH-2400

675

CH-2400

790 600 600 675

1119 750 1200 1119

S₄

紅酒櫃 紅酒櫃

CH-2400

613 613 613

S₂

775

590

S₅
2015 1695 2688 1583 1390

A/C

A/C

590

415

415

出風 出風

CH-2400

S₃

出風

回風

700
600

1180 600

A/C

1344

CH-2700

1260

CH-2700

S₃

600

S₂

1118

600

1473 1473 415

800 500 975 975 500

回風

出風

600 415

1344

415
回風 回風

1260

500

500

S

700

100
200

CH-2400

書架下方藏T-

得寶室內裝修有限公司
TEL (02) 28355896 FAX (02)28313903

案名
陸江新建築 陳公館

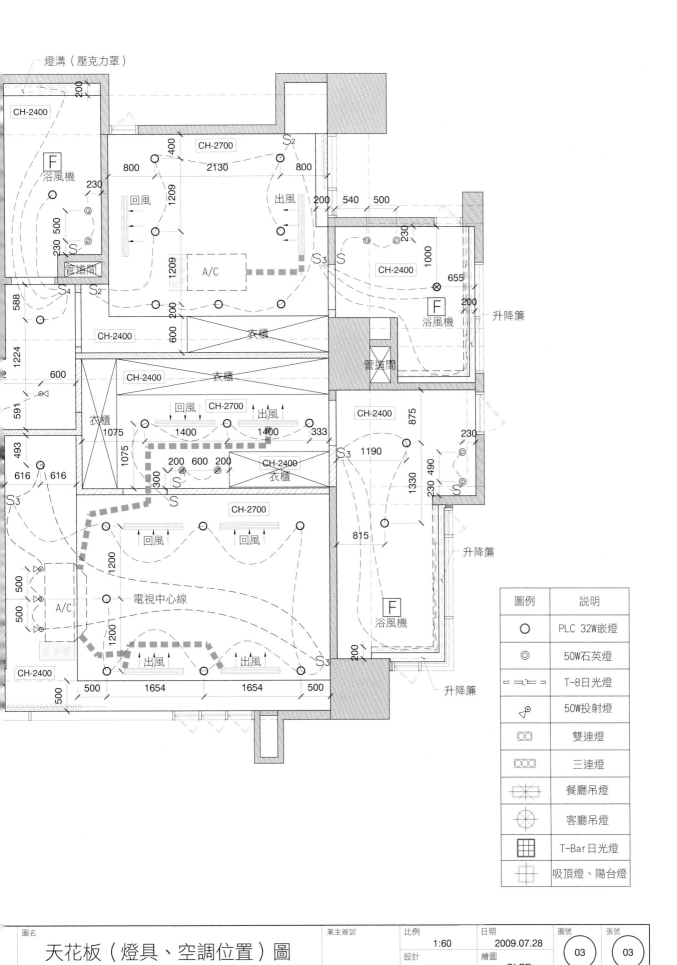

圖例	説明
○	PLC 32W嵌燈
◎	50W石英燈
⊏⊐	T-8日光燈
⌀	50W投射燈
⊏⊐	雙連燈
⊏⊐⊐	三連燈
✕	餐廳吊燈
⊕	客廳吊燈
⊞	T-Bar日光燈
⊞	吸頂燈、陽台燈

燈溝（壓克力罩）

CH-2400

F 浴風機

管道間

CH-2700

回風　出風

A/C

CH-2400

升降簾

F 浴風機

管道間

CH-2400

衣櫃

衣櫃

CH-2400

衣櫃

回風　CH-2700　出風

CH-2400　衣櫃

CH-2700

回風　回風

電視中心線

A/C

CH-2400

出風　出風

升降簾

F 浴風機

升降簾

圖名 天花板（燈具、空調位置）圖	業主簽認	比例 1:60	日期 2009.07.28	圖號 03	張號 03
		設計	繪圖 GLEE		

室內設計的施工圖與裝修工程

53

天花板圖

CH-2500

CH-2200

CH-2200

CH-2200

2 A/C

CH-2200

S₂

CH-2500

CH-2200

CH-2200

到頂衣櫃

4 A/C

CH-2500

S

水箱上方吊櫃

吊櫃

S₃

①

②

③

排水溝直立管

採光罩

排熱氣

排水溝直立管

排煙

採光罩

手搖式升降晒衣架 W3000

採光罩

舊圍牆上留氣窗，砌磚接採光罩

虛線表示採光罩的滴水天溝

B1F排氣管

TOKU 得貴室內裝修有限公司
TEL (02) 28355896 FAX (02)28313903

案名

林森北路 陳公館

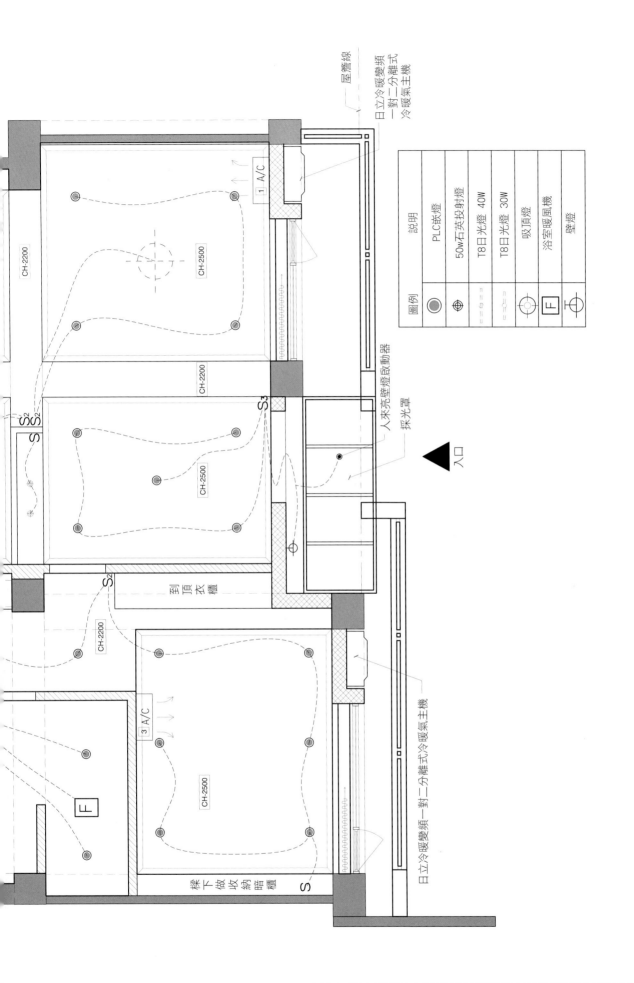

圖例	說明
◉	PLC嵌燈
⊕	50w石英投射燈
⊏┍╤╤┑⊐	T8日光燈 40W
⊏┍╤┑⊐	T8日光燈 30W
⊕	吸頂燈
F	浴室暖風機
⊕	壁燈

CH-2200

CH-2500

CH-2200

S² S²
S²
S
S₃

CH-2500

S²

到頂衣櫃

CH-2200

3' A/C

F

CH-2500

樑下做收納暗櫃

S

1 A/C

屋簷線

日立冷暖變頻
一對二分離式
冷暖氣主機

人來亮壁燈啟動器
探光罩

入口

日立冷暖變頻一對二分離式冷暖氣主機

圖名		業主簽認	比例	日期	圖號	張號
天花板燈具配置圖			1/60	2009.08.06	◯	02
		設計 TOKU	繪圖 Wen			

燈具圖

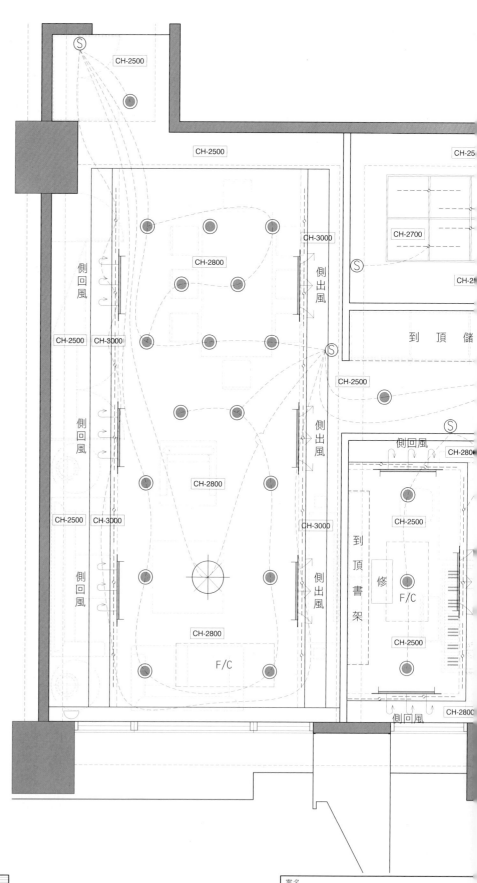

圖 例	説　　明
◉	PLC 27W嵌燈
♨	50W 石英投射燈
●	小夜燈
⊕	50W 石英燈
⊕	主燈由業主自購
⊢⊣	T8 日光燈
Ⓢ	電燈開關
▽	AC 排水孔

CH-2500
CH-2500
CH-3000
CH-2700
CH-2500
CH-2800
側回風
側出風
CH-2500　CH-3000
到頂儲
CH-2500
側回風
側出風
側回風
CH-2800
CH-2500
CH-2500　CH-3000
CH-3000
到頂書架
修
F/C
CH-2500
側回風
側出風
CH-2800
F/C
CH-2800

得貴室內裝修有限公司
TEL (02) 28355896 FAX (02)28313903

案名

長春路忠泰極　陳公館

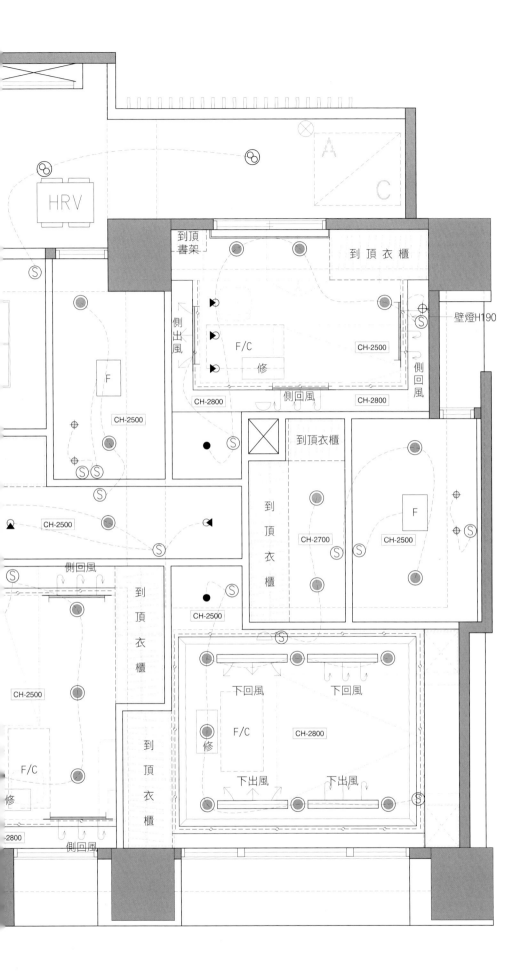

到頂
書架

到頂衣櫃

HRV

側出風

F/C

修

壁燈H190

CH-2500

側回風

側回風

CH-2800

CH-2800

F

CH-2500

到頂衣櫃

到頂衣櫃

CH-2700

F

CH-2500

CH-2500

側回風

到頂衣櫃

CH-2500

下回風

下回風

到頂衣櫃

F/C

CH-2800

修

CH-2500

F/C

修

下出風

下出風

-2800

側回風

燈具圖

升降簾

CH-2300

杉木企口天花板

S₃

預留燈線孔

CH-2400

可調式開間

可調式開間

S

CH-2700

出風

維修/回

CH-2300

維修/回

CH-2300

CH-2300

S₅

CH-2600

S₂

CH-2300

吊櫃線

S₄

S₃

POKU

得貴室內裝修有限公司
TEL (02) 28355896 FAX (02)28313903

案名

民生東路五段 陳公館

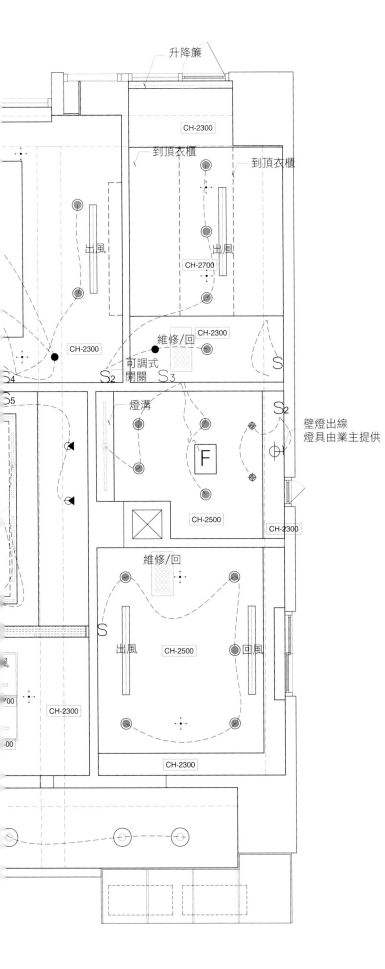

升降簾
CH-2300
到頂衣櫃　到頂衣櫃
出風　出風
CH-2700
維修/回　CH-2300
CH-2300
可調式開關　S_2　S_3　S
S_4
S_5
燈溝　S_2
壁燈出線
燈具由業主提供
F
CH-2500　CH-2300
維修/回
出風　CH-2500　回風
CH-2300
CH-2300

圖例	說明
◉	PLC嵌燈
☒☒☒	三連燈
⊏=ㅁ=⊐	T8日光燈
◎	吸頂燈
⊹	消防灑水頭
▲	石英投射燈
⊕	石英平嵌燈
F	浴室暖風機
●	可調光石英夜燈

圖名		業主簽認	比例		日期		圖號	張號
天花燈具、灑水頭配置圖-C案			1/50		2009.07.02		07	07
			設計	TOKU	繪圖	Alan		

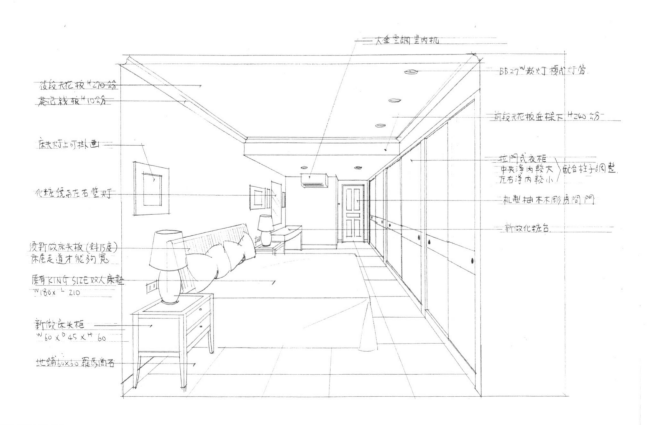

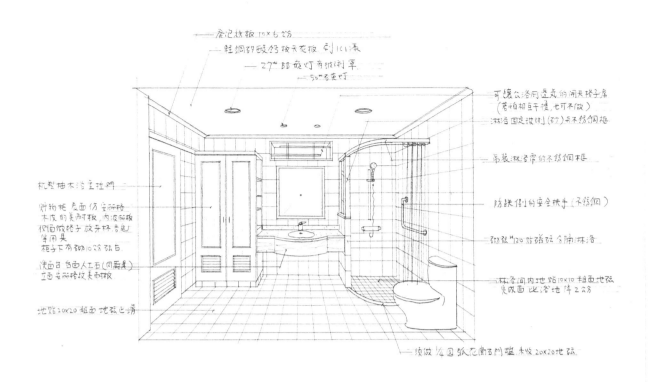

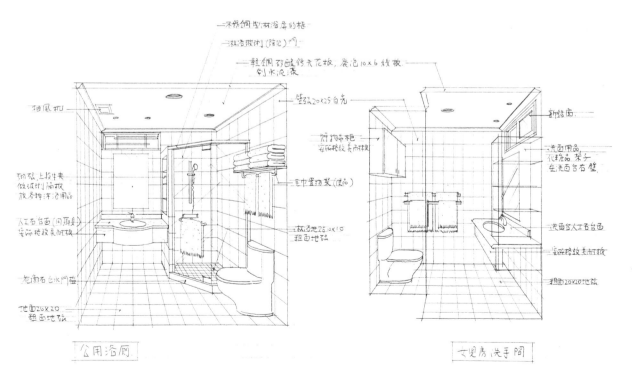

公用浴廁

女児房洗手間

透視圖

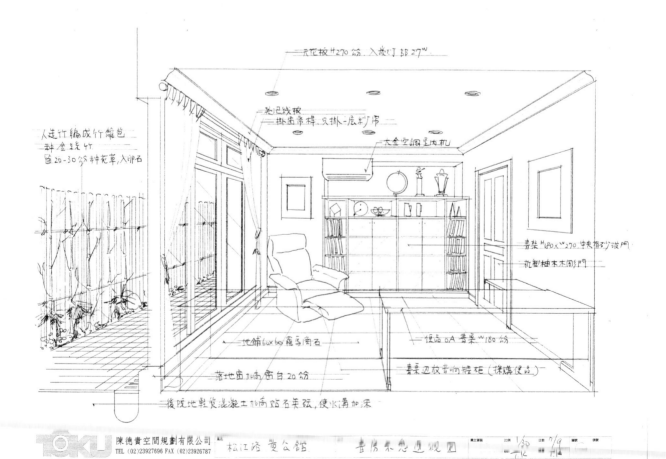

至此為止被界定為基本設計階段（在大陸稱為方案設計），常有業主聘請外籍設計師為其設計某案子，但只畫到基本設計階段完成就算了事。然後業主再找當地的設計師接手下一階段的設計作業，因為這樣子分工不但較經濟，也較能貼近當地的氣候，材料，工法和因應當地的法規，尤其又能藉此分工合作，讓當地設計師學習到外籍設計師的Know How，並因此培養當地的設計人才，其實也是造福當地的一種方式。（這種方式通常只在大型商業空間才出現）

以下的作業稱為實施設計(大陸稱為施工圖設計)，也就是慣稱的狹義的施工圖了，有下列各種圖面：

◆ 立面圖

這是依據基本設計中的3D透視圖來發展的各面向的立面圖。必須表達空間的四向立面裝修造型，和相關的材質說明，和各完成面的高度尺寸標示。（見64-69頁之附圖）

◆ 斷面圖和詳細圖

這是從上項的立面圖中找出施工重點，用垂直或水平的切開方式，來研討其使用材料和工法，若對建材和工法不熟悉的話根本畫不出來。（見70-73頁之附圖）

◆ 家具圖

多數業主會採購現品家具，只有買不到合適的家具時，才需要畫這種訂製家具圖。當然必須對家具的製作有相當認識才能畫得正確。（在商空設計案時就是生財道具圖）（見74-77頁之附圖）

◆ 建材樣品表和施工說明

當全套設計圖將近完成時，就必須做全面的編圖索引和撰寫施工說明，並且依據基本設計時所呈報並已被確認的建材樣品來填寫確定採用的建材。通常會將建材樣品表和施工說明結合在一張表格裡。

最後加上封面，依序編入索引目錄頁，建材樣品表(含施工說明)，現況圖，平面配置圖，隔間放線圖------等，到最末的家具圖止編輯成冊，就完成了一本室內裝修工程設計施工圖了。一個住宅室內裝修設計案的圖量通常不會太多頁，所以編輯時應該採用簡單的編輯方式，盡量以頁碼數字做分母，以1.2.3(或A.B.C)做分子，這樣翻閱索引起來比較容易。由其須考慮到現場施工的習慣，最好在繪圖時將一個空間的圖畫在一頁，若容納不下必須跨頁時，也要讓它們緊密連貫，例如：主房立面圖在第8頁，其衣櫃斷面詳圖就應在第9.10頁。千萬不要採那種很龐雜的編圖方式，好像小孩開大車一般的徒增困擾。

本書將會以較多篇幅來講述立面圖，斷面詳圖，家具圖等屬於狹義的施工圖這部份，當然基本設計從客戶變更圖到3D效果圖為止這部份也不會偏廢。希望這樣的內容能讓有興趣從事這行業的初學者，能有更具體深入的理解。

立面圖

195

2350

2250

18

2250

2350

2100

2650

18

1268

2882

1200

假包柱面貼橡木皮染白

牆面封板面貼壁紙

面貼橡木皮

400

150

450

650

面貼木皮染色
色同深胡桃色房間門

600

1200

480

800

櫃面人造白色杜邦石

870

60

270

40

2250

Ø=60mm不鏽鋼管

2130

100

1229

550

1050

850

60

原有牆面刷漆

3分梯腳板

TOKU
得貴室內裝修有限公司
TEL (02) 28355896 FAX (02)28313903

案名
新店○公館

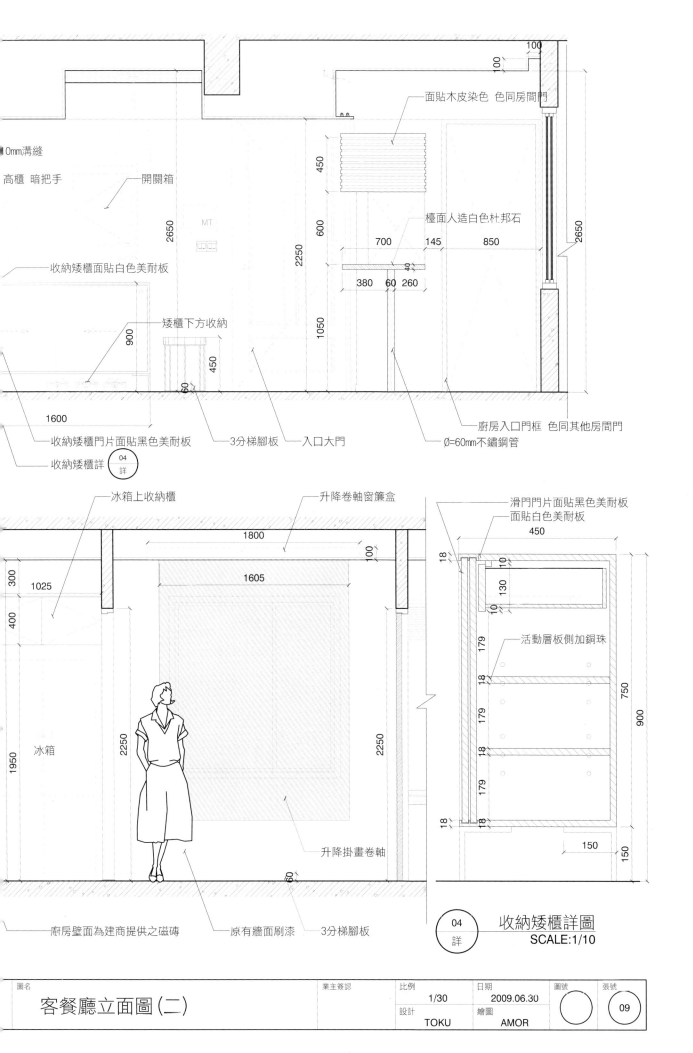

0mm溝縫

高櫃 暗把手 ———開關箱

MT

———收納矮櫃面貼白色美耐板

———矮櫃下方收納

1600

———收納矮櫃門片面貼黑色美耐板 ———3分梯腳板 ———入口大門

———收納矮櫃詳 04 詳

面貼木皮染色 色同房間門

檯面人造白色杜邦石

700   145   850

380 60 260

———廚房入口門框 色同其他房間門
———Ø=60mm不鏽鋼管

———冰箱上收納櫃 ———升降卷軸窗簾盒

1800

1025   1605

冰箱   2250

升降掛畫卷軸

———廚房壁面為建商提供之磁磚 ———原有牆面刷漆 ———3分梯腳板

———滑門門片面貼黑色美耐板
———面貼白色美耐板

450

活動層板側加銅珠

750   900

150   150

04 詳   收納矮櫃詳圖
SCALE:1/10

圖名			業主簽認	比例		日期		圖號	張號
客餐廳立面圖(二)				1/30		2009.06.30			09
				設計		繪圖			
				TOKU		AMOR			

立面圖

牆面刷漆色同天花板

面貼木皮染色
色同深胡桃色房間門

上吊式洗烘碗機
D

面貼木皮染色
色同深胡桃色房間門

上吊式洗烘碗機

2650

1825
1330   445   1200
270 60   1000   1645
2650
檯面人造白色杜邦石   30
50
檯面人造白色杜邦石   600
1075

1050

Ø=60mm不鏽鋼管

250
30
600

520 70 370 40
590

流理台下櫃內置放

面貼木皮染色
色同深胡桃色房間門

流理台下櫃內置放置濾水器

01	廚房/早餐台立面圖
10	SCALE:1/30

02	廚房立面圖
10	SCALE:1/30

360
1380
200   980   200 50
150 100
150 150 100
壁掛化妝鏡
70   840   70
檯面人造石
2300
2250
1690
350
250
45 260 45
850
100
20
200
20 450
20
510
550
200
250
40

鋁製邊框 面貼8mm明鏡

活動層板側加銅珠

18
抽取式衛生紙   150
20
510
300

雜誌/書架

40

鋁製邊框 面貼8mm明鏡

新作木門色同舊有房間門

面貼木皮美耐板

面貼木皮

04	浴廁立面圖
10	SCALE:1/30

A	詳

A	詳圖
詳	SCALE:1/10

05
10

得貴室內裝修有限公司
TEL (02) 28355890 | AX (02)28910003

案名
新店○公館

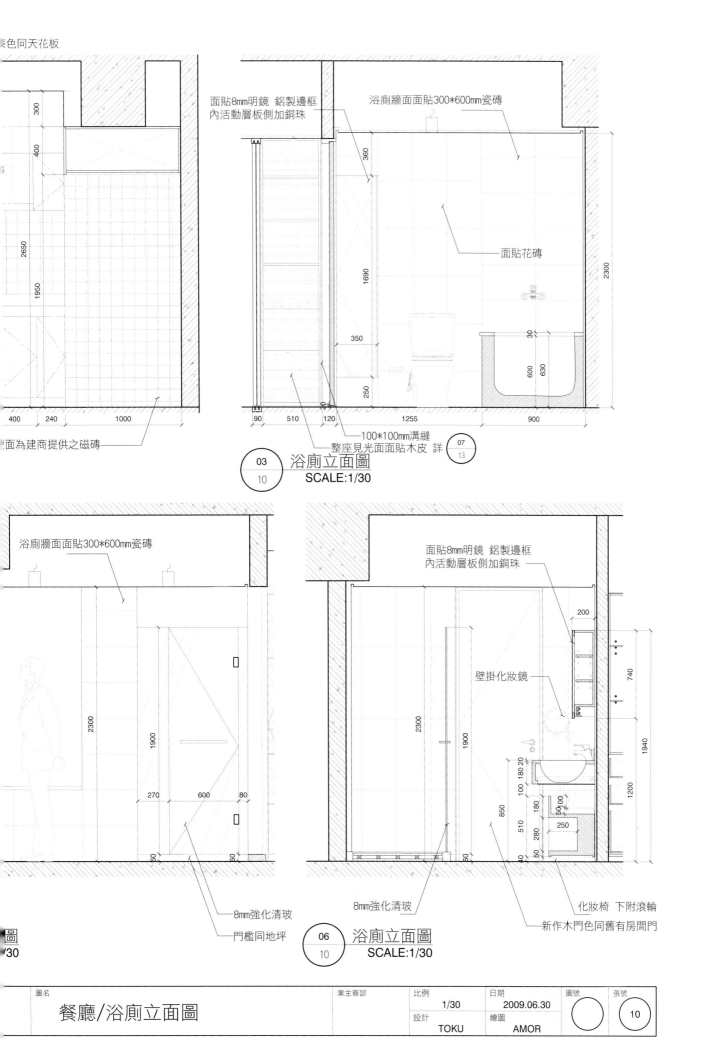

色同天花板

300

400

2650

1950

400 240 1000

面為建商提供之磁磚

面貼8mm明鏡 鋁製邊框
內活動層板側加銅珠

浴廁牆面面貼300*600mm瓷磚

360

1690

1255

350

250

面貼花磚

2300

30
600 630

90 510 120

100*100mm溝縫
整座見光面面貼木皮 詳 07/13

03/10 浴廁立面圖
SCALE:1/30

浴廁牆面面貼300*600mm瓷磚

2300

1900

270 600 80

8mm強化清玻
門檻同地坪

面貼8mm明鏡 鋁製邊框
內活動層板側加銅珠

200

740

壁掛化妝鏡

2300

1900

1940

100 180 20

1200

850

180

510

50 00

280

250

8mm強化清玻

化妝椅 下附滾輪
新作木門色同舊有房間門

06/10 浴廁立面圖
SCALE:1/30

圖名	業主簽認	比例	日期	圖號	張號
餐廳/浴廁立面圖		1/30	2009.06.30		10
		設計 TOKU	繪圖 AMOR		

立面圖

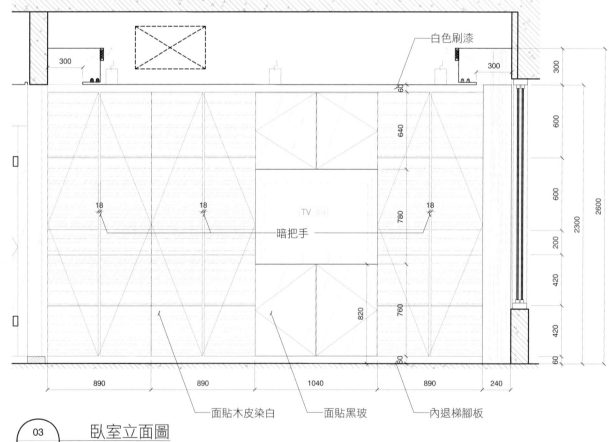

面刷半亮白色漆　　面繃布

300

壁燈

80

2350

2650

1400

2250

不鏽鋼腳

不鏽鋼床腳

3分梯腳板　門片木皮染深色
面貼白色美耐板

50　　50　　　　　　　　　　24　24　24

200 80 170 450　　24 250
　　　　　　　　200 450
　　　　　　　50

300　530　60　1520　60　530　950　50

01
11

臥室立面圖
SCALE:1/30

白色刷漆

300　　　　　　　　　　　　　　　　　　　　60　300　300

640

600

18　　18　　　　　　　　18
TV
暗把手　　780

600

2600

2300

200

820　760

420

420

60

890　890　1040　890　240

面貼木皮染白　面貼黑玻　內退梯腳板

03
11

臥室立面圖
SCALE:1/30

得青室內裝修有限公司
TEL (02) 28355896 FAX (02)28313903

案名
新店○公館

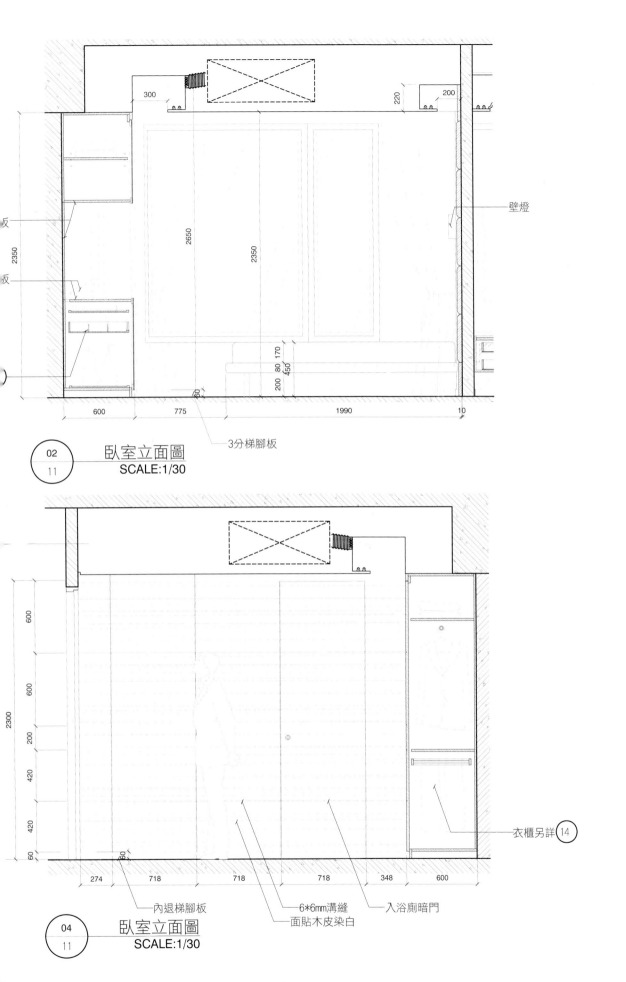

300

220   200

2650

2350

壁燈

2350

200 80 170
450

600   775   1990   10

3分梯腳板

② 臥室立面圖
11   SCALE:1/30

600

600

2300   200

420

420

60

274   718   718   718   348   600

內退梯腳板

6*6mm溝縫
面貼木皮染白

入浴廁暗門

衣櫃另詳 ⑭

④ 臥室立面圖
11   SCALE:1/30

圖名		業主簽認	比例	日期	圖號	張號
臥房立面圖			1/30	2009.06.30		11
			設計	繪圖		
			TOKU	AMOR		

斷面圖和詳細圖

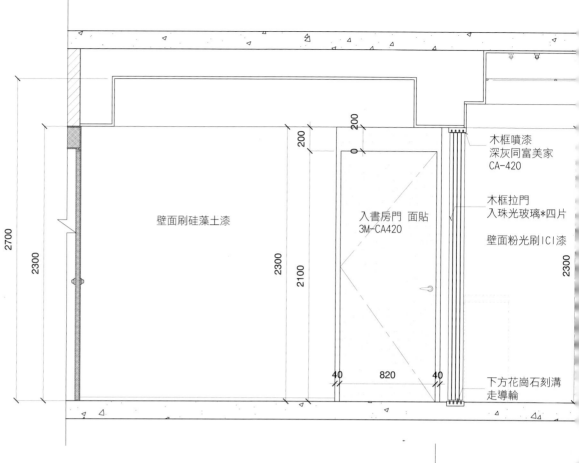

壁面刷硅藻土漆

200

入書房門 面貼
3M-CA420

2700

2300

2300

2100

40 820 40

木框噴漆
深灰同富美家
CA-420

木框拉門
入珠光玻璃*四片

壁面粉光刷ICI漆

2300

下方花崗石刻溝
走導輪

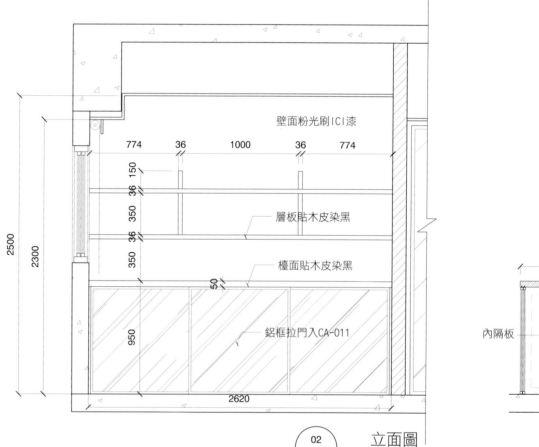

壁面粉光刷ICI漆

774 36 1000 36 774

36 150

36 350

36

350

2500

2300

50

950

層板貼木皮染黑

檯面貼木皮染黑

鋁框拉門入CA-011

2620

內隔板

650

02
03

立面圖
SCALE:1/30

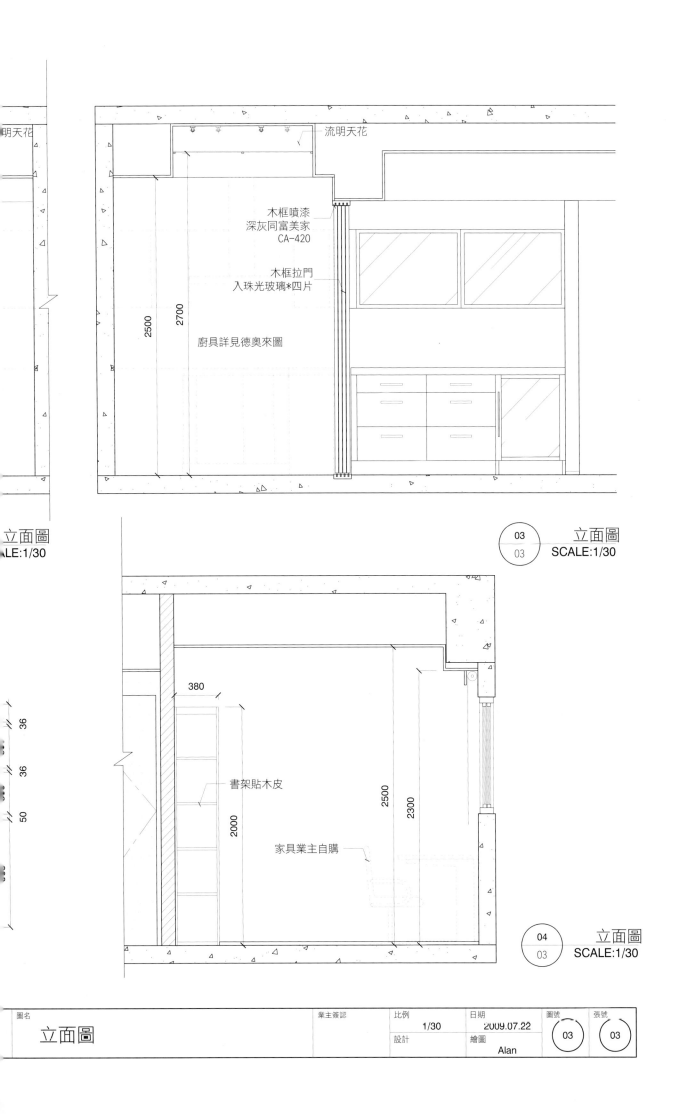

明天花

流明天花

木框噴漆
深灰同富美家
CA-420

木框拉門
入珠光玻璃*四片

廚具詳見德奧來圖

2500

2700

立面圖
LE:1/30

03
03
立面圖
SCALE:1/30

380

書架貼木皮

2000

家具業主自購

36

36

50

2500

2300

04
03
立面圖
SCALE:1/30

圖名		業主簽認	比例	日期	圖號	張號
立面圖			1/30	2009.07.22	03	03
			設計	繪圖 Alan		

斷面圖和詳細圖

回風板　　　　　　　　　　　回風板

暗櫃
表面刷漆

壁面刷ICI漆

全室踢腳板30mm

2700
2300
30

1200
18
358
18
358
18
358
18
358
18
358
18
358
18
1200
358
410

01
04
立面圖
SCALE:1/30

木造雙面石膏板
入隔音棉

回風板

18mm暗把手縫

暗櫃
貼3M PA-180

兩側入凵型鋁溝
引導捲簾

DVD

壁面刷ICI漆

2700
2300
30

200
1350
11 2 18
590
350
30

得書室內裝修有限公司
TEL (02) 28355896 FAX (02)28313903

案名
民生東路五段　陳公館

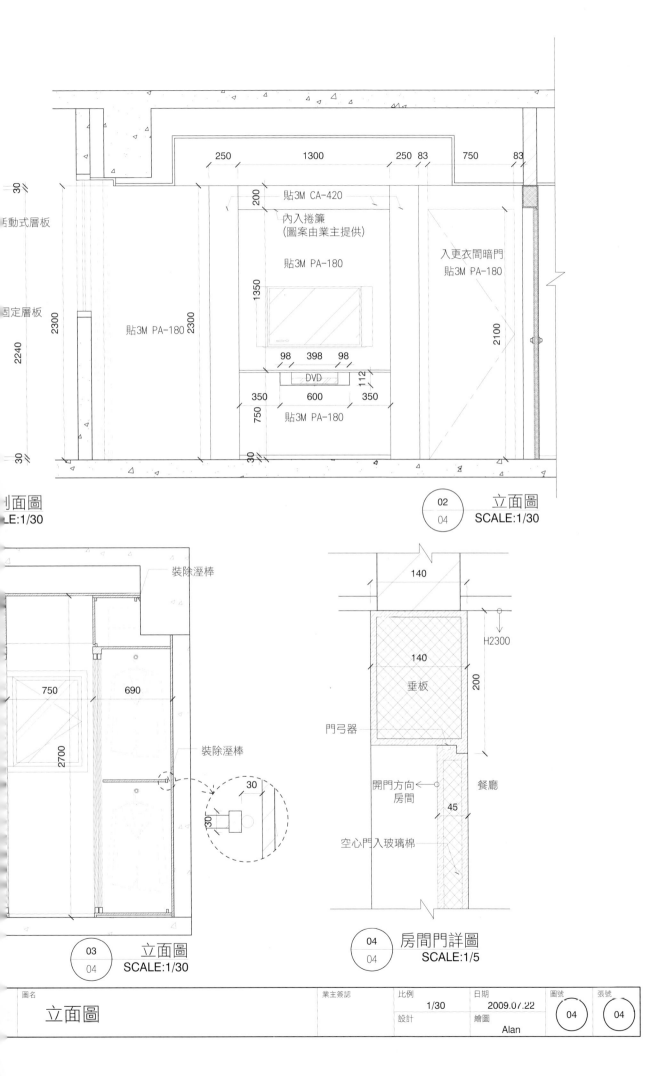

活動式層板

固定層板

30

2300

2240

2300

30

貼3M PA-180

250   1300   250 83   750   83

200

貼3M CA-420

內入捲簾
(圖案由業主提供)

貼3M PA-180

入更衣間暗門
貼3M PA-180

1350

2100

98   398   98

DVD

112

350   600   350

750

貼3M PA-180

30

剖面圖
LE:1/30

02
04
立面圖
SCALE:1/30

裝除溼棒

750   690

2700

裝除溼棒

30
30

140

H2300

140

垂板

200

門弓器

開門方向 ←
房間

餐廳

45

空心門入玻璃棉

03
04
立面圖
SCALE:1/30

04
04
房間門詳圖
SCALE:1/5

圖名

立面圖

業主簽認

比例
1/30

設計

日期
2009.07.22

繪圖
Alan

圖號
04

張號
04

傢俱圖

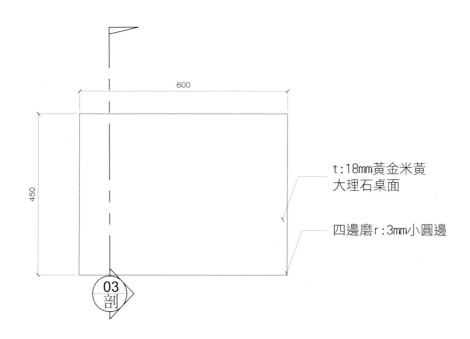

t:18mm黃金米黃
大理石桌面

四邊磨r:3mm小圓邊

600

450

03
剖

01
01
平面圖
SCALE 1/10

抽

層板

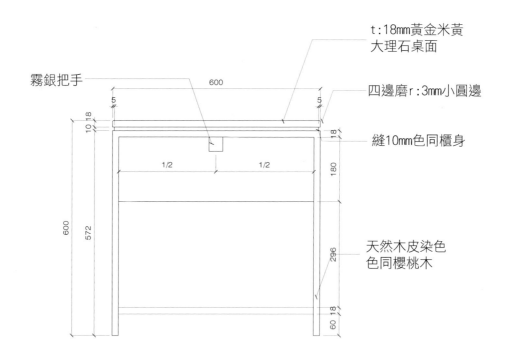

霧銀把手

t:18mm黃金米黃
大理石桌面

四邊磨r:3mm小圓邊

縫10mm色同櫃身

天然木皮染色
色同櫻桃木

600

5

10 18

1/2   1/2

600

572

18

180

296

60 18

02
01
立面圖
SCALE 1/10

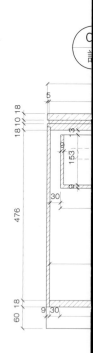

3
剖

陳德貴空間規劃有限公司
TEL (02) 28355896 FAX (02)28313900

案名
中茵國際皇冠社區 陳公館

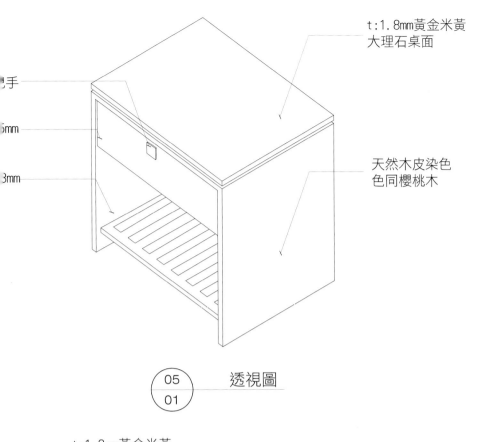

t:1.8mm黃金米黃
大理石桌面

天然木皮染色
色同櫻桃木

把手

5mm

3mm

$\dfrac{05}{01}$ 　透視圖

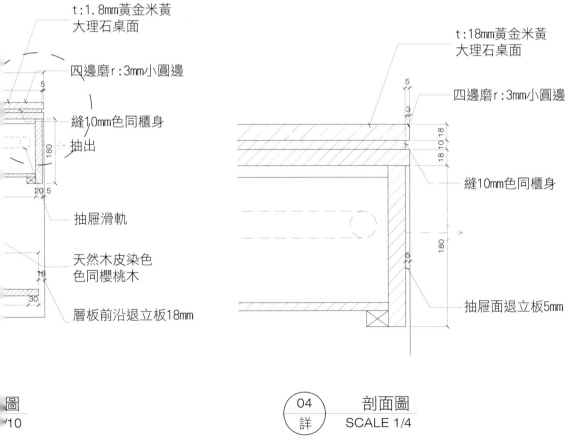

t:1.8mm黃金米黃
大理石桌面

四邊磨r:3mm小圓邊

縫10mm色同櫃身
抽出

抽屜滑軌

天然木皮染色
色同櫻桃木

層板前沿退立板18mm

5

180

20 5

18

30

圖
/10

t:18mm黃金米黃
大理石桌面

四邊磨r:3mm小圓邊

縫10mm色同櫃身

抽屜面退立板5mm

5

3

18 10 18

180

5

$\dfrac{04}{詳}$ 　剖面圖
SCALE 1/4

圖名		業主簽認	比例		日期		圖號		張號	
床頭櫃施工圖			1/10		2007.04.30		01		01	
			設計	繪圖						
				Alan						

傢俱圖

鎖螺絲固定於牆面

下方裝不鏽鋼管腳
(便品)

下方裝6分不鏽鋼管腳
(便品)

1240　　　800

18　274　18　　　36

9

500　453

650

R415　R50

291　9

300

白色人造石
(有紋路)

置物櫃全貼
美耐板909SC黑

鋁框夾4mm玻璃

20 18

抽　　　　抽

280　　680　　280

R50

R415

半圓與□
磨50mm□

半圓形人造石檯面

| 01 | 主浴室洗臉台平面圖 |
| 08 | SCALE:1/20 |

置物櫃全貼
美耐板909SC黑

1240　　　800

鋁框夾4mm玻璃

A剖　　B剖

36

314

白色人造石(有紋路)

30　36　728　36　30　　200 18 12

200

抽　美耐板909SC黑　抽

240

18

728

活動層板

挖暗把手

30

850　402　　　　　　　　　350　　850　402

洗衣籃

抽　　　　抽

200　　　　　　　　　200　　200 18

下方裝不鏽鋼管腳
(便品)

原有排水口不變
磁磚不用打除
排水管按裝必須延長

下方裝6分不鏽鋼管腳
(便品)

鋁框+強化玻璃抽板

| 02 | 主浴室洗臉台立面圖 |
| 08 | SCALE:1/20 |

B
剖

得青室內裝修有限公司
TEL (02) 28355896 FAX (02)28313903

案名
民生東路五段 陳公館

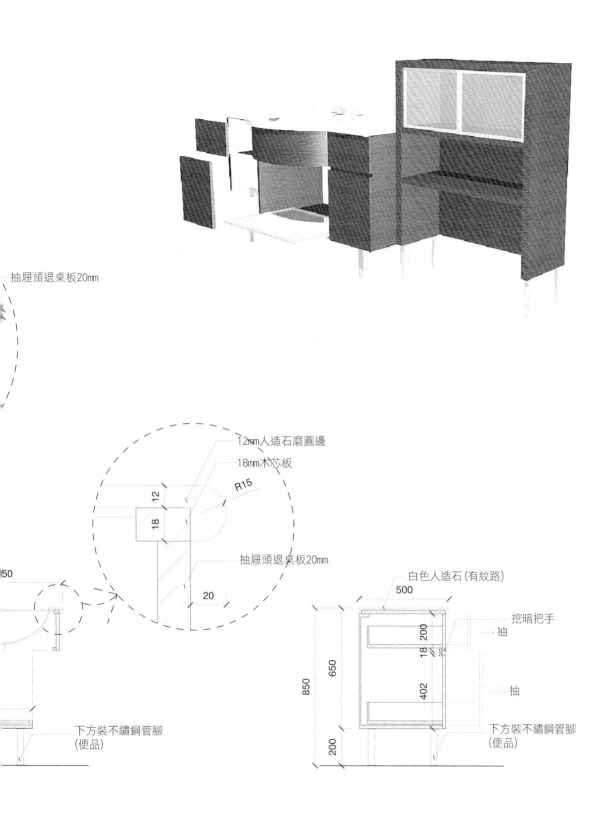

抽屜頭退桌板20mm

12mm人造石磨圓邊

18mm木芯板

12

18

R15

抽屜頭退桌板20mm

20

50

白色人造石(有紋路)

500

200

18

402

挖暗把手

→ 抽

→ 抽

650

850

200

下方裝不鏽鋼管腳
(便品)

下方裝不鏽鋼管腳
(便品)

先臉台剖面圖
SCALE:1/20

A
剖

主浴室洗臉台剖面圖
SCALE:1/20

圖名		業主簽認	比例	日期	圖號	張號
主浴室洗臉台詳圖			1/20	2009.07.27	08	08
			設計	繪圖 Alan		

拆除工程	木工放樣
・遵守管委會規定 ・不破壞建物主要結構體 ・關閉水、電、瓦斯只留臨時水電 ・做好安全防護措施	・測繪天、地完成面的水平線 ・測繪全部隔局的門、窗、隔間和給排水、排汙的位置

地坪工程	木造工程
・天然大理石鋪設 ・人造大理石鋪設 ・石英磚鋪設 ・一般磁磚鋪設 ・木地板鋪設 ・粉光鋪地毯/塑膠地磚	・天花板、壁板造型 ・入壁高櫥櫃 ・活動半高櫃、矮櫃 ・浴廁洗面台 ・廚房早餐台 ・釘地板 ・踢腳板

與順序之流程圖

隔間工程

‧造隔間工程
‧鋼架雙面封石膏板
‧輕隔間工程
‧水工程

門窗工程

‧密鋁窗、鋁門
‧屬防爆大門
‧化銅門
‧造房間門、浴廁門
‧造拉門、拉藏門

機電工程

‧ 空調配冷媒管、排水
  管、試排水
‧ 吊掛空調室內機
‧ 自分電盤、自弱電箱
  開始到各個燈具、開
  關、插座、電話出口
  為止的配管線
‧ 自水箱經熱水爐到各
  個給水出口的配設
‧ 各個排汙、排水管配
  設
‧ 消防灑水頭的配設

工程

‧膠漆
‧面漆
‧櫃的表面

‧面漆

設備工程

‧ 衛浴設備的安裝
‧ 廚具設備的安裝
‧ 燈具的安裝
‧ 出回風口的安裝
‧ 壁掛電視的安裝

裝潢工程

‧ 貼壁紙、壁布
‧ 掛窗簾
‧ 其他掛飾
‧ 完工全面清潔
‧ 傢俱搬入

第四章　工別與工序

一、拆除工程

　　當全部的製圖完成和預算被確認後，就是擇吉日開工了，而第一個工序就是拆除工程了。以中型公寓約40坪左右面積為例的話，從開始拆除到垃圾運除乾淨，大約要五天至七天工期。其間該注意下列事項：

1. 要遵守管理委員會所指示的各項施工規定，如人員和材料的進出管制，如垃圾的裝袋後運出的管制，如週六.日禁止施工和每天可以容許的噪音施工時段管制，如電梯車廂內和電梯門廳的保護措施等，都需確實做到才不會有麻煩。

2. 不可以破壞建築物的主要樑.柱.RC混凝土牆等主要結構體，也不可以破壞承重牆和管道間，更不可以破壞外觀等屬於公共設施的部份。

3. 打除前需先關閉水源和電源和瓦斯來源，只保留施工用的臨時水電供應，並要將排污管和排水管確實封閉，才能以防萬一不慎造成漏水，觸電，或垃圾阻塞管路的情形發生。

二、木工放樣

　　裝修工程中木工一直是擔任火車頭的角色，原因是木工的承包金額佔比最高，另外是木工的訓練和傳承和使用工具，以及對垂直水平和尺度的精準嚴謹之掌控，是其他工別所不能媲美的，所以放樣這個重任都是由木工擔任。（有不少所謂設計師還不會放樣）

　　當拆除工程結束也清場乾淨後，設計師會帶著木工師傅至少兩位一同在工地放樣，依照隔間放線圖所標示的內容，將全部的隔間和門窗和櫥櫃等按實際尺寸畫在地上，其工作順序如下：

1. 首先會先測量屋內空間的全面水平，用雷射水平儀先測出一條約為腰高的水平線，用墨斗畫線在四週的牆壁上作為基準線。

2. 然後再用一支木角料作為量尺，從基準線向上訂出天花板完成面的水平線，向下訂出地材完成面的水平線，這樣子就可知道裝修後的淨高度，是否和天花板高程圖所標示的尺寸相吻合？

3. 測完水平後再側隔間，會先測繪出一條十字中心線作為基準線，然後再向四邊發展依序用墨斗畫線訂出每一道隔間的位置和厚度（砌磚牆和輕隔間牆厚度不同），每一　門的位置和寬度，還有崁入在隔間內的高壁櫃等也要畫出來。

4. 對於浴廁和廚房等會貼磁磚的部份，要

測繪出磁磚完成面的淨內尺寸，並將給水管，排水口，排污管等位置訂出來，作為水電供的配管依據。對於會做主牆造型或會釘壁板的部份也要測繪出完成面尺寸。

5. 隔間放線圖所標示的尺寸和拆後的現場尺寸，難免會有些許不同，這時候設計師就必須研判哪些地方的尺寸可以斟酌微調？哪些地方的尺寸則必須嚴守不變？也有可能拆後才發現有一個管道間(可能被原裝修包飾在某個衣櫥高櫃內)是不能異動的，這時候設計師就必須掌握現狀酌以修改隔局，若不能當場解決的話就必須暫停作業，回公司再作設計變更並再呈報業主，得業主同意新隔局後才可繼續作業。

三、隔間工程

放樣完成後就展開隔間工程，目前新的住宅大廈大多採用輕鋼架為骨料，雙面封石膏板(或矽酸鈣板)的輕隔間工法，但很多業主還是喜好傳統的砌四吋磚的隔間工法。現分別解說於下：

A磚造隔間

1. 四吋磚造隔間因堅固密實隔音佳，尤其可以隨意打釘掛物，所以長期來被國人所信任，只要預算夠又時間夠的條件下，多數業主會要求全部隔間都用磚造。四吋磚每塊的規格為W190-200m/m ＊ D90-95m/m ＊H55-60m/m，砌磚後連同雙面水泥粉光全厚為120m/m，若只有一面貼牆面磁磚時其厚為130m/m，若雙面都有貼磁磚時其厚為140m/m。(如一面牆隔開兩側為浴廚時)

2. 砌磚前需先濕潤磚塊，由下至上循序一層一層採勾丁方式向上疊砌，每層上下和每塊磚之左右的間隙都需填滿水泥砂漿，遇門窗開口處的上方須先安裝一隻混凝土的小樑(俗稱過樑)，才能在小樑上疊砌接頂，接樓底板和接樑處不夠整塊磚時，必須切磚塊來填實 不可留空隙。

3. 砌磚後必須先用木鏝刀做一層粗胚粉刷，然後放任其自然風乾，這段期間能遇晴天最佳，可以縮短風乾期，若遇陰雨連綿時風乾期必延長，待風乾後再用鐵鏝刀做表層的細面水泥粉光，這樣才能確保將來牆面減少龜裂的現象發生。

4. 但仍可利用風乾期間來做浴廁和廚房的壁地防水工程，待第一層防水完成後

才讓水電工來配各給排水和排污管，以及埋在牆壁內的插座，開關，電話，電腦網路，電視訊號等管路。當這些埋設配管完成後，水泥工作最後的表面粉刷和第二次防水，還有貼浴廁和廚房的壁地磁磚的工作。

5. 因為磚造隔間所費不貲又工期很長，所以漸漸的被輕隔間工法所取代了。有些業主仍會讓和水有關的浴廚廁部分維持磚造隔間，其他與水無關的則改用輕隔間。

B輕隔間

1. 新大樓採用的輕隔間是輕鋼架雙面防水石膏板，然後在內部灌入發泡水泥，這類輕隔間可以比普通輕隔間來得密實，隔音效果也較佳，也可用來做廚浴隔間，但這種工法只有新大樓或隔間數量夠大的裝修工程才用得起，因為要配套的機具（如幫浦車）設備不少。

2. 普通輕隔間是採用0.8m/m厚度鋅鋼板成型的C型鋼架，這鋼架的斷面尺寸是65*45m/m，長度可配合樓高訂製，一般常見3米長的規格，施工時先固定接樓頂板和樓底板的上下水平框，然後再按間距400m/m安裝一支垂直鋼架，當鋼架都安裝並檢查無偷剪情形後，才開始鎖上單面石膏板，這種石膏板必須採用2400m/m*1200m/m*厚15m/m規格的日本進口板（這樣合乎一小時耐燃時效的標準）。接著填入厚2英吋密度60K的岩棉以做為隔音保溫材，這同時電工也進行開關. 插座. 電話. 電視等管路的配設，待檢查岩棉和管路的作業無誤後，才可以鎖上另一面的石膏板。只是這類輕隔間的施工者嚴謹度不如木工師傅，所以其完成面的垂直. 水平和平整度不夠標準，所以只有商業空間裝修工程才會採用輕鋼架的石膏板隔間。（見98-99頁之附圖）

3. 做住宅裝修工程時大多只在睡房區使用輕隔間，也大多由木工採用木料做內構再填岩棉和封石膏板，木角料大多是60m/m*45m/m規格（可以配合須要訂製木角料），間距300m/m一支木角料，所以完成面的隔間厚度是90m/m，這種工法的品質比上述工法的品質好很多。

四、門窗工程

當放樣後磚造隔間或輕隔間施工前，門窗業者就已經來丈量放樣尺寸回工廠製作門窗了，這包括做鋁門窗，做金屬防爆大門，和各房間. 廚浴的木門。每種門窗有它的安裝工法和安裝空隙之最小尺寸，分別解說於下：

1. 金屬防爆大門最早是由瑞銘公司代理進口的意大利製品，每　造價不低但確實是很優質，後來也有很多國產門窗業者開發類似產品。不論是進口或國產品，都有詳細的產品型錄和尺寸規格，只要確實下單訂購了，該廠商就會提供更詳細的安裝所需尺寸給設計師，所以在放樣定門窗開口尺寸時，都已預留了安裝空隙之尺寸，例如門寬1200*高2200m/m時，通常會留寬1300*2300m/m的開口。安裝時也是由該廠的專業師傅來安裝，通常只先裝外框暫不裝門片。（見100頁之附圖）

2. 鋁門窗的情形和金屬防爆大門類似，最大差別在鋁門窗大多安裝在戶外，防爆大門大多是裝在公共廊道，鋁門窗會遭遇風雨，所以安裝時的固定工法和防雨工法和塞漿填縫的作業要更確實，不可只依賴矽利康填縫劑，這種東西日曬雨淋一段時日後會老化。若是高樓戶外作業時，必須做好搭架和各項安全維護措施，一定要讓師傅在安全的環境來施工，才能做出該有的好品質。（見102-105頁之附圖）

3. 各室內木造門都是由木工在放樣後，量妥尺寸回工場製做。一般睡房門含門框的包外尺寸是寬900m/m*高2200m/m，浴廁門含門框的包外尺寸是寬800m/m*高2200m/m（但大多會配合環境和配合魯班尺而微調）。安裝在磚造隔間的門框也是須預留安裝空隙，待門框固定後再由水泥工來塞漿填縫確實固定。安裝在輕隔間的門框其安裝空隙則很小，由其大多會配合安裝木角料時就同步固定了。不論是裝在磚造隔間或是輕隔間，都不可以由門框正面打釘固定，務必由門框背接隔間處用專門五金來固定，才不會破壞門框表面。為確保門框的木質紋理之美觀，應在安裝前先上好一層底漆，並於固定後做好一層保護殼，以防止被水泥污染和被碰撞破壞。（見106-111頁之附圖）

4. 這個階段必須確實注意各牆面和各門窗的　垂直、水平、轉彎、接合　等四大關鍵品質，因為若輕忽這四大關鍵的品質的話，將會埋下成果不佳的病根，當將來發生問題時（如門片和門框咬合不良，如鋁窗漏水等）要再補救，那就很難輕易彌補得了。

5. 設計師要畫門窗施工圖時，對於金屬大門和鋁門窗等，只要選擇哪個廠牌和哪種型號樣式，然後按該廠商提供的施工圖來套入門窗施工圖即可，這時該著墨較重要的是門框. 窗框和RC外牆的接合工法，和外牆面磚的接合和轉角的處理才是施工圖的表現重點。不必浪費心力去畫它們的擠型斷面，因為廠商不會因你的圖再另開模生產。

6. 室內木造門框和門片倒是設計師必須用心畫施工圖的部份，因為木工一定會依你的圖來製作。木門框的橫斷面尺寸一般有105m/m*45m/m和135m/m*45m/m兩種規格，但都可以配合需要來訂製。這時不只畫門的立面樣式，更應畫門的斷面詳圖，和石膏板輕隔間接合的門框通常採105m/m*45m/m規格，但要注意門框是否夠讓踢腳板來撞接而不會有破口現象。和磚造隔間接合的門框通常採135m/m*45m/m規格，但要注意該處是單面貼磁磚和另一面水泥粉光，或則是磚牆兩面都貼磁磚?這135m/m的門框是否夠讓磁磚撞接不會破口?

五、防水工程

當隔間和門窗框完成之後，廚浴和陽台這類有水接觸的區域須先做防水措施，陽台和廚房通常由地面做起並向四壁上彎300m/m的防水層，衛浴通常由地面做起並向四壁上彎到1200m/m為止做防水層。水電配管必須在第一次防水層之後才可配管，以防止滲漏到下層鄰居，待水電配管完成並試水測漏無誤後，再做第二次防水層，做好防水後最好讓地面積水一兩天，以確定防水成功，才可進行表面貼磁磚的工作。

防水作業前須確實將作業面清掃乾淨，不可有砂礫、垃圾、菸蒂等雜物殘留，必須乾燥確實後再展開防水作業，在防水層乾透之前不可以進入踩踏，才不會徒勞無功。

若有大面積的貼拋光石英磚或貼大理石的地坪時，最好也先做一層防水，因為貼大理石和貼石英磚地材都是採濕式工法，雖只有少量的泥漿水而已，但萬一樓地板有些微龜裂卻又肉眼看不見時，這些泥漿水怕會滲漏到下一層鄰居。（見112-115頁之附圖）

六、機電工程

消防、給、排水配管，開關插座等電線配設和燈具、電話、電視、電腦等弱電配設，空調設備和配管等統稱為機電工程。

1. 若我沒有記錯的話早期的住宅大樓9樓以上才會有消防灑水頭和偵煙器等消防設備，但現代的大樓適用哪一年的新法規須請消防技師查證（據查集合住宅11樓以上含11樓，單層面積於100平方米以上者，都需裝自動消防灑水系統。），但不論如何只有遵守辦理不可違法作業。雖是老屋新生，只要原有灑水頭的設備就必須保留，若有隔局異動當然要配合新隔局來配設。一般灑水頭有效半徑為3米，所以通常都以2.5米的間距來配設，定位高度當然要配合新的天花板裝修完成面來定高。偵煙器和一些配套的設備（如瓦斯測漏器）都該依規定安裝。

2. 給.排水配管在老屋新生案例中，大多會自屋頂水錶後就開始更新給水管，經後陽台的瓦斯熱水爐之後配熱水管和冷水管到每一個使用出口，現在不論熱水還是冷水都採不 鋼壓接水管，熱水管還有保溫披覆層。為避免被打鑿破壞水管，所以新的配給水管都是採走樑下明管到使用點時才鑿壁埋設向下延伸到定點。

3. 排水管當然走壁面下地面上，而且必須接到原有的排水口才能順利排水，排水管多是直徑50m/m的PVC管，當然最好要有一些排水坡度較佳。

4. 排污管（就是排糞管）一般都是直徑100m/m的PVC管，設計時盡量避免長距離的移設馬桶位置，因為排污管須要一定的排污坡度，一般是每一公尺長要有十公分的高差，所以移越長就要地面加更高，不但天

地淨高減少且使用也不方便。尤其不要移超出原來的浴廁範圍，以避免下一層鄰居來關切甚至抗議。

5. 瓦斯管路和瓦斯表都必須由業主向瓦斯公司申辦移設手續，待瓦斯公司受理和勘查，畫圖估價和收費後，再由瓦斯公司的專屬工匠來拆移和裝配，一般水電工不可擅自處理。

6. 老屋的用電量通常每戶約50—75安培，都是單相三線110/220V規格。新屋大多已放大到75—100安培，規格一樣單相三線110/220V。在老屋新生案例中大多自配電箱開始，就全面更新所有的管路和電線，到每個開關. 插座. 電燈出口點，當然都要配PVC管和接線鐵盒後再穿線，以防有部份的電線裸露在外。

7. 電燈等照明設備種類樣式繁多，但最常見的是吸頂燈和吊燈(即所謂的主燈)，筒燈(需挖洞崁入)，裝飾壁燈，落地燈，檯燈和日光燈等類。主燈多由業主自購，現場須補強天花板或預埋吊筋，和電源出線。落地燈. 檯燈也多由業主自購，設計師大多只承接筒燈，壁燈，和隱藏的日光燈類。不論何種燈泡和燈管都應注意其光色和亮度，還有總體的平均照度，當然這和設計師和業主的主觀很密切，在此不多做陳述。但住宅通常採3000K以下的暖白光色較為妥當。還有開關和燈具的關係，也要注意使用方便合理，用電分配安全等原則。

8. 電視、電話、電話對講機、電腦網路等稱為弱電，老屋的弱電箱通常在戶外的廊道或太平梯間，這部份如何延伸到屋內?再配到每個使用點，都需現場勘查清楚，於開工前溝通設計定案。電話對講機必須委

請專門的對講機業者來移配。電視和網路則須加裝分配器或強波器，才能提供穩定的訊號。

9. 以上自給排水管到電視和網路出口為止，通常一個甲級水電承包商可以承接，就不要分太多包以免介面太多而導致有事推諉的現象發生。完工後交屋前要請這承包商畫竣工圖給業主，以供未來保養維護之須。

10. 空調設備是另一項專業，老屋只有窗型冷氣機口，但已不符現代新型冷氣分離式空調之須。尤其配合室內設計的需求，又有掛壁式室內機和吊隱式室內機之不同。不論掛壁或吊隱機型都須配冷媒管和排水管，都須留有合理的回風和維修空間。吊隱機還需做集風箱和出風管與出風口，出風口又可配合設計做成側吹或下吹。掛壁機型最簡易經濟，但吊隱機型能配合設計表現，雖較麻煩又較貴但卻是現在的主流。

11. 空調主機一般放在陽台向外吹出熱氣，所以必須讓主機前方淨空，主機上方也需淨空才能維修，若不得已掛在女兒牆外時，應先做一個可以安裝和維修的環境(例如一個不 鋼的籃子)。主機需要220V的專回電源，某些廠牌的室內機也需電源應察清楚。

12. 另有全熱交換器這種設備，可讓室內獲得合理的空氣對流，也可以省電節能。只是老屋不夠高，要安裝此設備和配新鮮空氣管，實在有一定的困難，所以目前只有所謂豪宅才會使用。

七、地坪工程

室內裝修工程中常見的地坪建材有:天然大理石,人造大理石,石英磚,天然實木企口地板,浮貼式的海島型木質企口地板,浮貼式超耐磨地板,一般磁磚,塑膠地磚,地毯一等類,現概述如下:

1. 天然大理石

*石材其實有大理石和花崗石兩大類,只是習慣以大理石來統稱。大理石的硬度較軟但色澤紋理很多樣又美麗,所以大多被裝修工程使用在室內。花崗石硬度佳. 耐候性佳. 吸水率低,色澤很深如印度紅或南非黑等,所以大多被建築師用在建築外牆面或柱面,室內裝修則少量用來做檯面或門檻等,須要一整片不中斷又耐磨耗的地方。

*通常被貼在玄關區,並且會拼一個圖案做點綴。預算夠的則可能睡房以外的地面全貼大理石。大理石本體厚度18m/m,長寬無固定規格,一般視現場寬窄和石材大板的色澤紋理(即取材率和損耗率)而決定。石材工廠會畫圖給設計師查核後再開始裁切,護背,研磨,車邊加工等備料作業,待現場可以施工時才進場施工。

*石材現場施工前須先掃地乾淨,(最好先做一層防水)其他工別須暫停施工,貼完石材後必須讓石材透氣幾天,然後再做保護層。之後,其他工別才可進場。

*貼石材是採用濕式工法,水泥砂漿含大理石全厚至少50m/m,所以現場要有足夠高度才能貼石材,否則就須先剷除地坪水泥層,要不然貼後才發生大門開不了的情形,就很難補救了。還有很多水電管路要配在地坪下的也該先配妥當,並測試無誤後才可貼石材。(見116頁之附圖)

2. 人造大理石

*人造大理石是用天然石的碎片和樹脂加工合成的地板材(最具代表性的為羅馬崗石),它的規格是600m/m*600m/m*厚度12m*m。價格比天然大理石便宜,硬度比天然大理石差一些,因為便宜和不須對花,顏色紋理不會有天然大理石那樣的變化不可測,所以一段時間頗受歡迎。它的工法和注意事項與天然石相同。

3. 石英磚

*石英磚是磁磚大型化的新一代產品,規格有600m/m見方,800m/m見方,1200m/m見方和1200*600m/m等多種,厚度自8m/m到14m/m不等。石英磚的色澤紋理大多仿照天然大理石,如雪花米黃石、萊姆石、雪白銀狐石等非常多樣。色澤均勻不須對花且價格比天然石便宜,所以頗受歡迎。

*石英磚的施工方法和天然大理石一樣採濕式工法,需要40-50m/m的施工厚度。雖然石英磚沒有毛細孔不會透氣,但貼後仍需兩三天時間讓水泥砂漿乾透,表面也需做保護層之後才讓後續工別進場施工為宜。

4. 一般磁磚

*一般磁磚規格較小,最常見的有450m/m見方,300m/m見方,厚度6m/m。在石英磚還沒有問世之前是常被運用的地材,現在則多運用在廚房. 浴廁等處,還配合規格相符的牆面磁磚,和點綴的花磚或腰帶磚。

*這類小規格的磁磚的施工方法和大理石不同,它是採用硬底工法,也就是必須先做好一層平整的磁磚底(防水完成再粉刷木鏝刀的粗胚),然後再用海菜粉拌水泥漿來貼

磁磚，這樣才會貼得紮實。

5. 天然實木地板

*天然實木無塵企口地板是住宅裝修工程中常用的地板材。厚度15m/m寬度90m/m長度450m/m. 600m/m. 750m/m. 900m/m等，這是最基本的規格，最近不斷推出更厚更寬更長的規格，當然價格也就更昂貴了。

*天然實木可貴在於它的自然紋理和色澤，同一棵樹木取材下來就有直紋和山形紋，色澤也會有由淺到深的逐漸變化，但很多業主不懂欣賞，只挑一種直紋排斥山形紋，只挑中間色排斥其他色，所以經常產生誤會。

*天然實木地板的施工必須做到絕對水平才有質感，所以必須從釘木角料開始就是水平，再釘上一層15m/m的夾板，最後才釘上面板，這樣全部須70-80m/m的厚度，所以現場的大門下沿到地坪毛面(即樓地板的RC面)是否夠此厚度須先確認。另外要埋設在地板下的所有配管都需確認已配設完成無誤，才可以開始釘木角料展開地板施工了。(見117頁之附圖)

6. 海島型木質地板

*由於天然實木地板要挑選色澤紋理美觀，又品質穩定不變形曲翹的材質價格就會很高昂，而且15m/m厚度也太浪費地球資源，所以建材商就開發了這種海島型木質地板，它是用9m/m夾板膠合3m/m薄木片的製品，它的寬度和長度都比天然實木更寬更長，不看斷面的話其完成面和實木地板完全一樣，而且它的色澤紋理很均勻，穩定性又佳，價格更有競爭力，其工法和天然實木地板一樣。

*另外這種地板也可採用浮貼式工法施作。也就是省去釘木角料，直接在水泥地面鋪一層防水布和5m/m泡棉之後釘一層15m/m夾板，隨後即釘上海島型木質地板。這種工法只需35m/m的施工厚度，又快又經濟但是不能做到絕對水平，若業主有共識的話才能這樣施做。

7. 超耐磨地板

*和海島型類似的產品，其底材是密迪板面材是美耐皿(也就是美耐板)薄膜，厚度8m/m至12m/m，寬度150m/m至300m/m，長度1200m/m至2100m/m各種規格都有，視廠牌而定。雖然表面看來真的很像天然木質，但卻感受不到實木質感是它的缺點，還有伸縮系數很大，接壁四邊須留15m/m的伸縮縫也是缺點，只有超耐磨和超薄和價廉是它的優點，所以大多被幼稚園或商業空間使用，一般住宅較少採用。

*其工法和海島型木地板一樣採浮貼式工法，尤其咬合的企口處不必打釘，四邊用C型鋁收邊條收口，成丁字型接合時採T字型鋁條收口等，是和海島型木地板最不同的工法。

8. 地毯和塑膠地磚

*因為台灣天候潮濕多雨所以地毯幾乎已被住宅裝修忘記了。塑膠地磚也因觸感不佳所以很少用在住宅裝修中，但這兩類建材仍被廣泛用在餐廳. 百貨商店. 酒店. 辦公室等商業空間，因為價格低廉施工容易。

*這兩類建材都是用膠貼著於水泥地面，只有地毯會先貼一層泡棉襯底的工法不同而已。所以完成面是隨著水泥地原始的表面，不可能絕對水平。

不論採用哪類地材，設計師都應畫地材配置圖，先在圖上研究各地材的編輯和不同地材的銜接，由其各類地材完成面的高低差或相同水平?都應在施工前要有定論和共識。特別是有拼花圖案的話更需謹慎畫設計圖，讓所有裁切. 接合. 滾邊和鑲嵌都能達到預訂的效果。注意任何地材完成後都要做好保護層，待竣工交屋清潔時再掀開保護層，以防汙損發生。

八、踢腳板

另外與地材很密切的就是踢腳板了，很多設計師會故意不做踢腳板，應該也有一些是忘記設計踢腳板吧?!踢腳板一般現品是塑膠製品，高度100m/m和60m/m兩種，表面做各種素色或深淺木紋理，這類塑膠踢腳板通常用在辦公室等商業空間，住宅裝修很少採用。

踢腳板通常配合室內天地完成面的淨高來配比例，不一定多少高度才是正確，也配合內裝的格調和材質色彩，來設計踢腳板的造型和材料與色彩，所以是完全看設計師的專業和美學素養而定。通常踢腳板會配合門框和地板，例如門框門片是胡桃木時，地板也用胡桃木，那麼踢腳板就會配套採用胡桃木，或是用柳安木染胡桃木色。但若業主要求地坪貼大理石，所以踢腳板也用相同的大理石來施做，這類情形也很常見，特別是高檔的商業空間，(如大飯店或是餐廳)所以踢腳板這項工作不一定是由木工來做。

踢腳板是緩衝和銜接壁面材質和地坪材質的重要元素，由其可以掩蓋和修飾地材和牆壁撞接處的破口現象，。將來交屋給業主後，業主日常生活的掃地擦地吸地等動作，難免會碰撞到牆壁下沿，這時踢腳板就能保護牆面材質不碰傷污損了。

九. 木造工程

通常木造工程總是佔室內裝修工程預算的最大比例，工期也是最長，表現優劣也是最易被看見，當然木造再精細也須要優良的塗裝來處理，特別是表現木質的部份。早期木造都用原木施作的時候，木工都會連代做好木質的塗裝。但是現在分工很細，尤其塗裝也進步到非常的講究各種染色技巧(不再是單純的本色表現)，所以木工就不再連代塗裝了。

室內裝修的木造工程包刮幾個大項，現解說於下：

1. 天花板

因為現代建築的水，電，空調，消防等設備佈滿整個住宅空間的頂上，那麼多錯綜複雜的管線必須加以遮飾，所以就有天花板的產生。其實天花板不只有遮飾的作用而已，天花板還有美化室內空間造形和比例調整的功用，很多的漸接照明燈溝和線板是塑造天花板樣式的重大元素。天花板還具有隔熱和防音的作用，現代更是被規定必須具有耐燃防災的做用，所以必須採用防火耐燃建材，如石膏板，矽酸鈣板等。(見118-119頁之附圖)

2. 主牆造型壁板

設計師為營造某個視覺焦點，經常會在客廳的電視牆，或主臥室的床頭牆來塑造一個所謂的主牆造型，一方面是製造視覺焦點，另一方面可能是遮飾大樑或是建立收納壁櫃。其表面可能是貼木皮也可能是噴漆，看設計師的創意，更看業主的使用需求和預算而定。

3. 各種鑲嵌入隔牆中的壁櫃

現代的室內裝修木造工程中，這類入壁的櫥櫃是很必須的一項工作，常見的如衣櫃，書櫃，裝飾品陳列櫃，酒櫃，鞋櫃，餐廳櫃，儲物櫃---等。而且這些正是室內裝修施工圖的表現重點。

4. 各種門框門片

室內設計和建築設計最大不同，是在於室內空間的充分利用，以及室內空間格調的營造。因此，室內設計師擅長設計各類型的門框和門片來使用，以有效利用室內空間，並配合空間的調性，給門框門片不同的造型和材質與色彩。最常見的如拉門(也稱移門)，拉藏門，拉摺門，暗門，以及一般的推開門等。由其多會配合魯班尺(又稱文公尺)的吉祥字來訂門的淨內高度和淨內寬度，這是木工的重點項目，也是設計師的重要功課。(見120頁之附圖)

5. 各種活動櫃架類

雖然已有很多市售的家具，但卻不一定能讓業主欣然接受，可能是尺寸不合?還是價格不合?還是材質色彩不合?所以設計師常需配合業主的要求來設計一些活動的櫃架。常見的有玄關櫃(或玄關台)，餐具矮櫃，床頭邊櫃，抽屜矮櫃(五斗櫃)，電視音響矮櫃---等。當然樣式和材質與色彩必須和室內格調相配套與呼應才可以。(見122頁之附圖)

6. 廚房餐檯和浴室洗面台

現代室內裝修設計比從前講究許多，廚房有傳統熱炒的內廚房再加一組吃簡餐喝飲料的外廚房，所以這座早餐檯如何和廚具結合?設計師要畫圖給木工施作。洗面檯有下崁水槽，或上置水槽，有方型有橢圓形多種，檯面有天然石材或人造大理石等

多樣，如何結合這些元素又溶入必須的收納機能？設計師需畫圖給木工施作。（見124-126頁之附圖）

7. 釘地板和踢腳板

在上述第七節的地坪工程中已有木地板的講述，但其實很多時候木地板是請木工師傅來施作，而不是由專門地板工施作。因為木地板有很多配合的細節要注意，例如日式客房釘架高的有收納功能的地板時，它須和拉門和抽屜和掀蓋板密切配合，這麼細膩的收頭和接合的工法，不是只會釘地板的工匠所能操作的。（見127頁之附圖）

在上述第八節的踢腳板工程中已有踢腳板的講述，其實多數都是由木工最後釘踢腳板來做收尾。因為木地板當然配合木質踢腳板，木踢腳板的平接和轉角，以及和門框和高壁櫃的銜接等，都需木工妥當施作才不會留下遺憾。

從事室內設計37年來畫了很多施工圖，其中百分之九十都是為木造工程而畫，而且所畫的施工圖是否能被木工認同？甚至佩服？然後忠實的按圖施作，端看設計師對材料和五金的認識以及對工法的理解是否足夠？否則畫了一堆看起來像施工圖，但卻不能據以施作的廢圖，那只會讓木工師傅看笑話而已。

十. 塗裝工程

在此不稱油漆工程實因油漆只是塗裝工程中的一個項目而已。在住宅裝修工程中的塗裝工程裡面，大概可以包含：各種木皮貼面的門　門片和櫃架類的染色透明漆，或是木質白身的門　門片和櫃架類的噴漆，以及一般天花板和牆壁的乳膠漆等常見的塗裝作業。現分別說明於下：

1. 噴漆

在白身（即表面無貼飾）的木質上，用塗料均勻的噴塗，使各類櫥櫃或門片的表面穿上一層色彩的塗裝方式，就是常見的噴漆了。噴漆有亮面和平光（即不亮）和半平光等三種表面，但通常多採半平光面，因為看來質感較好又較耐用。僅管說耐用，但摸久了還是留下手痕致烏黑可見，常因擦洗不掉只好重新噴漆。

噴漆的底材越光滑平順，在噴塗過程的水砂紙研磨和補土的工作越輕鬆，得到的表面效果越好，所以常會用密迪板做底材，但是密迪板很怕潮濕，若裝修的場所濕氣很重，或日久有潮氣或漏水的話，那麼這密迪板的噴漆就會膨脹變形。

相反的若噴漆的門或櫃架正好放在日照面時，那就很容易因為太熱太乾而產生裂縫，這種物理現象很正常，只是噴漆面比較容易被看見。

2. 木皮染色透明漆

在室內裝修的塗裝工程中，最有變化和表情最多樣的就是木皮染色透明漆了。這也是最須要技巧的一個項目，比起噴漆和乳膠漆平塗來說，能做好木皮染色透明漆的才是一個夠格的塗裝師傅。雖然會木皮染色的師傅很多，但能做出很好效果的塗

裝師傅卻是很少。

由於現代裝修工程的木造裝修，已多用板類建材和木皮熱壓板來做各類櫥櫃，所以替這些木皮染色透明漆就變成是一件最重要的化妝工作了。例如相同的一片栓木皮可以染成各種深淺的色澤，有的還可以先將木紋填上白粉之後再染色，這種效果又比只染一種色彩來得更有表情。設計師不是塗裝師傅不會自己塗裝，但要知道有這種染色的效果不錯，要懂得更要會使用在設計案中就很厲害了。

3. 乳膠漆，水泥漆

自從約30年前得利塗料公司的ICI乳膠漆在台灣販售以來，ICI乳膠漆已變成所有乳膠漆的代名詞，但其實市面上還有其他廠牌的產品，只是一般消費者和設計師比較不熟悉而已。

乳膠漆常被新房屋採用，因為屋況佳易施工，而且沒有規格和幅寬限制的問題，可以很自由的揮灑，由其它有很多種色彩可供選擇，若從色卡上挑不到滿意的色彩時，還可以到漆料行用電腦調色，然後依所需數量採購。

室內裝修工程中，天花板多採石膏板完成面，然後用乳膠漆塗裝，這時油漆師傅會先著手用AB膠填滿石膏板的接縫，（木工在釘上石膏板時，多會留出縫隙並倒斜角，以供漆工做填縫之需）待所有縫隙都填滿之後再砂磨和披土，接著才做底漆，然後再砂磨再披土再做面漆，這樣一再的填補，砂磨，刷漆，直到完全平整無瑕疵為止，所以不能以投標語言的一底兩面或幾底幾面來簡化。

不僅石膏板天花板的乳膠漆是這樣施工，室內的隔間牆面只要不是貼壁紙或裱軟布包的，只要不是貼大理石或是貼木皮壁板的壁面，也大多用乳膠漆做最後的完成面處理。施工的步驟和做石膏板天花板幾乎一樣，唯一不同的是磚造隔間牆面不必用AB膠填縫而已。

在浴廁或陽台或地下室等會有水氣的地方，則會改用水泥漆塗裝，因為水泥漆的耐候性比乳膠漆來得好。只是刷水泥漆的完成面比較容易看見刷痕筆觸，特別若是用油性水泥漆的地方。

從噴漆到木皮染色透明漆到乳膠漆，這是室內裝修工程之中最常見的塗裝工法。不論哪一種都會受到木工和泥工的成果好壞影響，都會受到溫溼度等自然天候的影響，產生龜裂的現象，特別是剛交屋初期，業主正常起居一段時間後特別明顯，這是因為裝修施工期間不可能開空調，而業主起居當然會開空調，而且上班時間居家空調關閉，回家休息期間再開啟空調，在這種非恆溫溼度的情況下，木質面，水泥面，塗裝面多少會有龜裂現象發生，是正常合理的情形，絕不是偷工減料所致。但很遺憾很多業主不明瞭，常會有無理要求和情緒性的責難發生，這是有待雙方努力改進的事情。

油漆工的師承，相較於木工，泥工，水電工等來得較不嚴謹，所以一般都是由很能幹的油漆師傅當老闆來承包，然後有幾個長期配合的師傅做固定班底，當工作很多時再找資淺的漆工來幫忙，所以師傅的技藝水準不是很整齊。因此，設計師要遇到優秀又好配合的油漆工班實在很不容易。

十一. 設備安裝

住宅裝修工程中有衛浴，廚具，空調，燈具等設備，這類設備工程均需分兩階段施作，現在分別解說於下：

1. 衛浴設備

當水電工進場施作時，會先將衛浴設備的給排水和排污管等先配設完成，好讓泥工進行防水和貼磁磚等工作，只會留一個臨時馬桶讓工人使用，待裝修工程大局底定，各工別將退場之際才會安裝洗臉台，馬桶，淋浴蓮蓬頭等設備，這是為了確保設備能毫髮未傷的呈交給業主。

只有埋入式的浴缸會是較早安裝的，因為浴缸的週邊環境和泥工的防水以及貼磁磚有很密切的關係，若浴缸不先裝置的話，磁磚或大理石等工作會有收尾的困難，所以，通常會裝妥後做一個保護蓋，將浴缸完全封閉保護起來，待裝馬桶的同時來裝浴缸的給水銅器。

另外還有毛巾架和衛生紙架等配件的安裝，這些配件的定位必須和業主共同進行，因為每個人的生活習慣不同，也許設計師以為順手的合理的高度和位置，業主可能認為是不順手不恰當的，要求拆下移位的話，那就得換修磁磚了，所以要以業主的身高和慣性來定位才正確。

2. 廚具設備

通常設計定案確定開工時，業主已敲定要用哪個廠牌的廚具了，有的是發給設計師統包，有的是業主自己發包。不論如何發包，當隔間放樣砌磚完成後，水電工要進行配管之前，必須要廚具商到場放樣，也就是將長寬高丈量正確，將各個電源插座，給水和排水管出口定位，排油煙機和

排煙管的位置等都定位下來，讓水電工能做對每個供應點，配設完成後廚具商再來確認無誤之後，才可以讓泥工貼磁磚。

廚具訂貨到現場組裝有一段時間差，國產的較快約兩週到四週左右，進口廚具則需三個月左右，這段期間也剛好是裝修工程的施工期間。當各工別退場了，廚具才進場組裝，一般約兩三天時間可以組裝完成，但若遇到有做人造石的高背牆連接台面的時候，則約需一週才能完成。

3. 空調設備安裝

在裝修工程初期空調就已進場做好冷媒管和排水管的配設，並且將吊掛隱藏式的室內機裝置完成，也將集風箱和風管組裝妥當，才會讓木工進行天花板的施工。直到木工將各個出風和回風和檢修孔都開挖完成，油漆工作也將天花板和牆壁的塗裝告一段落之際，空調工才來裝置這些出風百葉和回風和檢修的沖孔花板，這樣才能確保這些葉片和花板和濾網泡棉不被污染。若是採用掛壁式室內機型時，更是必須待木工和漆工完成退場之際才來裝機。

不論採用掛壁式還是吊隱式的室內機，它們的排水管配設後必須測試排水是否順暢？經常交屋後才發生排水管堵塞不通的現象，造成很大的困擾。室外主機的裝置位置必須很謹慎，要能讓主機散熱正常，要有日後能維修保養的空間，要確保維修工人能安全工作，要得到住戶管委會的同意等事項，絕對不可輕忽。

4. 燈具安裝

和空調相同的，也是在裝修工程初期電工就已配妥各電管電線到每一個出口，直

室內設計的施工圖與裝修工程

到木工已將各裝燈的孔開挖完成，和油漆工也已將天花板和牆壁的塗裝完成即將退場之際，電工才會將各式燈具安裝，這是確保燈具的反射罩和燈管燈泡不被污染。裝燈的同時當然也會將各開關插座，電視訊號，電話訊號等安裝妥當，然後再逐一測試，最後再繪竣工圖。

經常有大型主燈(如水晶燈)要安裝在客廳和餐廳的中心位置，設計師必須先得知該燈具的重量，電量，尺寸等資料，以便在天花板封板之前，做好預埋吊筋入RC樓板內的動作，以確保該水晶燈的吊掛安全，至於燈的下沿要多少淨高?這是燈具商可以調節的事情。

究竟是先漆完然後裝燈，以確保燈的乾淨，還是不等漆完就該裝燈，以確保刷漆的品質?其實，燈管髒了可以清潔，甚至換新燈管也不會損失太大，所以，應是刷漆進行到中後階段時，就該將燈管裝上，以利漆工有適當的亮度來發現其批土痕和刷痕等瑕疵，才能即時加以補救。其它的石英燈，崁燈類有反射罩，有靜電會吸附灰塵的當然留在漆工退場後再裝。

5. 影音設備安裝

現代中大型住宅裝修案中常會有家庭電影院的需求，通常業主會自找這類影音系統的業者來做設計，這時設計師就必須和該業者密切洽商銜接的介面，一般多為設計師負責配塑膠管到指定的喇叭出口，裝修完成將退場之際，影音業者再來穿專用的訊號線和安裝喇叭，DVD，電視機等設備。

其中該注意的事情如:電視機的尺寸和重量，是掛壁還是桌上型?若是掛在輕隔間上的話，當然須先做好補強作業。整套系統的連線銜接需要幾個電源插座?應該要設單一專用迴路。是否該設一個所謂的機櫃來放置這些系統?這機櫃要注意散熱等問題。

十二. 裝潢工程

當裝修工程進入塗裝的後期階段時，就是各種裝潢工作展開備料的開始，這些裝潢工作最常見的有玻璃工程，壁紙地毯工程，完工細清潔，窗簾工程，隔熱貼紙工程，藝術品定位，家具搬入定位等。現分別概述於下：

1. 玻璃工程

玻璃和鏡子是室內裝修工程中的必需品，它的丈量備料時機是木造工程即將完工退場之前，安裝時機是塗裝工即將完工退場之際，這樣和木工和漆工的銜接最為妥當，萬一有一點狀況發生時，三方可以互相協助共同處理。

玻璃常用厚5m/m或厚8m/m或厚10m/m的透明玻璃三種，視安裝於何處？做何用途而定。5m/m透明玻璃多裝在房間木門框內，或做書架門，或做酒櫃門等。8m/m透明玻璃用途和5m/m相近，只是當寬度較寬時，為安全起見則採用8m/m透明玻璃，隔音氣密窗至少用8m/m玻璃。另也用在做置物層板，通常放化妝品的，不是很重的置物層板。10m/m透明玻璃常會經加工強化後用來做大片落地推門，也長用來做酒櫃的結構體和層板，以營造晶瑩剔透的質感。

鏡子一般都是5m/m厚，有明鏡，墨鏡，茶鏡等處理。在住宅裝修中多用明鏡，少用墨鏡，茶鏡等特別的處理。一般多用在浴室洗面鏡，衣物間穿衣鏡，玄關鏡等。

玻璃和鏡子的加工有磨斜邊，鑽雕，噴砂，鑽圓孔和挖鉸鏈孔等，這類加工都不便宜，但為得到特殊的效果時也只好採用了。另外，玻璃和鏡子也都有規格的限制，最常見1200*2400m/m是基本規格，超規格品須訂製既費時又費錢，搬入住宅時

還進不了電梯內，那真是自找麻煩的事。

2. 壁紙地毯工程

壁紙在二，三十年前的裝修工程中常被採用，但自ICI乳膠漆問市後就不再熱門，由其消費者已經明白新房子最好用乳膠漆，只有難修繕的舊屋舊壁面才不得已貼壁紙處理。所以現代的住宅裝修工程中，只在少數的所謂主牆面貼上很華麗的如金箔或銀箔壁紙而已，很少再全面的四壁貼壁紙了。

壁紙有國產和進口的不同，不論其質地花色如何？它們的規格一般為51-53公分寬幅，長度1000公分，這樣一卷大約1.5坪面積。但日本系統的壁紙，其規格則為90公分寬幅，長度5000公分。貼壁紙須要對花，所以壁紙的損料很多，由其若選上日本壁紙通常要空運送來，若買一卷5000公分長卻只用一點點時，那真是非常不划算的事。

在二，三十年前的裝修工程中地毯是必須品，後因為台灣濕度高，鋪地毯不易保養和容易發霉等現實因素，地毯（特別是滿鋪地毯）幾乎自住宅裝修中消失了，現在只有商業空間會採用大面積鋪方塊地毯而已，住宅案則頂多在客廳鋪一條輕薄優質的波斯地毯，不用時可以送乾洗然後收藏起來。

3. 完工細清潔

當玻璃和壁紙和地毯完工後，就是全面細清潔的時機了。一件裝修工程從拆除開始到此階段，通常已有兩.三個月時間了，雖然各工別於退場時會帶走其自產的廢料和垃圾，但工地仍有很多殘留的垃圾以及

地板或大理石的保護層等，更別說施工臨時廁所了，這時候就須要請專門的清潔工班來做細部清理。

完工細輕主要在讓裝修工程完工，展現出總體美觀整潔的效果，所以打掃的工人們不但要做到消極的清潔要求之外，更要能做到不損壞已完工的表面，因為若使用不當的清潔劑會對石材，或地磚或地板或漆面產生不可彌補的傷害，必須要很有經驗又很小心作業才行。

有經驗的清潔工班還能解決某些污染現象，使原本已被污染必須拆除再貼的地磚，恢復其光可鑑人的亮麗表面，替泥工和設計師等人省去麻煩事。

4. 窗簾工程

當清潔完畢之後就可以安裝窗簾了。窗簾的作法和布料是影響窗簾造價的最大因素，現只就常見的窗簾種類作解說於下：

*互拉式落地窗簾，一般主臥房和客廳有落地窗的地方多會採用，通常布簾還會加一層遮光布，以確保不透光，另有一層紗簾裝在靠玻璃的那一邊。就寢時才會完全拉上窗簾，否則大多將布簾收到兩側，露出那層紗簾，讓外面不能看清室內的活動。

*昇降式布簾，又稱羅馬簾，通常在書房或男，女孩房等只有開半高窗的地方會採用，因為這類半高窗通常左右寬度不會太大，很適合採用羅馬簾作法。羅馬簾是省布卻費工的一種，也是很容易零件故障的一種，但因為看來年輕有形，所以仍被接受。羅馬簾也該車一層遮光裡布以確保不透光。現在也時興一種靠窗作羅馬的布簾，然後在布簾外側再作一層落地紗簾，這類搭配很有型，但紗簾的選擇就需更用心了。

*捲簾是一種看起來很俐落的簾子，一般只用在書房和孩童房等不必很遮光的處所。有時也用在浴廁，但就必須選用密度高又不透光又不發霉的料子，才不會穿幫。目前最常用的是美國杜邦出產的捲簾料子較有信用。

*鋁合金水平百葉簾，剛問市時稱為貴族簾。是一種很俐落很經濟很輕巧的簾子，有各種顏色和各種圖案，很適合用在浴廁，書房，兒童房和辦公室。它可以調整水平百葉的角度，可完全遮光或半遮光。

任何布料都有寬幅的限制，一般多為135公分的寬幅，而且布料圖案都有一定的對花規格，所以選擇布料花色的時候必須注意這兩大元素，才能減少損耗以降低成本。有進口的頂級布料也有國產的普通布料，有全絲的產品，也有更多人造絲的產品，就看業主的個人品味和預算了。

5. 隔熱貼紙工程

這是最近才被業主重視的一項工作，因為現代豪宅窗戶越來越大，但推出窗都越來越小，只依靠冷氣來降低室內溫度實在很費時又耗電，所以在窗戶玻璃上加貼隔熱貼紙就越來越多，而且也真的有降低紫外線（即為光）和降低紅外線（即為熱）的作用，貼後能降低室內溫度，再開冷氣很快就能感到涼爽了。

必須窗戶玻璃很乾淨才能貼著，貼工也要一流才不會有氣泡殘留。有全反射和各

種遮光率的不同，有透明無色和藍色，綠色，茶色等多種選擇。目前較常採用的是美國3M的產品。

6. 家具定位

家具是室內設計中的主角，而室內裝修的環境好比是一座舞台。有好的舞台就該有相襯的主角來表演才能相得益彰。但目前只有在樣品屋的案例中才會有上述的演出，因為樣品屋是沒有使用對象的，當然也沒有一些捨不得丟掉的家具來綁住設計師，尤其樣品屋是用來促銷預售屋的工具，所以代銷公司願意砸大錢讓設計師盡情表現。

但在真實的住宅設計案中是有業主，有生活軌跡的，有預算限制的，設計師不可忽視這些現實條件，而只玩自己喜歡的設計手法或樣式。相反的應該充分理解有哪些舊家具要延用？樣式和尺寸如何？並且在規劃時就需將它們融入設計中，這才是尊重業主的該有表現。當然也有業主願意購買全新家具來配合總體的設計表現，這樣子設計師就更沒有藉口做不好設計了。

設計定案後開始施工前，應該已陪業主選定家具了，但也有快完工了但家具仍不選定的情形。不論哪種情形，設計師當將各沙發，邊几，餐桌，餐具櫃，床組，床頭櫃，書桌和邊桌等的尺寸告訴業主，讓他採購時注意尺度的配合，因為現場的電話，插座，開關---等的定位都是配合這些尺寸的家具而設的。

家具商會負責搬入的所有過程，設計師只要在場指揮搬到定位即可，切記在家具的腳座先貼好護墊，以防止家具搬入刮傷了地板的情形發生。

7. 藝術品的定位

有些業主有收藏藝術品的嗜好，這在設計初期就該和業主溝通確定，哪一幅畫多大尺寸？掛在哪裡最恰當？如何掛最美觀？哪座雕塑品多大多重？擺放在哪裡最合適？用甚麼台子來擺放？但有更多業主完全沒有藝術品的概念，通常到了完工交屋階段，業主會向設計師要求送幅畫來掛在哪裡？或朋友送的甚麼畫要掛哪　較好？

現在有掛畫鋁軌可以預埋在天花板靠壁的地方，只要事先設計有掛畫鋁軌的話，完工後愛怎麼掛就怎麼掛，不必再打釘破壞牆面了。話雖如此，但做為設計師總要當業主的軍師參謀，對哪些藝術品值得掛出來？哪面牆可以掛多大的畫？掛甚麼內容的畫？都該做適當的建議，雖不一定能加分但至少不能替你的設計減分。

12份大线板侧漆同天,壁色.

每片大約60公分寬,所以可分割成
10小片光玻,磨斜边.
也可以一大片,不分割,但中间喷
四边磨光斜边.

→门斗,门片可喷漆同壁色.
也可以出現浅木色(類似西華HOTEL)

强化光玻楼梯栏杆很
别透,很宽敞.
只是办辦公室味道.

忠泰極刘府主卧房透視图 2009/01/19 TOKU

這是筆者親手繪的透視圖

| 1 詳 | 輕隔間的詳細圖(一) | S:1/3 |

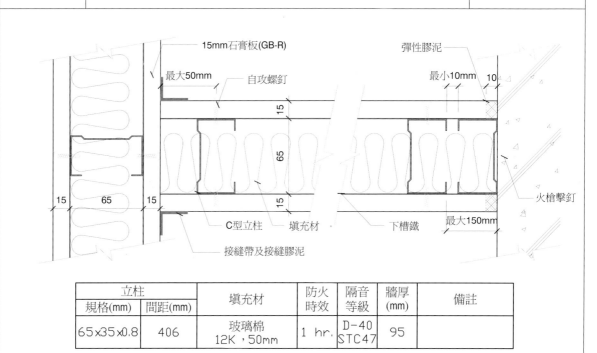

15mm石膏板(GB-R)
彈性膠泥
最大50mm
自攻螺釘
最小10mm
10
15
65
15
C型立柱　填充材
下槽鐵
接縫帶及接縫膠泥
火槍擊釘
最大150mm
15　65　15

立柱		填充材	防火時效	隔音等級	牆厚(mm)	備註
規格(mm)	間距(mm)					
65x35x0.8	406	玻璃棉 12K，50mm	1 hr.	D-40 STC47	95	

這是輕隔間牆成T型銜接，在與RC柱碰接的詳圖，注意銜接處的填縫處理。

| 2 詳 | 輕隔間的詳細圖(二) | S:1/3 |

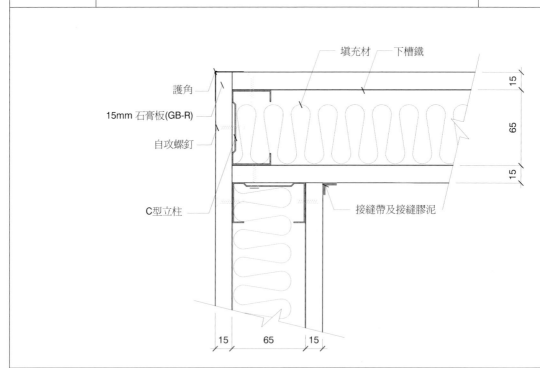

填充材　下槽鐵
護角
15
15mm 石膏板(GB-R)
65
自攻螺釘
15
C型立柱
接縫帶及接縫膠泥
15　65　15

這是輕隔間成L型銜接時的詳圖，注意外角的護角和內角的填縫處理。

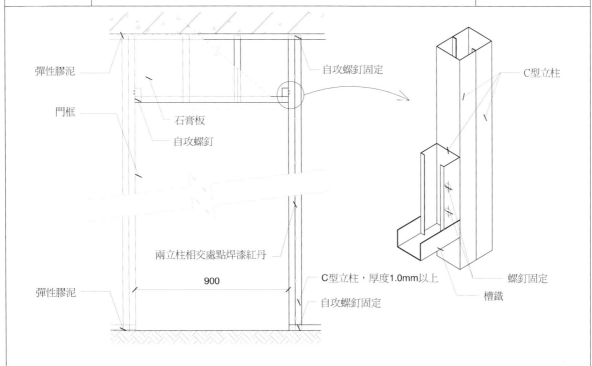

彈性膠泥
門框
石膏板
自攻螺釘
自攻螺釘固定
C型立柱
兩立柱相交處點焊漆紅丹
900
彈性膠泥
C型立柱，厚度1.0mm以上
自攻螺釘固定
螺釘固定
槽鐵

這是房間門框接著於輕隔間時的補強詳圖。

| 4 詳 | 輕隔間的詳細圖（四） | S:1/3 |

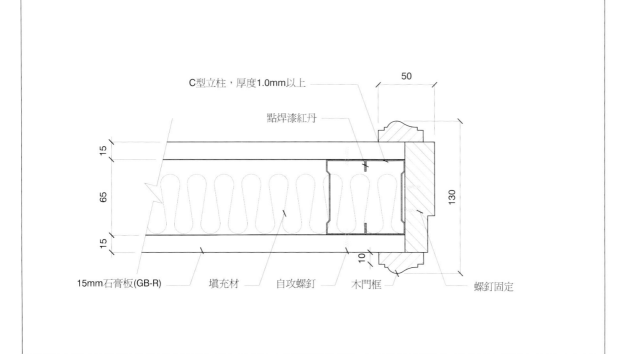

C型立柱，厚度1.0mm以上
點焊漆紅丹
50
15
65
130
15
10
15mm石膏板(GB-R)　填充材　自攻螺釘　木門框　螺釘固定

這是房間門框和門框裝飾線板與輕隔間的銜接詳圖，注意門框是由後側
固定螺絲釘。

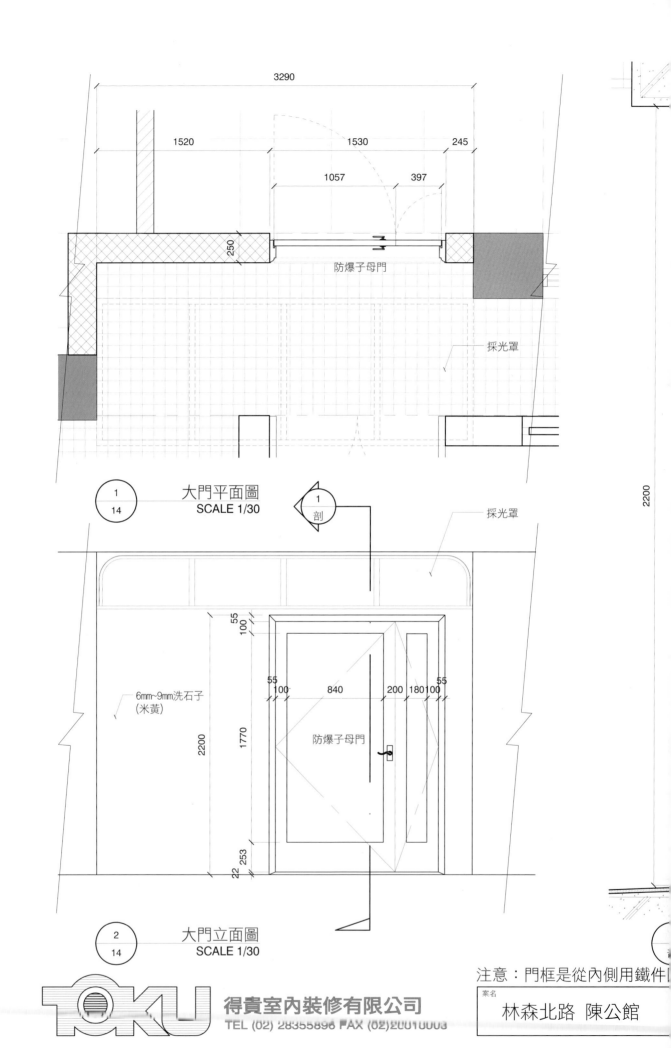

3290

1520   1530   245

1057   397

250

防爆子母門

採光罩

大門平面圖
SCALE 1/30

1
剖

採光罩

2200

55
100

6mm~9mm洗石子
(米黃)

55   55
100   840   200 180100

2200

1770

防爆子母門

22 253

2
14

大門立面圖
SCALE 1/30

注意：門框是從內側用鐵件[

案名

林森北路 陳公館

得貴室內裝修有限公司
TEL (02) 28355896 FAX (02)20010003

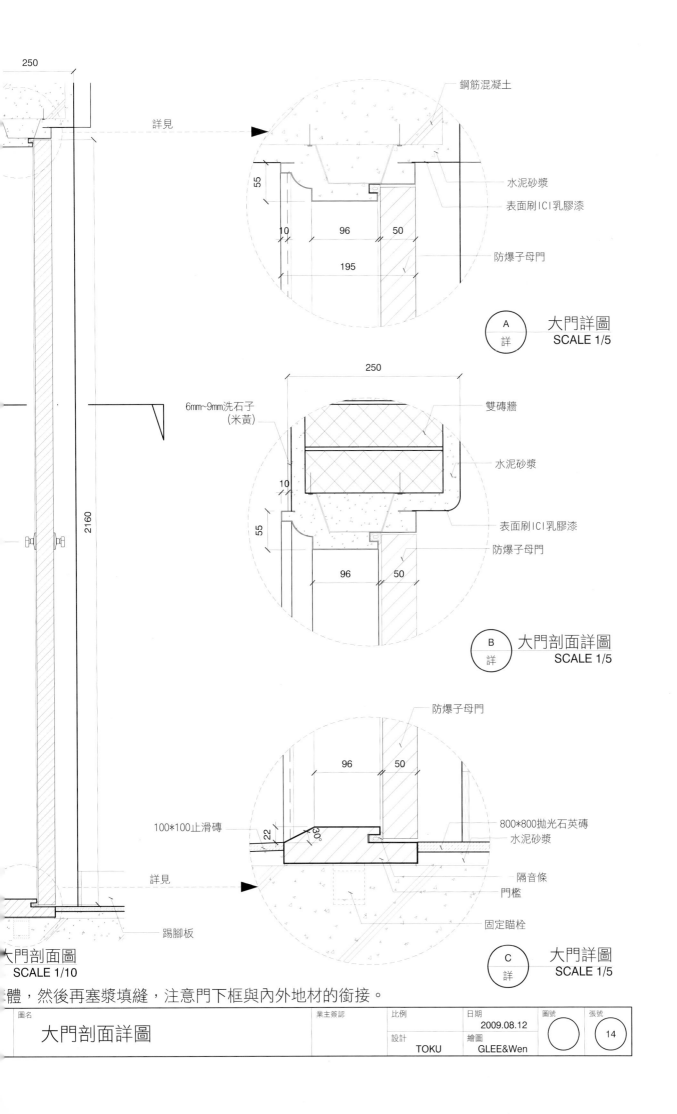

250

鋼筋混凝土

詳見

55

10   96   50

195

水泥砂漿

表面刷ICI乳膠漆

防爆子母門

A
詳   大門詳圖
        SCALE 1/5

250

6mm~9mm洗石子
(米黃)

雙磚牆

10

55

96   50

水泥砂漿

表面刷ICI乳膠漆

防爆子母門

B
詳   大門剖面詳圖
        SCALE 1/5

2160

防爆子母門

96   50

100*100止滑磚

22   30°

詳見

踢腳板

800*800拋光石英磚
水泥砂漿

隔音條
門檻

固定瞄栓

C
詳   大門詳圖
        SCALE 1/5

大門剖面圖
SCALE 1/10

體,然後再塞漿填縫,注意門下框與內外地材的銜接。

圖名		業主簽認	比例	日期 2009.08.12	圖號	張號
大門剖面詳圖			設計 TOKU	繪圖 GLEE&Wen	○	14

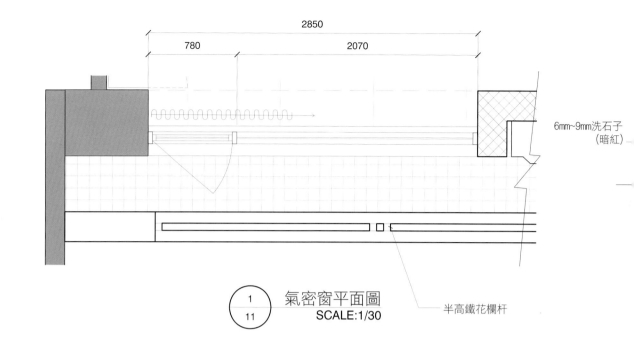

2850
780   2070

6mm~9mm洗石子
(暗紅)

①
11   氣密窗平面圖
      SCALE:1/30

半高鐵花欄杆

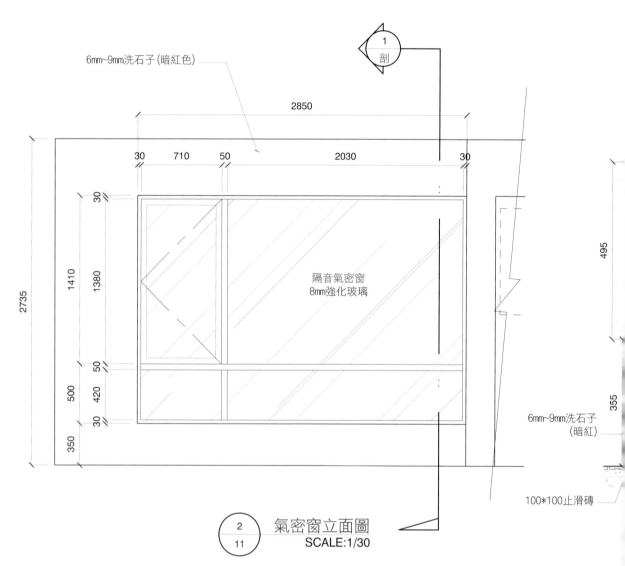

6mm~9mm洗石子(暗紅色)

①
剖

2850
30   710   50   2030   30
495

30
1410 1380

隔音氣密窗
8mm強化玻璃

2735

50
500 420
355
30
350

6mm~9mm洗石子
(暗紅)

100*100止滑磚

②
11   氣密窗立面圖
      SCALE:1/30

注意：窗框和窗台的定位，大

得貴室內裝修有限公司
TEL (02) 28355896 FAX (02)28313903

案名
林森北路　陳公館

550

120mm發泡線板
漆百合白

2500

2200

200

鋼筋混凝土

水泥砂漿

30 20

120   20

250

表面刷ICI乳膠漆

詳見

A
詳

氣密窗詳圖
SCALE:1/5

250

120

20

10°

20 30

表面刷ICI乳膠漆

水泥砂漿

詳見

踢腳板

6mm~9mm洗石子
(暗紅)

雙磚牆

800*800拋光石英磚

氣密窗剖面圖
SCALE:1/10

B
詳

氣密窗詳圖
SCALE:1/5

留少戶外留多,且做洩水坡度,框內用鐵件與結構體固定後,再塞漿填滿四邊縫隙。

圖名		業主簽認	比例	日期	圖號	張號
睡房隔音氣密窗剖面詳圖				2009.08.12		11
			設計	繪圖		
			TOKU	Wen		

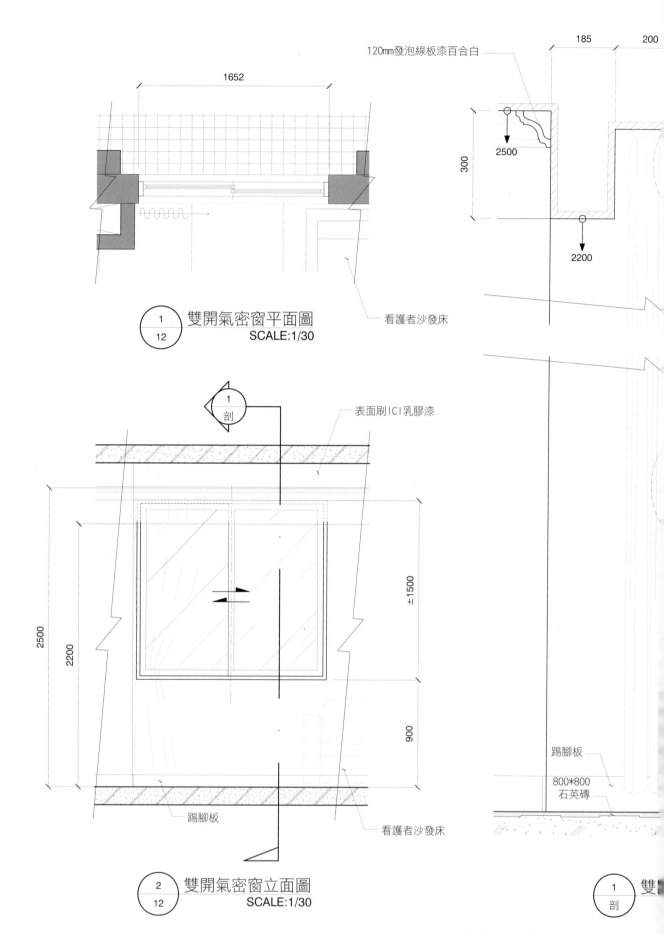

1652

120mm發泡線板漆百合白

2500

185   200

300

2200

① / 12 雙開氣密窗平面圖 SCALE:1/30

看護者沙發床

表面刷ICI乳膠漆

1 / 剖

2500

2200

±1500

900

踢腳板

② / 12 雙開氣密窗立面圖 SCALE:1/30

看護者沙發床

踢腳板

800*800
石英磚

1 / 剖 雙

注意：窗框和窗台的定位，

案名

林森北路 陳公館

得貴室內裝修有限公司
TEL (02) 28355898 FAX (02)28313900

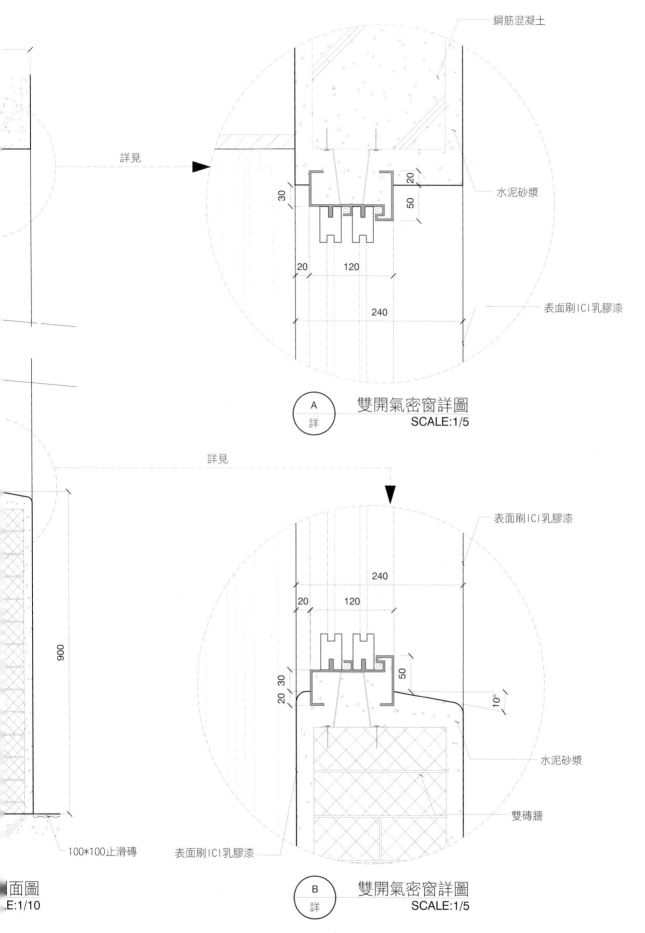

鋼筋混凝土

水泥砂漿

表面刷ICI乳膠漆

30
20
50
20
120
240

(A 詳) 雙開氣密窗詳圖
SCALE:1/5

詳見

表面刷ICI乳膠漆

240
20
120
50
10°
20 30

水泥砂漿

雙磚牆

900

100*100止滑磚   表面刷ICI乳膠漆

面圖
E:1/10

(B 詳) 雙開氣密窗詳圖
SCALE:1/5

留少戶外留多,且做洩水坡度,框內用鐵件與結構體固定後,再塞漿填滿四邊縫隙。

圖名	業主簽認	比例	日期	圖號	張號
睡房雙開氣密窗剖面詳圖			2009.08.12		12
		設計 TOKU	繪圖 Wen		

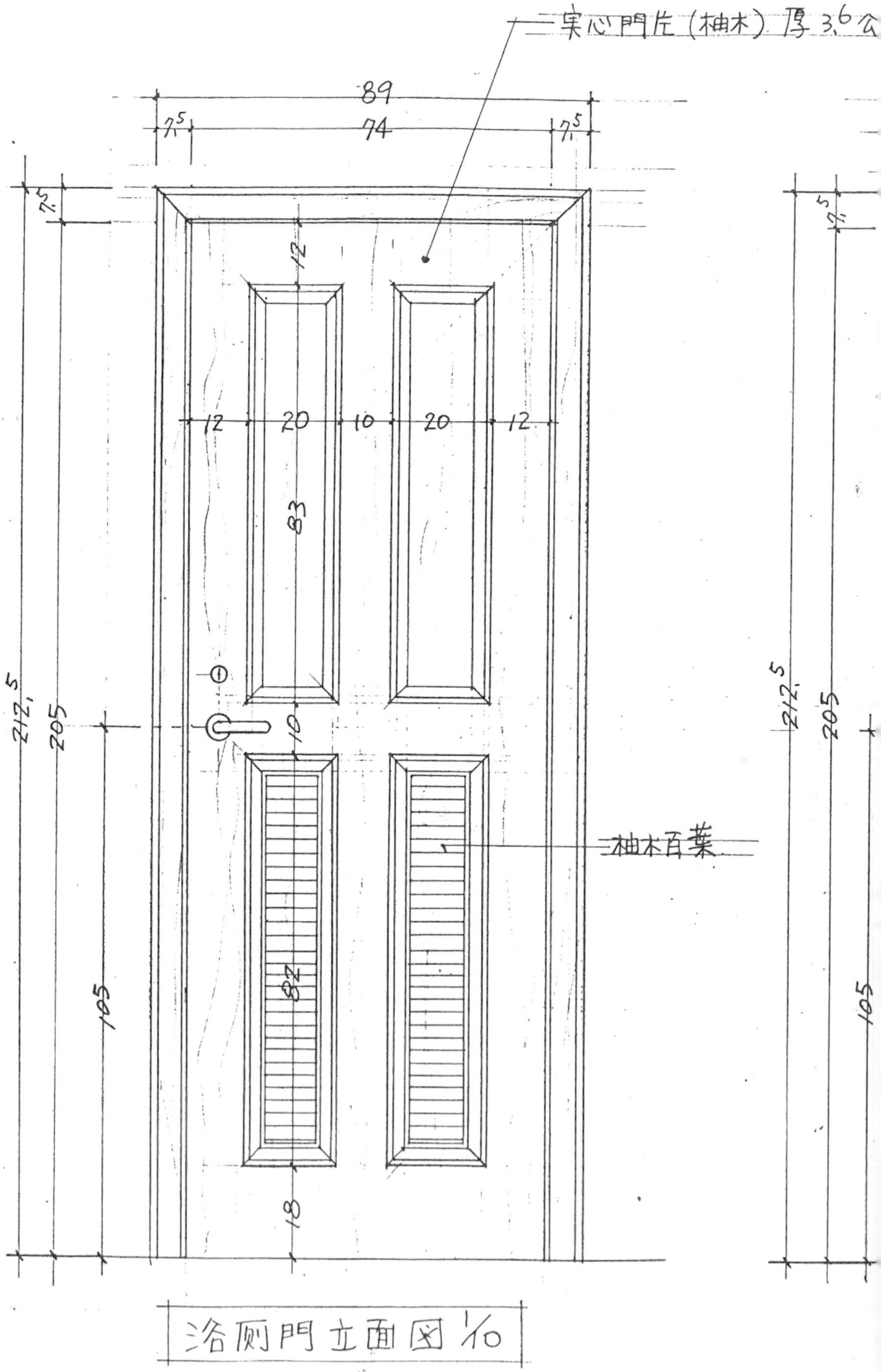

実心門片(柚木)厚3.6公[分]

89
7.5 74 7.5
7.5
12
12 20 10 20 12
83
212.5 205
10
柚木百葉
212.5 205
105
82
105
18

浴厠門立面図 1/10

99
84
7.5

12

25 10 25 12

83

門片

嵌入毛刷条

磚 牆
或
石膏板牆

10

82

18

間門立面図 /10

門框,線板詳図 1/1

7.5
0.5
0.6
0.3
0.3
0.5
2.5
10.5
4.5
0.5
0.3
0.6
2.5
0.5
7.5

這是筆者約20年前親手繪的施工圖

磚牆

新做門斗造型線板表面
刷ICI百合白
乳膠漆

15

510
75
50
15 10
105

R17

R40

15 60 60 15

門斗詳圖
SCALE: 1/3

A
詳

表面1:3MT粉光
刷ICI百合白乳膠漆

門框頂裝RC過樑

新做門斗造型線板
表面刷ICI百合白
乳膠漆

10 35

200

45

110

A
詳

75

1020

870

75

主臥房間門剖面圖
SCALE: 1/10

1
剖

200

門框頂裝RC過樑

1020

2
剖

案名

林森北路 周公館

TOKU

得貴室內裝修有限公司
TELL (02) 38355096 FAX (02)28313903

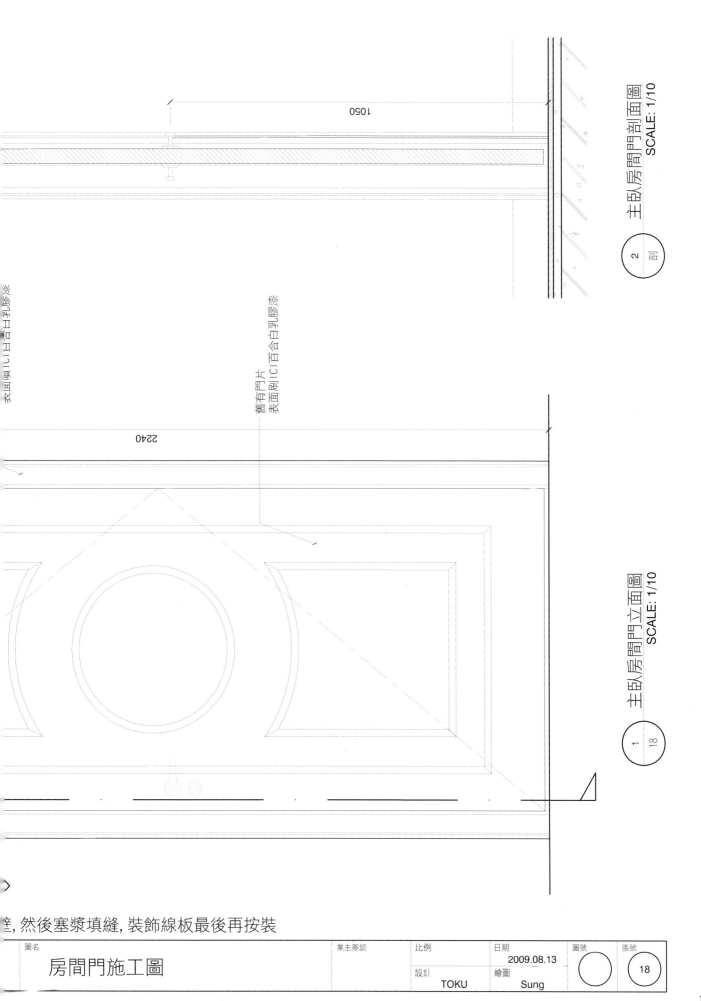

主臥房間門剖面圖
SCALE: 1/10

1050

表面順ICI百合白日乳膠漆

舊有門片
表面刷ICI百合白乳膠漆

2240

②   剖

主臥房間門立面圖
SCALE: 1/10

①   18

...堂, 然後塞漿填縫, 裝飾線板最後再按裝

圖名	業主簽認	比例	日期	圖號	張號
房間門施工圖			2009.08.13	○	18
		設計 TOKU	繪圖 Sung		

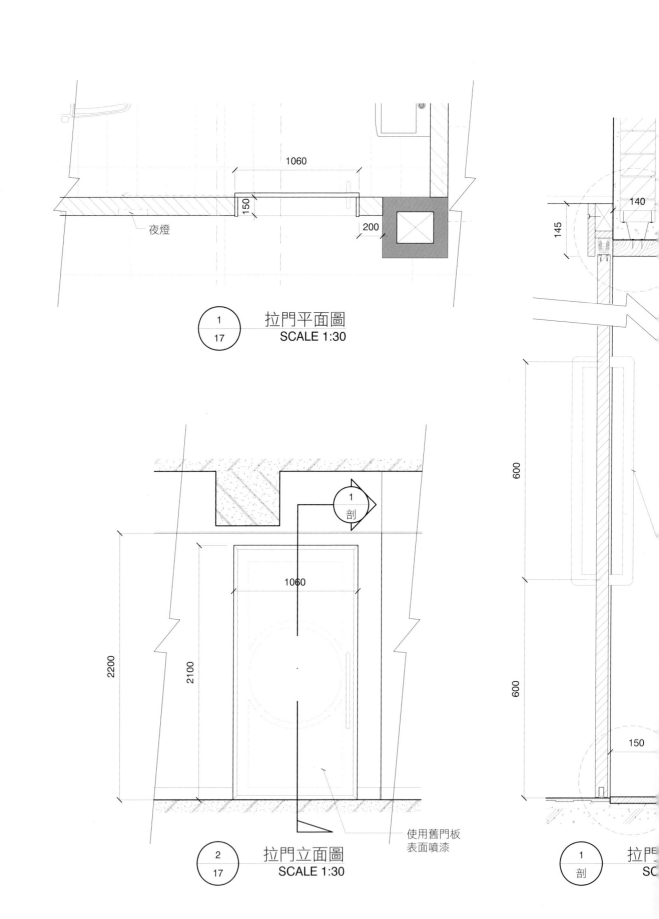

1060

150

夜燈

200

①
17 拉門平面圖
SCALE 1:30

140

145

1060

600

2200

2100

①
剖

600

150

使用舊門板
表面噴漆

②
17 拉門立面圖
SCALE 1:30

①
剖 拉門
SC

注意：門上吊式滑軌須留活

 得貴室內裝修有限公司
TEL (02) 20056800 FAX (02)28313903

案名
林森北路 陳公館

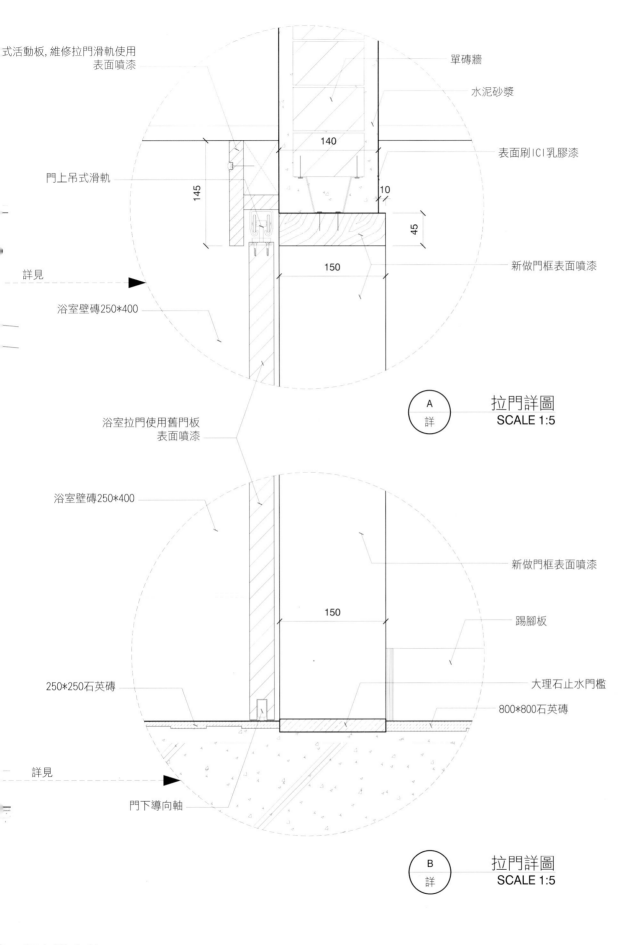

式活動板, 維修拉門滑軌使用
表面噴漆

門上吊式滑軌

140

145

10

45

150

單磚牆

水泥砂漿

表面刷ICI乳膠漆

新做門框表面噴漆

詳見

浴室壁磚250*400

A
詳

拉門詳圖
SCALE 1:5

浴室拉門使用舊門板
表面噴漆

浴室壁磚250*400

150

新做門框表面噴漆

踢腳板

大理石止水門檻

800*800石英磚

250*250石英磚

詳見

門下導向軸

B
詳

拉門詳圖
SCALE 1:5

下須有導向軸。

圖名		業主簽認	比例	日期 2009.08.12	圖號	張號
無障礙衛浴空間拉門剖面詳圖			設計 TOKU	繪圖 Wen		17

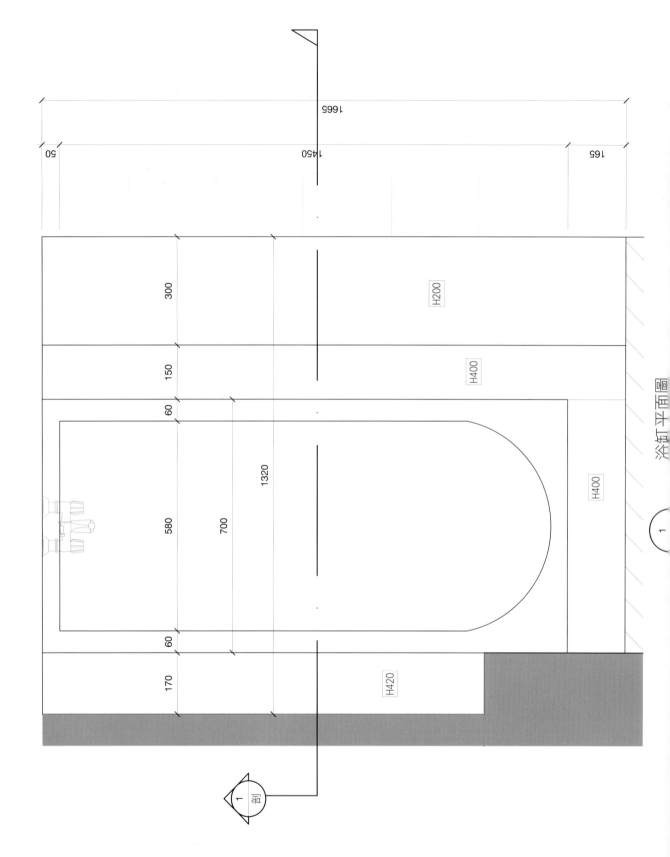

浴缸平面圖

1665

50　1450　165

300　150　60

H200

H400

H400

H420

1320

580　700

170　60

1

1 剖

注意：浴缸和埋入坑的銜接⋯

得貴室內裝修有限公司
TEL (02) 28355896 FAX (02)28313903

案名
林森北路 周公館

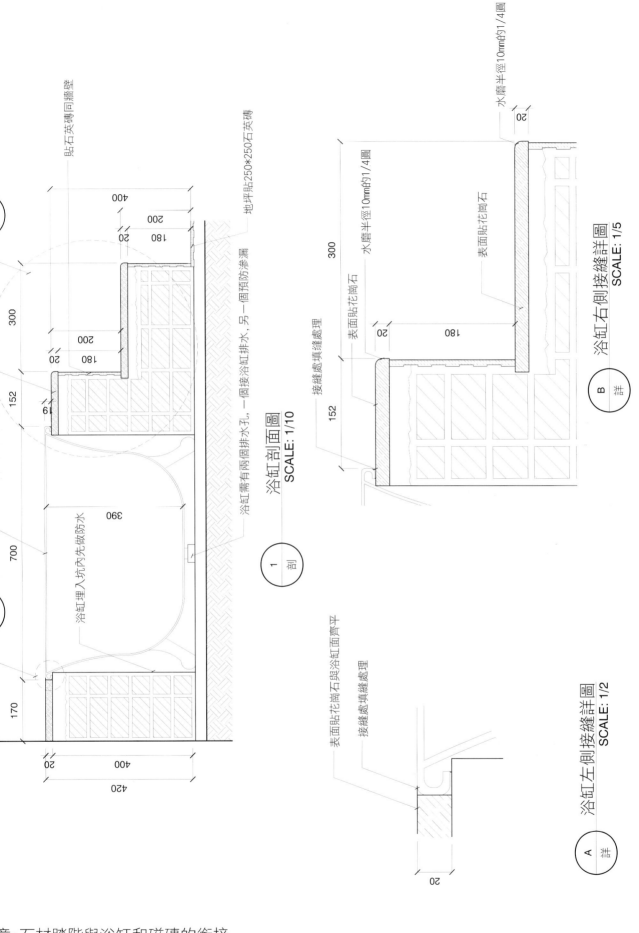

貼石英磚同牆壁

400
200
20
180

300

200
20
180

152
9

390

浴缸埋入坑內先做防水

700

170

20
400
20
420

地坪貼250*250石英磚

浴缸需有兩個排水孔,一個接浴缸排水,另一個預防滲漏

浴缸剖面圖
SCALE: 1/10

剖
1

接縫處填縫處理

300

152

表面貼花崗石

水磨半徑10mm的1/4圓

20

水磨半徑10mm的1/4圓

20
180

表面貼花崗石

浴缸右側接縫詳圖
SCALE: 1/5

詳
B

表面貼花崗石與浴缸面齊平

接縫處填縫處理

20

浴缸左側接縫詳圖
SCALE: 1/2

詳
A

意:石材踏階與浴缸和磁磚的銜接

圖名		業主簽認	比例	日期 2009.08.12	圖號	張號
浴室浴缸剖面詳圖			設計 TOKU	繪圖 Sung	○	16

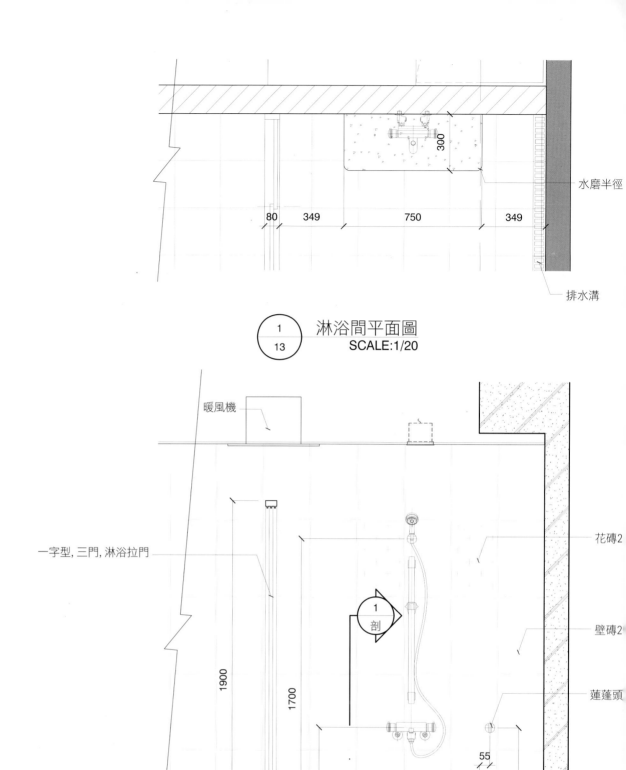

水磨半徑

排水溝

① / 13 　淋浴間平面圖
SCALE:1/20

暖風機

花磚2

一字型,三門,淋浴拉門

壁磚2

① / 剖

蓮蓬頭

1900

1700

700

55

300

700

80

水磨半

80

大理石止水門檻

排水溝

② / 13 　淋浴間立面圖
SCALE:1/20

注意：牆面貼磚是由上而下

案名
林森北路　陳公館

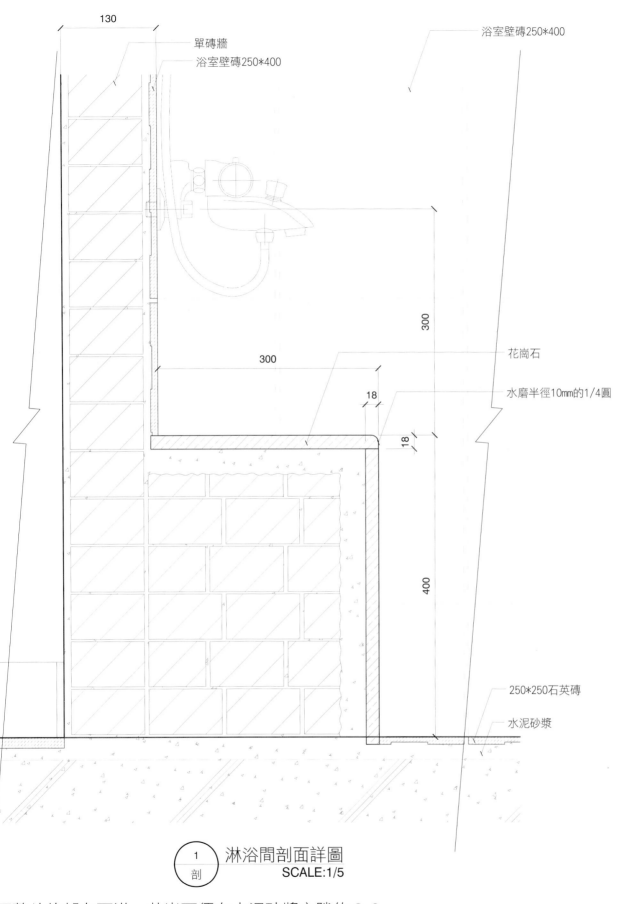

130

單磚牆

浴室壁磚250*400

浴室壁磚250*400

300

300

花崗石

18

水磨半徑10mm的1/4圓

18

400

250*250石英磚

水泥砂漿

① 淋浴間剖面詳圖
剖 SCALE:1/5

不整片的都在下沿，花崗石須有水泥砂漿空隙約３０ｍｍ。

圖名		業主簽認	比例	日期 2009.08.12	圖號	張號
淋浴間平台剖面詳圖				設計 TOKU	繪圖 Wen	13

1 詳	大理石細部詳圖（一）	S:1/2

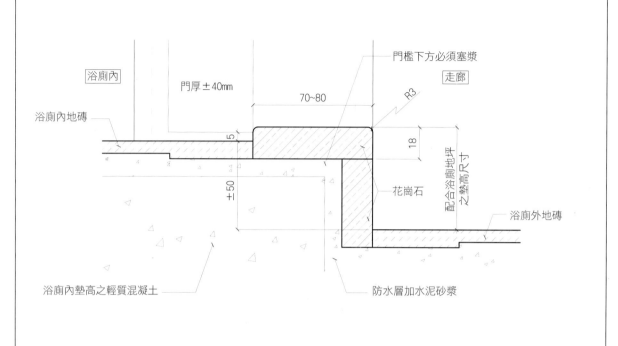

浴廁內
浴廁內地磚
門厚±40mm
70~80
門檻下方必須塞漿
走廊
R3
5
18
花崗石
配合浴廁地坪之墊高尺寸
浴廁外地磚
±50
浴廁內墊高之輕質混凝土
防水層加水泥砂漿

這是浴廁有墊高時的門檻和地材的詳圖，注意門檻花崗石下方必須塞漿確實，才能阻斷浴廁的地面水滲出。

2 詳	大理石細部詳圖（二）	S:1/3

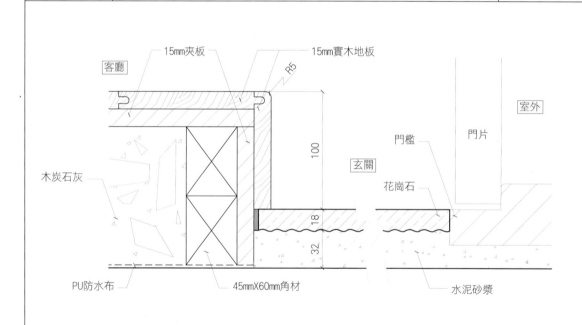

15mm夾板
15mm實木地板
客廳
R5
100
室外
門檻
門片
玄關
木炭石灰
花崗石
18
32
PU防水布
45mmX60mm角材
水泥砂漿

這是玄關大理石和客廳實木地板銜接時的詳圖，注意玄關大理石地必須與下樁齊水平，注意客廳實木地板的垂直面收口細部…

	鋪榻榻米地板	S:1/5

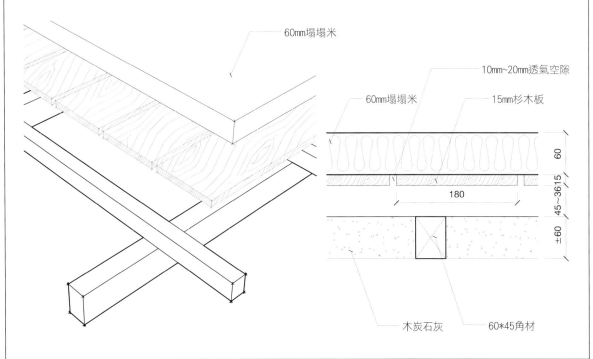

這是和室鋪榻榻米的詳圖，注意榻榻米下通常都用杉木板做底，並留有10~20mm透氣空隙，下方須做防潮防蟲措施。

	地坪鋪實木企口板和大理石	S:1/3

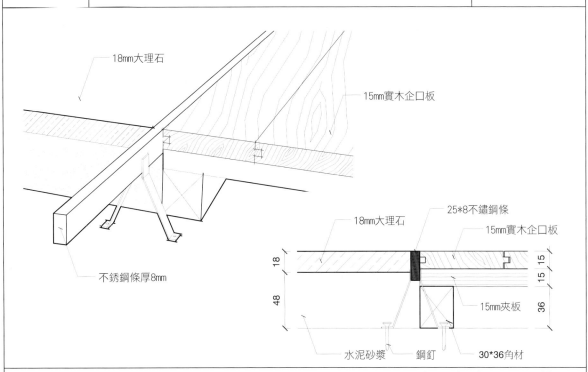

這是地坪有石材和地板銜接時的詳圖，注意須用不鏽鋼條做緩衝銜接不同地材。

| 1
詳 | 平頂矽酸鈣板天花板 | S:1/2 |

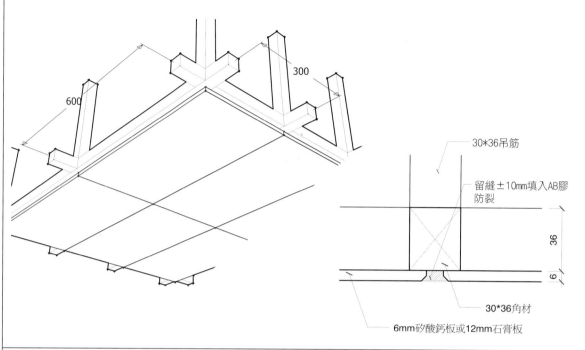

300

600

30*36吊筋

留縫±10mm填入AB膠
防裂

36

6

30*36角材

6mm矽酸鈣板或12mm石膏板

這是木角料釘6mm矽酸鈣板或12mm石膏板的詳圖，注意不論是矽酸鈣或石膏板，均須留10mm縫，以供填入AB膠防裂。

| 2
詳 | 釘企口板平頂天花板 | S:1/2 |

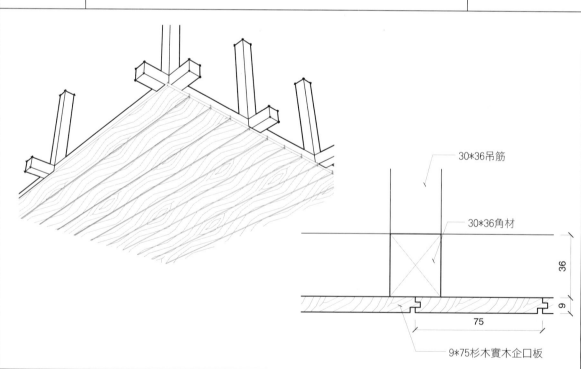

30*36吊筋

30*36角材

36

9

75

9*75杉木實木企口板

這是木角料釘杉木企口板的詳圖，注意杉木板的乾燥度和含水率須恰當才不會變形。

天花板與壁板的收邊線板　　S:1/2

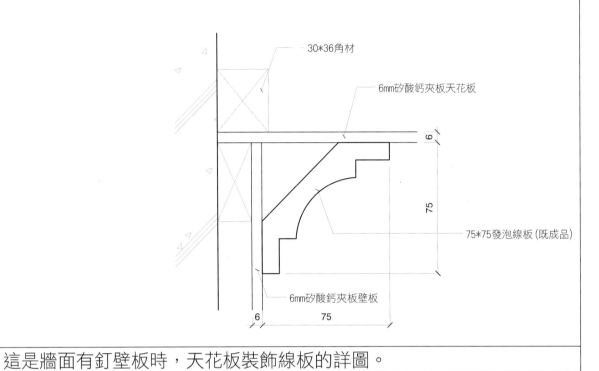

30*36角材

6mm矽酸鈣夾板天花板

6

75

75*75發泡線板 (既成品)

6mm矽酸鈣夾板壁板

6　　75

這是牆面有釘壁板時，天花板裝飾線板的詳圖。

天花板與窗簾盒與線板　　S:1/3

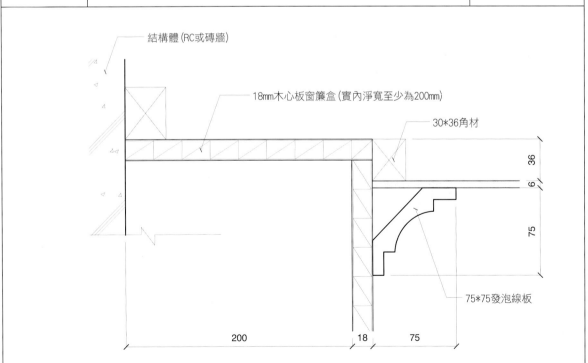

結構體 (RC或磚牆)

18mm木心板窗簾盒 (實內淨寬至少為200mm)

30*36角材

36

6

75

75*75發泡線板

200　　18　　75

這是天花板與窗簾盒與裝飾線板的詳圖，但若使用升降捲簾時，窗簾盒只需100mm即夠了。

900

140　　273　　75　　273　　140

36

160

40　100　　　273　　　75　　　273　　100　40

820

內

30　110　　　268

160

36

9
9
18

40　100　　　268

01
19

廚房拉門詳圖
SCALE 1/10

外

02
19

40

150

線板收邊

40　100　　　273　　75　　273　　100　40

4+4mm涓絲玻璃

40

150

40　100　　　268

1400

便品把手

1400

2190

2190

120

線板收邊

120

1000

300

300

100　　　　610　　　110

100

180　門框及門片貼木皮染胡桃木色

180　門框及

案名
星光大道　陳公館

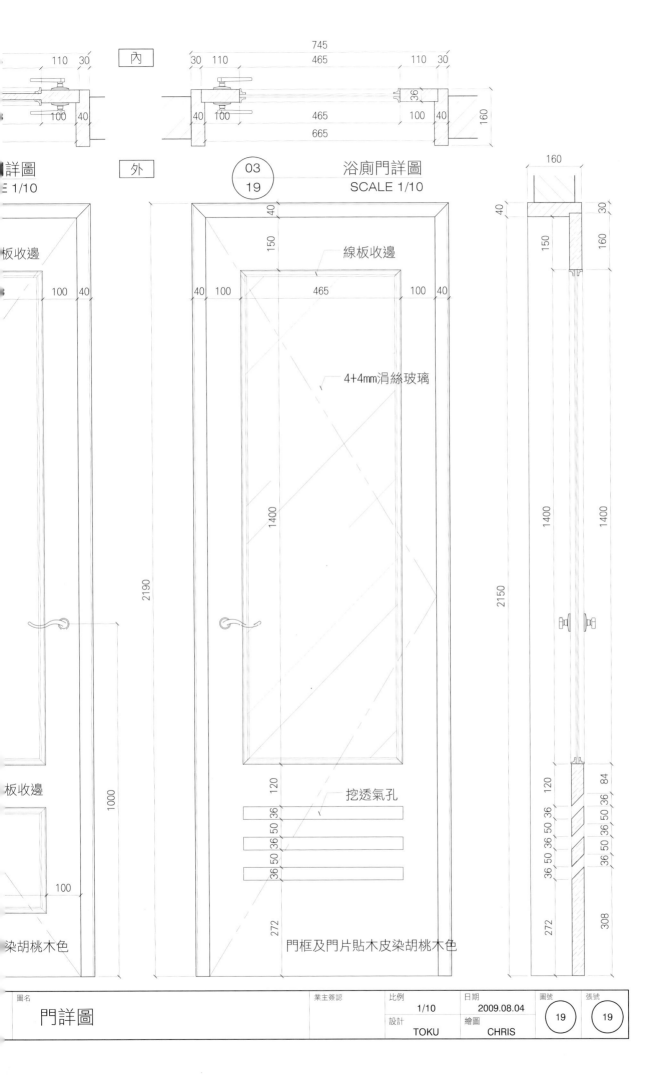

745
465
110 | 30
30 | 110
110 | 30

內

100 | 40
40 | 100
465
100 | 40
665
36
160

詳圖
E 1/10

外

03
19

浴廁門詳圖
SCALE 1/10

160

板收邊

100 | 40

40 | 100

40
150

40
150
160
30

線板收邊

40 | 100
465
100 | 40

4+4mm涓絲玻璃

1400

2190

1000

2150

1400

1400

板收邊

100

120
36
36
36
50
36
36
50

挖透氣孔

120
36 36 36 50
36 50 36
36 50 36

84
36 50 36
36 50 36

272

272

308

染胡桃木色

門框及門片貼木皮染胡桃木色

圖名		業主簽認	比例		日期		圖號	張號
門詳圖			1/10		2009.08.04		19	19
			設計		繪圖			
			TOKU		CHRIS			

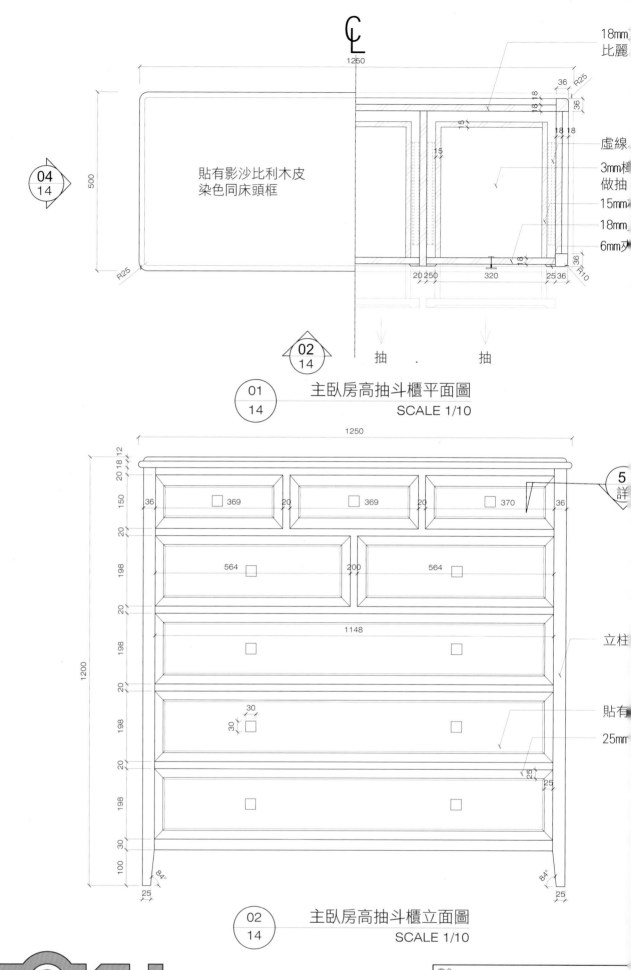

C L
1250

18mm
比麗

36 R25

36

虛線

3mm框
做抽

15mm

18mm

6mm夾

貼有影沙比利木皮
染色同床頭框

04
14

02
14

20 250   320   25 36

抽   ·   抽

01
14

主臥房高抽斗櫃平面圖
SCALE 1/10

1250

5
詳

□ 369   20   □ 369   20   □ 370   36

564 □   200   564 □

1148

立柱

30
□

貼有

25mm

25

1200

84°   84°

25   25

02
14

主臥房高抽斗櫃立面圖
SCALE 1/10

陳德貴空間規劃有限公司
TEL (02) 28955096 FAX (02)28313903

案名
中茵國際皇冠社區 陳公館

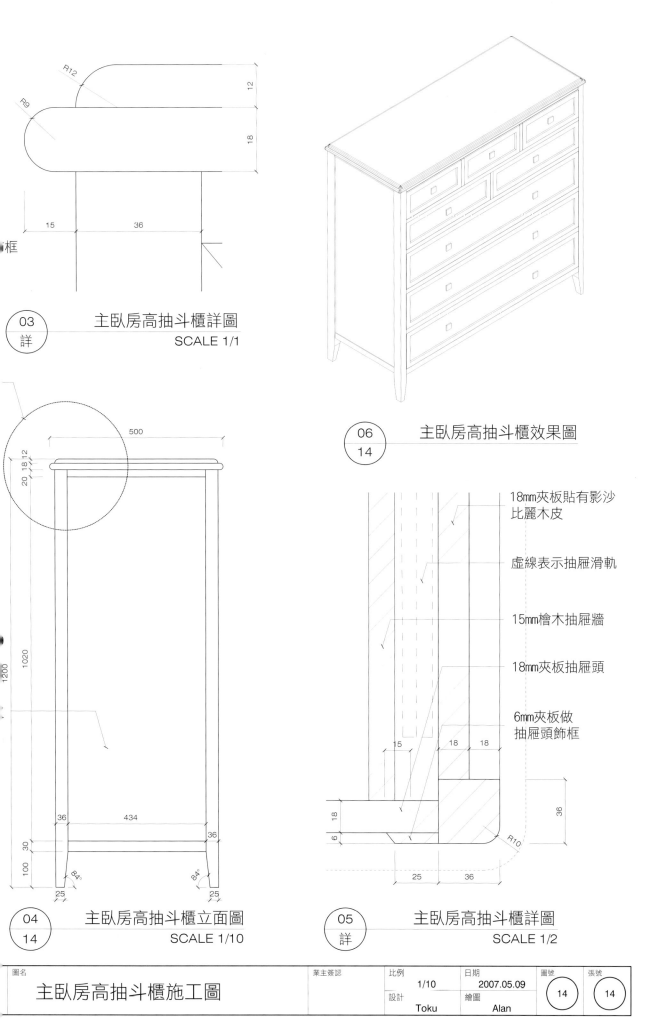

R12

R9

12

18

15

36

框

03 詳　主臥房高抽斗櫃詳圖
SCALE 1/1

500

20 18 12

1200

1020

36 434 36

30

100

84° 84°

25 25

04
14　主臥房高抽斗櫃立面圖
SCALE 1/10

06
14　主臥房高抽斗櫃效果圖

18mm夾板貼有影沙
比麗木皮

虛線表示抽屜滑軌

15mm檜木抽屜牆

18mm夾板抽屜頭

6mm夾板做
抽屜頭飾框

15　18　18

18

6

36

R10

25　36

05 詳　主臥房高抽斗櫃詳圖
SCALE 1/2

圖名		業主簽認	比例	日期	圖號	張號
主臥房高抽斗櫃施工圖			1/10	2007.05.09	14	14
			設計 Toku	繪圖 Alan		

155 20
550
500
650
360
460
50
R1675
115
1140

900

100 150
100

1410

T5日光燈盒W900*D150*H100
外蓋乳白壓克力

舊有鏡W1130*H1150再利用
並昇高至上沿接頂

花崗石(鳳凰珍珠)作檯面
和三邊擋水牆H60mm

原有橢圓洗面盆再利用

650
500
60
20
610
470
700
300

暗把手溝縫

圓弧門片完成面
退檯面前沿20mm

活動層板

200

下沿懸空H200mm

A
01

主浴洗面檯三視圖
SCALE:1/20

崗石(鳳凰珍珠)作檯面，和三邊擋水牆H60mm

舊有水龍頭挖洞

舊有洗面盆挖橢圓洞W460*D360

面前沿作弧型

花崗石(鳳凰珍珠)作檯面
前沿作假厚H40mm磨法國邊

擋水牆倒圓角

花崗石(鳳凰珍珠)作三邊擋水牆H60mm
磨1/4小圓邊

依舊有洗面盆挖橢圓洞W460*D360

依舊有水龍頭挖洞

門上留暗把手溝縫

內作活動層板

櫃內貼白波麗板

圓弧門片完成面退檯面前沿20mm
表面貼栓木皮染白

下沿懸空H200mm

B
01

主浴洗面檯透視圖
SCALE:N/A

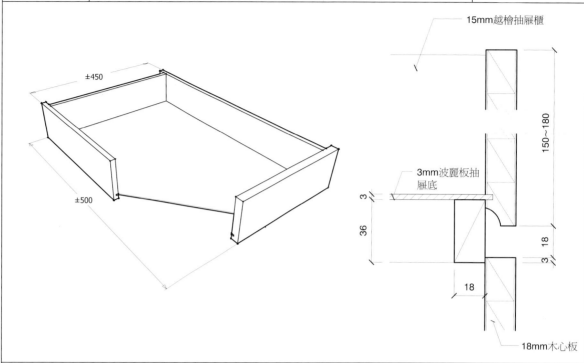

15mm越檜抽屜櫃

150~180

3mm波麗板抽屜底

3

36

18

3

18

18

18mm木心板

這是一般內務抽屜的詳圖，注意暗拉手溝縫須至少18mm，上抽咬15mm，才夠刨暗把手凹槽。

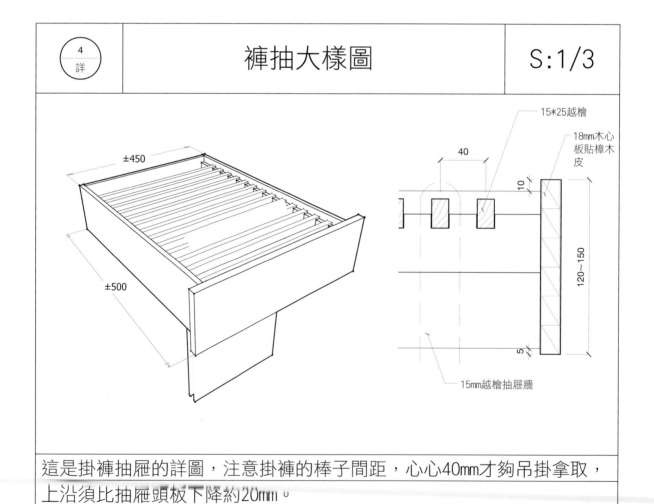

15*25越檜

18mm木心板貼樟木皮

40

10

120~150

5

15mm越檜抽屜牆

±450

±500

這是掛褲抽屜的詳圖，注意掛褲的棒子間距，心心40mm才夠吊掛拿取，上沿須比抽屜頭板下降約20mm。

3 詳	大理石踢腳板	S:1/3

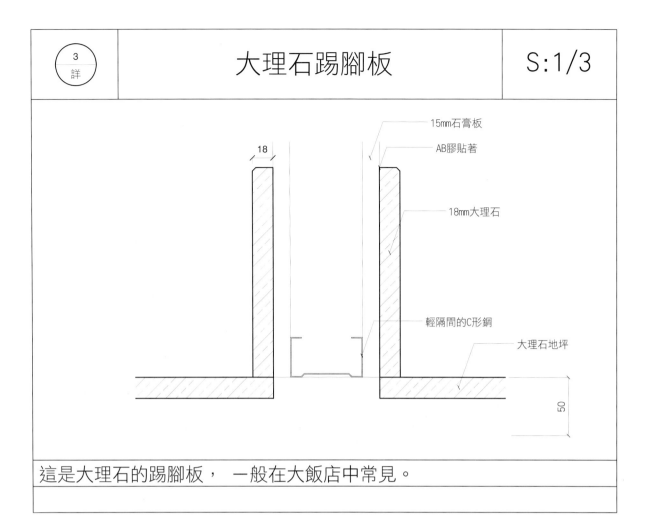

15mm石膏板
AB膠貼著
18
18mm大理石
輕隔間的C形鋼
大理石地坪
50

這是大理石的踢腳板， 一般在大飯店中常見。

4 詳	木質踢腳板	S:1/2

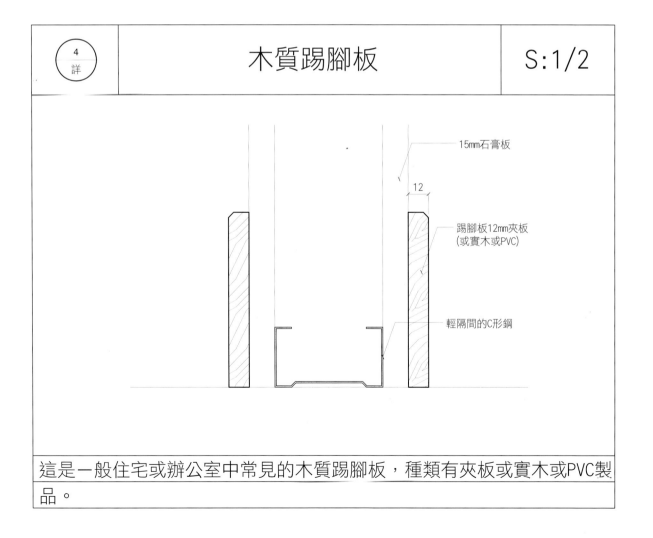

15mm石膏板
12
踢腳板12mm夾板
(或實木或PVC)
輕隔間的C形鋼

這是一般住宅或辦公室中常見的木質踢腳板，種類有夾板或實木或PVC製品。

第五章　施工圖的表現

1. 立面圖

　　從立面圖開始就進入施工圖的階段。它是表現室內各向垂直壁面的正投影圖，所以稱它為室內立面圖。又因一個空間至少有四個立面，我們按固定方向依序展開來畫，就好像將一個紙盒攤開來一樣，所以又稱為立面展開圖。通常我們以12點鐘方向為A向，3點鐘方向為B向，6點鐘方向為C向，9點鐘方向為D向，這樣依序來畫立面圖。

　　從前常只畫天地完成面之間的高，只畫左牆線到右牆線之間的寬，這個範圍內的立面構成。卻省略了天花板以上的構件，也省略了兩側牆外的構件，雖然不是錯誤但確已不再適合現代之需了。現代住宅裝修設計的天花板內有太多必須的設備，如消防灑水管，如吊隱式空調機等都會影響天花板的設計，影響燈具的分佈，影響灑水頭的分佈。

　　現代的隔音氣密窗和窗台的高度，也會影響桌，櫃等和窗簾的關係。所以現代畫室內立面圖，應該將樓板，樑體，鋁窗和窗台等建築構造畫出來，這樣才能正確研討天花板高度是否可行?裝燈空間是否足夠?窗簾盒尺寸是否足夠?桌櫃是否擋住推窗?踢腳板和地坪完成面和各門扇的關係是否恰當?由其因應電腦網路和影音系統的各種出線口定位，更必須正確畫出各家具的寬高和各出口的位置，以確保完成後可以順利接線安裝使用。

　　畫立面圖一般常用1/30縮尺比例，並且線條的輕重粗細還是要注意，雖然時代已

進步到電腦ACAD輔助繪圖系統，但電腦是工具是死的東西，人腦才最重要，人要學會正確的基本圖學觀念，然後才能適當的操作電腦，只有如此，才能藉電腦畫出輕重粗細線條分明的，又工法表現正確可行的施工圖。畫立面圖如此，畫平面圖，天花板圖，畫斷面詳圖等都應如此。

　　畫立面圖當然要標示尺寸，當然要標明材料，否則空白如無字天書的話，任誰也看不懂。現代年輕人被電腦污染嚴重，不但不會手工畫圖，更不會寫字，他們只知敲鍵盤卻不能提筆寫工整的字，而且錯字一大堆，時代進步，工具進步但人卻退步了。標尺寸要有全高和分段高，太小的尺寸待詳圖時才標示。理論上立面圖只要標高度不必標寬度(寬度該已在平面圖上標了)，但只要圖面不會太紛雜的話，由其又有必要時，當然可以標示必要的寬度尺寸。(見130-135頁之附圖)

2. 斷面詳圖

　　從立面圖中研判哪裡必須放大來表現?才能有效的解說該處的施工細節和材料的銜接，這時可以採垂直切斷，或水平切斷，或放大某局部的圖法來表現，這樣的表現法就是斷面詳圖了。

　　假設一　門的立面圖好比一個站立的人形，這時看到的是這人形的表面效果，若要看他的心肺部份，就必須動外科手術切開胸腔來才看得清楚。所以，若要表現這門的門扇和門框和鉸鏈的關係時，就需採水平切斷來表現。若是想表現這　門的門扇和門框和地面和門檻的關係，就需採

垂直切斷來表現，這就是斷面圖了。接著還可以假設用放大鏡來看鉸鏈和門框的細部，這樣的放大表現法就是詳細圖了，因為總是有斷面就會有詳圖，所以統稱斷面詳圖。

通常用1/10的比例來畫斷面圖，接著細部放大圖時看圖面的空間還有多少而採1/5~1/1的比例來表現。既然畫到這樣細的程度了，當然該把材質表現清楚，例如木紋質感或是石材質感，更該把材料的厚度畫正確，接著更該把接合工法的五金和各部銜接咬合的尺寸表現完整，最後是材料的說明該清楚。

從前手工畫施工圖時，用1/30比例畫立面圖時可以省略某些細節不畫，用1/10畫斷面圖時再將該細節畫出來，進入1/5~1/1詳圖時就將該細節畫得清楚仔細。但自從電腦畫圖之後，這些年輕人不求甚解，通常只將畫1/30比例的圖引出來變成1/10或1/5或1/1的所謂斷面詳圖，步驟是做到了但內容卻和1/30比例時一樣的空洞，並沒達到該有的詳實的程度。難怪年輕的會用電腦的所謂設計師們，對施工圖都一直學不會，即使已入行一段時間了。

除了圖面表現要確實之外，對各種建材和五金和接合工法，都需用心學習，到工地看工人施工，才能知道究竟自己畫的施工圖能不能用?只有透過這樣直接的學習，不斷的累積經驗，然後才能畫出可以用來施工的施工圖，繼而才能在工地和工人一分一寸的討論協商解決難題。(見136-145頁之附圖)

3. 家具圖

在住宅設計案例中大多數的客戶會採購現成的家具，由其是所謂豪宅的客戶更是訂購進口高級家具。只有找不到合適的造型，合適的尺寸，合適的材質色彩時，才會畫家具圖訂製家具，這部份又以木造的板類家具為多數，例如:餐桌，餐具櫃，抽屜櫃，書桌，書櫃---等。

在商業空間的設計案中，就很多時候要畫生財道具圖(也就是家具圖)，因為商場的設計和生財道具是必須相配套的，包含造型，尺寸，質感，材色，由其是機能必須完全能滿足商品展售和收納之需。過去筆者常設計百貨公司，就設計很多的各類道具，例如:女鞋區道具，手錶玻璃櫃，飾品道具----等。

畫家具圖通常用1/10比例畫三面圖，然後再用1/5~1/1比例畫斷面詳圖，最後再畫一個成形圖在圖的空白處，一般習慣放在右上角。當然必須懂得材料和工法才能畫出能製作的家具圖，由其更要懂得人體工學，還要掌握收納的習慣和收納物的尺寸，否則會產生音響櫃卻放不進DVD放映機，抽屜不能插放DVD片之類的錯誤現象。(見146-161頁之附圖)

立面圖

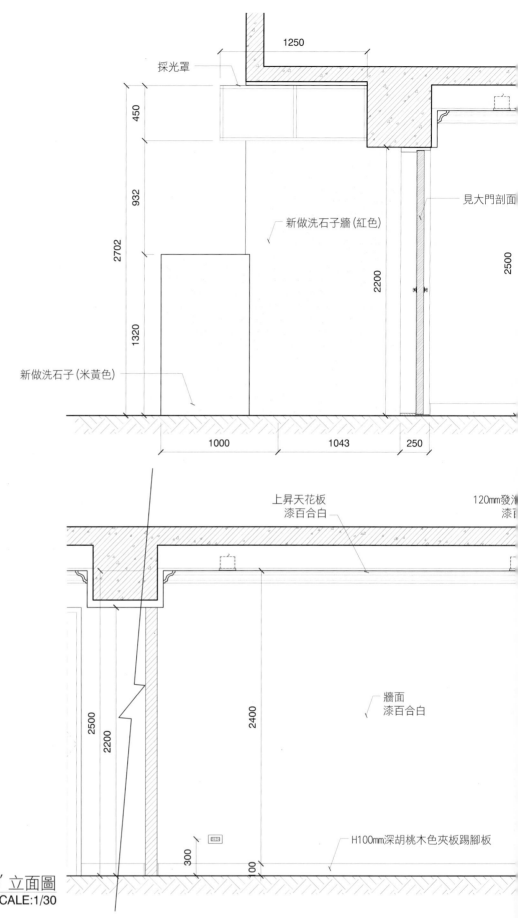

採光罩

1250

450

932

2702

新做洗石子牆(紅色)

見大門剖面

2200

2500

1320

新做洗石子(米黃色)

1000 1043 250

上昇天花板
漆百合白

120mm發泡
漆百

2500

2200

2400

牆面
漆百合白

300

100

H100mm深胡桃木色夾板踢腳板

① / 08 B-B' 立面圖
SCALE:1/30

得貴室內裝修有限公司
TEL (02) 28355090 FAX (02)28313903

案名
林森北路67巷21號 周

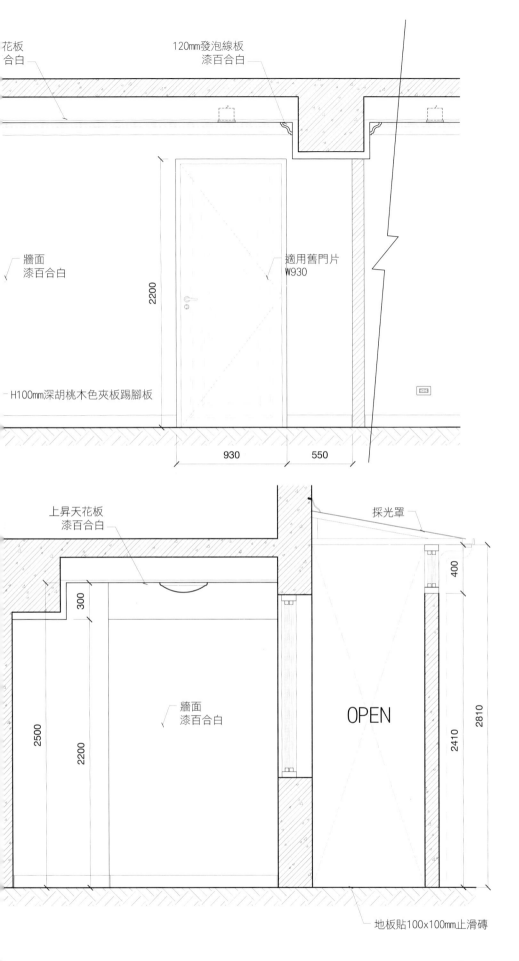

花板
合白

120mm發泡線板
漆百合白

牆面
漆百合白

2200

適用舊門片
W930

H100mm深胡桃木色夾板踢腳板

930   550

上昇天花板
漆百合白

採光罩

300

400

2500

2200

牆面
漆百合白

OPEN

2410

2810

地板貼100x100mm止滑磚

圖名				業主簽認	比例	日期	圖號	張號
各項立面圖	B 剖	—	B' 剖		1/30	2009.08.13	○	08
					設計 TOKU	繪圖 Wen		

立面圖

遮光罩

排熱館

熱水器

牆面
水泥漆

牆面
水泥漆

OPEN

地板貼100x100mm止滑磚

上昇天花板
漆百合白

120mm發泡線板
漆百合白

牆面
漆百合白

2500

2200

1000

300

100

H1

建議放餐具櫃與高飾品櫃

C-C' 立面圖
SCALE:1/30

1
09

得貴室內裝修有限公司
TEL (02) 28366806 FAX (02) 28313803

案名

林森北路67巷21號

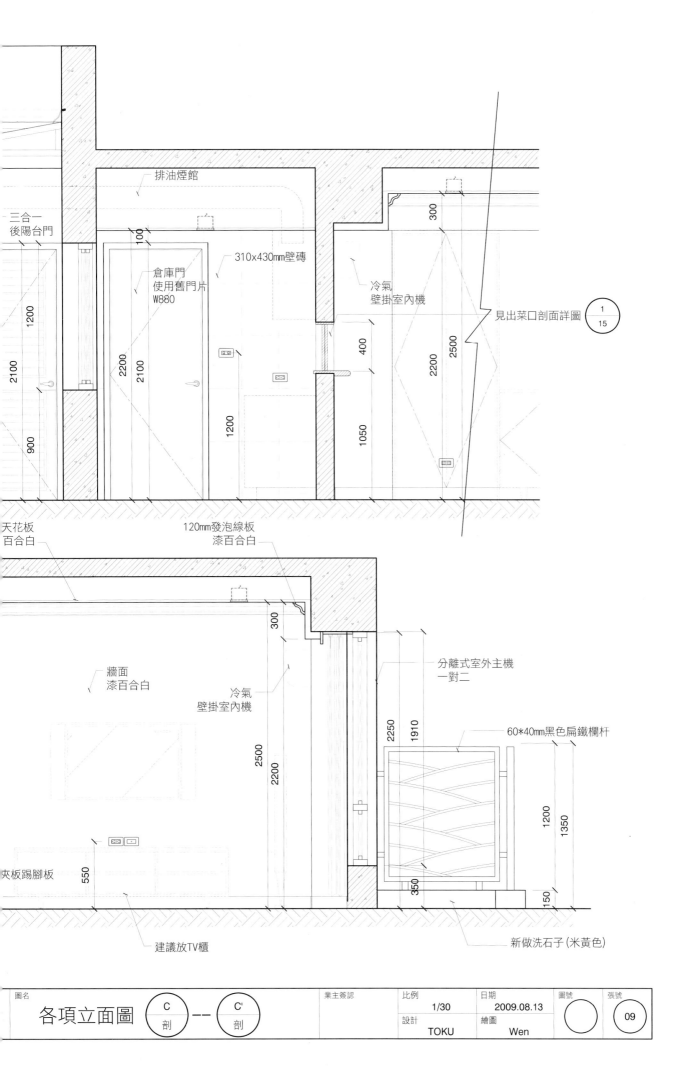

排油煙館

三合一
後陽台門

倉庫門
使用舊門片
W880

310x430mm壁磚

冷氣
壁掛室內機

見出菜口剖面詳圖 $\frac{1}{15}$

100
1200
2100
2200
2100
900
400
1200
2200
2500
1050
300

天花板
百合白

120mm發泡線板
漆百合白

牆面
漆百合白

冷氣
壁掛室內機

分離式室外主機
一對二

60*40mm黑色扁鐵欄杆

夾板踢腳板

550
300
2500
2200
2250
1910
1200
1350
350
150

建議放TV櫃

新做洗石子(米黃色)

圖名				業主簽認	比例	日期	圖號	張號
各項立面圖	C 剖	—	C' 剖		1/30	2009.08.13		09
					設計 TOKU	繪圖 Wen		

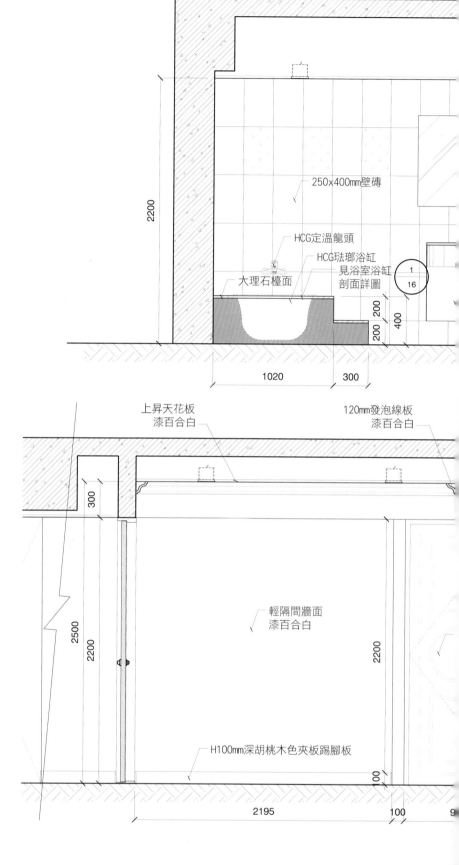

250x400mm壁磚

HCG定溫龍頭

HCG琺瑯浴缸
見浴室浴缸
剖面詳圖

大理石檯面

2200

200
200
400

1020   300

上昇天花板
漆百合白

120mm發泡線板
漆百合白

300

2500

2200

輕隔間牆面
漆百合白

2200

H100mm深胡桃木色夾板踢腳板

100

2195   100

① / ⑩

D-D' 立面圖
SCALE:1/30

得貴室內裝修有限公司
TEL (02) 28355896 FAX (02)28313903

案名
林森北路67巷21號 周

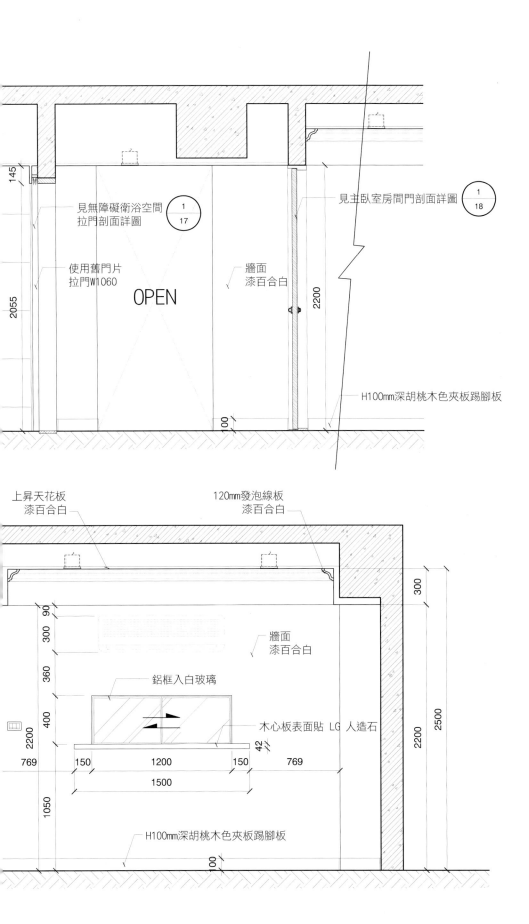

見無障礙衛浴空間
拉門剖面詳圖　①/17

見主臥室房間門剖面詳圖　①/18

使用舊門片
拉門W1060

OPEN

牆面
漆百合白

H100mm深胡桃木色夾板踢腳板

145
2055
2200
100

上昇天花板
漆百合白

120mm發泡線板
漆百合白

牆面
漆百合白

鋁框入白玻璃

木心板表面貼 LG 人造石

H100mm深胡桃木色夾板踢腳板

300
90
300
360
400
2200
769
150
1200
150
769
1500
42
1050
2500
2200
100

圖名				業主簽認	比例	日期	圖號	張號
各項立面圖	D 剖	—	D' 剖		1/30	2009.08.13		10
					設計 TOKU	繪圖 Wen		

斷面圖和詳細圖

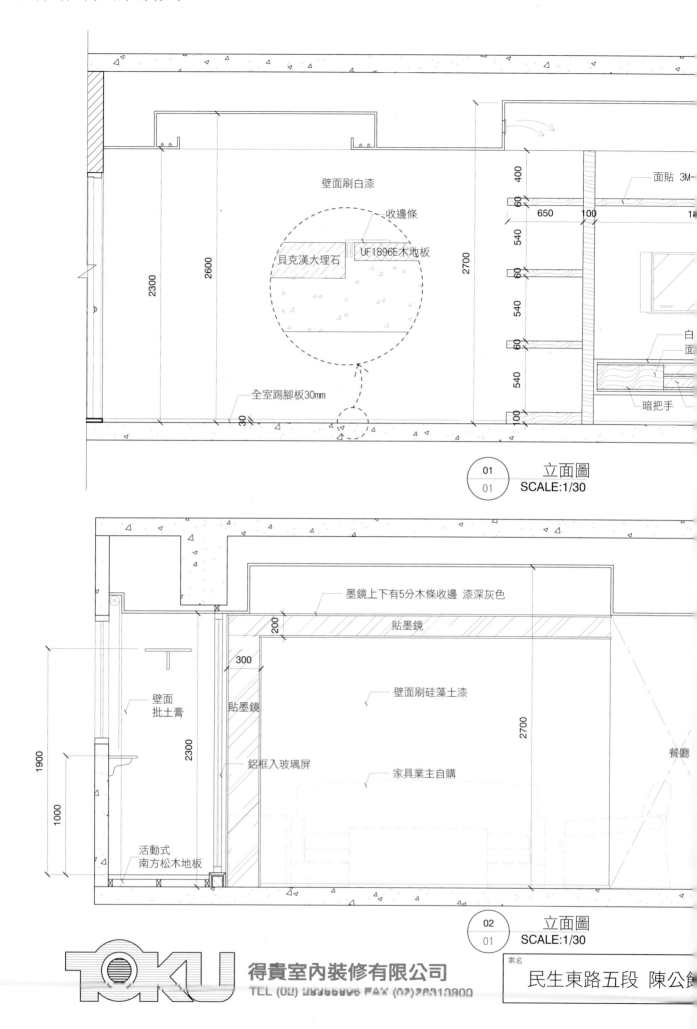

壁面刷白漆

收邊條

貝克漢大理石

UF1896E木地板

面貼 3M-

2300

2600

2700

400

60

650

100

540

60

540

60

540

100

白

面

暗把手

全室踢腳板30mm

30

01
01
立面圖
SCALE:1/30

墨鏡上下有5分木條收邊 漆深灰色

貼墨鏡

200

300

壁面刷硅藻土漆

2700

壁面
批土膏

貼墨鏡

2300

鋁框入玻璃屏

家具業主自購

餐廳

1900

1000

活動式
南方松木地板

02
01
立面圖
SCALE:1/30

TOKU

得貴室內裝修有限公司
TEL (02) 98366896 FAX (02)28319900

案名

民生東路五段 陳公館

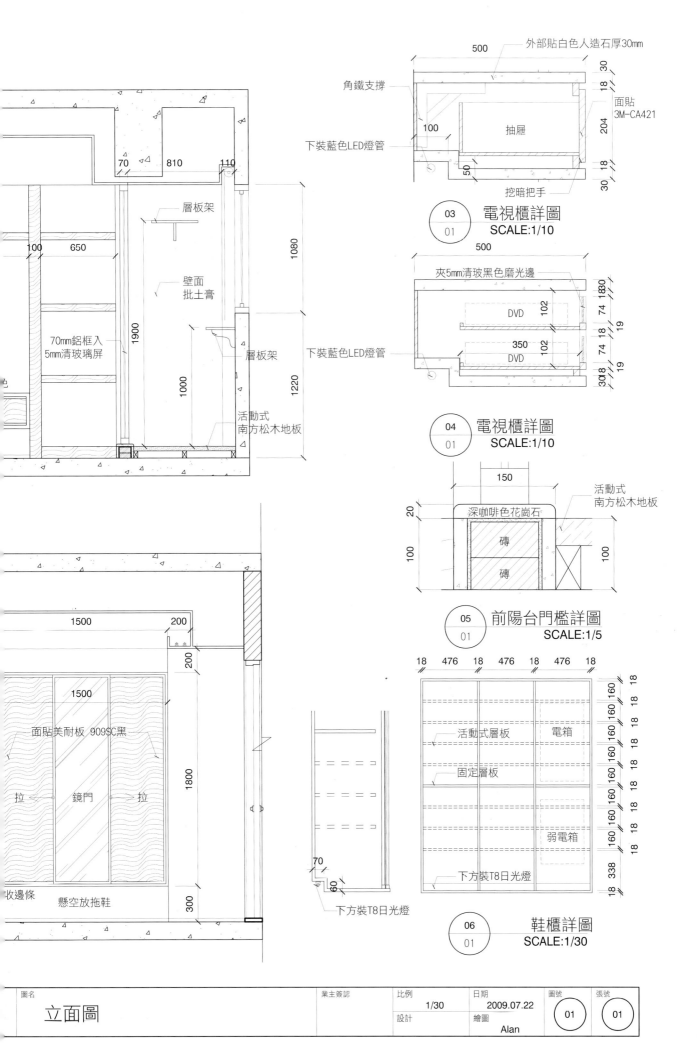

外部貼白色人造石厚30mm
角鐵支撐
下裝藍色LED燈管
抽屜
面貼
3M-CA421
挖暗把手

500
30
18
204
100
50
18
30

03 電視櫃詳圖
01 SCALE:1/10

夾5mm清玻黑色磨光邊
DVD
DVD
350
下裝藍色LED燈管

500
180
74
18
19
102
102
74
18
19
30 8

04 電視櫃詳圖
01 SCALE:1/10

深咖啡色花崗石
活動式
南方松木地板
磚
磚

150
20
100
100

05 前陽台門檻詳圖
01 SCALE:1/5

層板架
壁面
批土膏
層板架
70mm鋁框入
5mm清玻璃屏
下裝藍色LED燈管
活動式
南方松木地板

70 810 110
100 650
100
1080
1900
1000
1220

面貼美耐板 909SC黑
拉 鏡門 拉
收邊條 懸空放拖鞋

1500 200
200
1500
1800
300

下方裝T8日光燈
70
60

活動式層板
固定層板
下方裝T8日光燈
電箱
弱電箱

18 476 18 476 18 476 18
18 160 160 18 160 160 18 160 160 18 160 160 18 338 18

06 鞋櫃詳圖
01 SCALE:1/30

圖名		業主簽認	比例		日期		圖號	張號
立面圖			1/30		2009.07.22		01	01
			設計		繪圖	Alan		

斷面圖和詳細圖

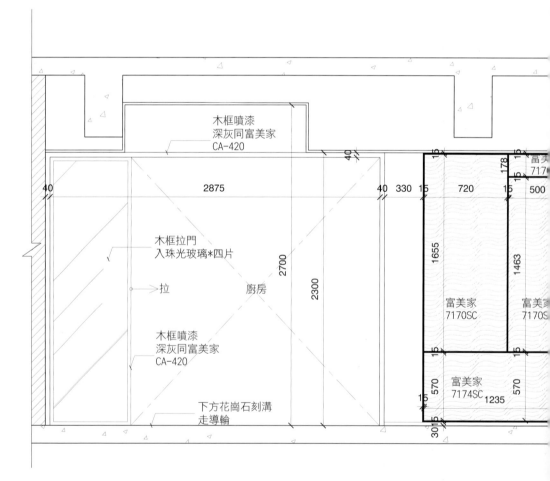

層板下T5日光燈
鋁框入玻璃屏
貼白色波音軟片
層板架
白色人造石檯面
家具業主自購
前陽台門檻

400
60
540
1800
540
60
540
100

2300
2700
365
700
1920
700
355
550
120

木框噴漆
深灰同富美家
CA-420

木框拉門
入珠光玻璃*四片

拉
廚房

木框噴漆
深灰同富美家
CA-420

下方花崗石刻溝
走導輪

40
2875
40
330
15
720
15
500
2700
2300
178
15
15
15
1655
1463
富美
717
富美家
7170SC
富美家
7170S
570
570
富美家
7174SC
1235
15
15
3015

得貴室內裝修有限公司
TEL (02) 28366806 FAX (02) 28313903

案名
民生東路五段 陳公館

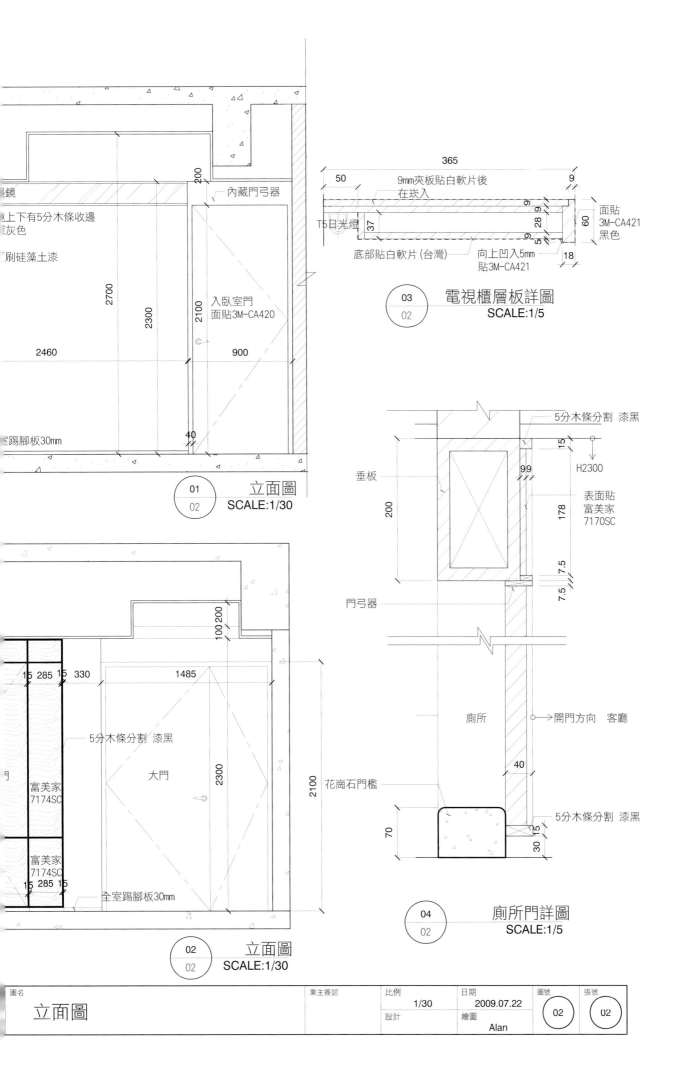

鏡
上下有5分木條收邊
黑灰色
刷硅藻土漆
內藏門弓器
200
2700
2300
入臥室門
面貼3M-CA420
2100
2460
900
踢腳板30mm
40

365
50
9mm夾板貼白軟片後
在崁入
9 9
9
面貼
3M-CA421
黑色
60
T5日光燈
37
28 9
9 5
18
底部貼白軟片(台灣)
向上凹入5mm
貼3M-CA421

03
02
電視櫃層板詳圖
SCALE:1/5

01
02
立面圖
SCALE:1/30

5分木條分割 漆黑
15
H2300
垂板
200
99
表面貼
富美家
7170SC
178
7.5
7.5
門弓器
廁所
開門方向 客廳
40
花崗石門檻
5分木條分割 漆黑
70
30 15

04
02
廁所門詳圖
SCALE:1/5

100 200
15 285 15 330
1485
5分木條分割 漆黑
富美家
7174SC
大門
2300
2100
門
富美家
7174SC
15 285 15
全室踢腳板30mm

02
02
立面圖
SCALE:1/30

圖名	業主簽認	比例	日期	圖號	張號
立面圖		1/30	2009.07.22	02	02
	設計	繪圖 Alan			

斷面圖和詳細圖

03
05

532

18 18

18

6820

700

509

木造雙面石膏板
入隔音棉

側面

18 18

DVD

341

500

64

18

100

18

32

123

411

18

18 18

3

50 9

18

10

28 12

夾5mm清玻
黑色磨光邊

9

250

350

3 98

398

98 3

35

兩側入凵型鋁溝
引導捲簾

600

兩側入

02
05

夾5mm清玻
黑色磨光邊

50 18

9 50

3 98

3

398

98 3

貼3M CA-420

貼3M PA-180

750

590

250

1300

30

得貴室內裝修有限公司
TEL (02) 20055006 FAX (02)28319009

案名
民生東路五段 陳公

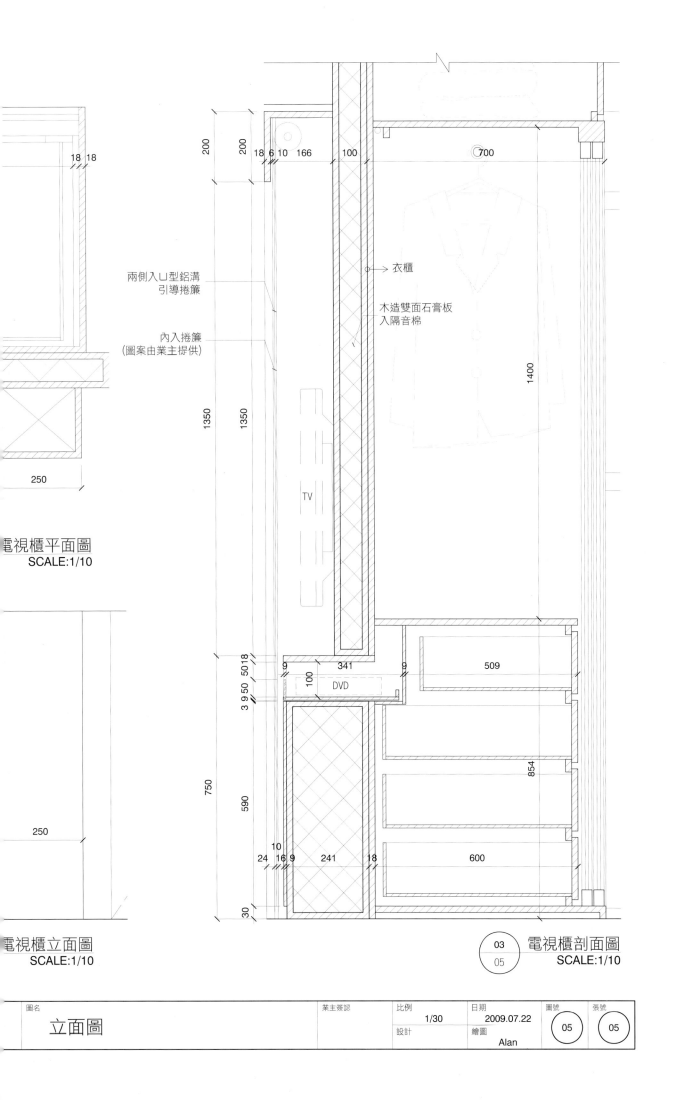

兩側入凵型鋁溝
引導捲簾

內入捲簾
(圖案由業主提供)

衣櫃

木造雙面石膏板
入隔音棉

TV

DVD

電視櫃平面圖
SCALE:1/10

電視櫃立面圖
SCALE:1/10

03
05
電視櫃剖面圖
SCALE:1/10

圖名		業主簽認	比例		日期		圖號	張號
立面圖				1/30	2009.07.22		05	05
			設計		繪圖	Alan		

斷面圖和詳細圖

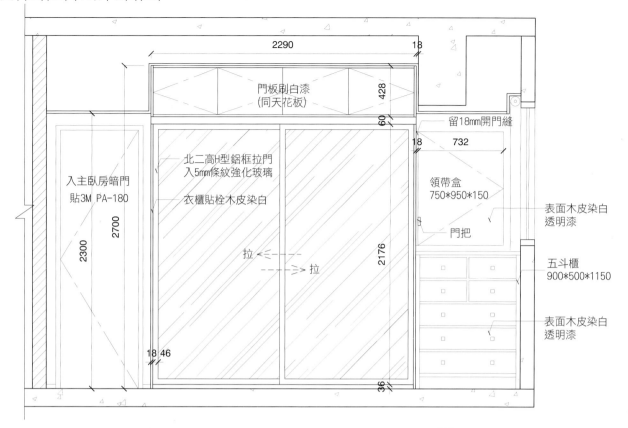

門板刷白漆
(同天花板)

2290

18

428

60

入主臥房暗門

貼3M PA-180

2300

2700

18 46

北二高H型鋁框拉門
入5mm條紋強化玻璃

衣櫃貼栓木皮染白

拉

拉

留18mm開門縫

18

732

領帶盒
750*950*150

門把

2176

表面木皮染白
透明漆

五斗櫃
900*500*1150

表面木皮染白
透明漆

36

01
06
立面圖
SCALE:1/30

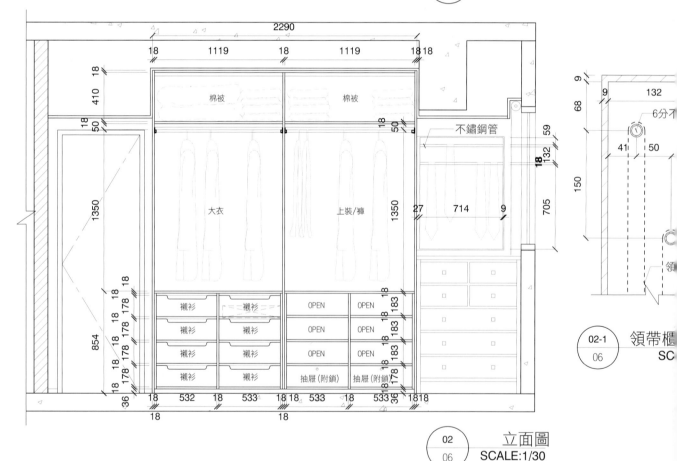

2290

18 1119 18 1119 18 18

18
410
18
50

1350

854

18 18
18
18 178
18 178
18 178
18 178
18
36

棉被 棉被

大衣 上裝/褲

襯衫 襯衫 OPEN OPEN
襯衫 襯衫 OPEN OPEN
襯衫 襯衫 OPEN OPEN
襯衫 襯衫 抽屜(附鎖) 抽屜(附鎖)

18 532 18 533 18 18 533 18 533 36 18 18
18 18

不鏽鋼管

18
50
59
132
18
705

27 714 9

1350

18 183
18 183
18 183
178

9

9

132

68
9

6分不

150

41 50

領帶櫃

02-1
06
SC

02
06
立面圖
SCALE:1/30

室內設計的施工圖與裝修工程
142

得貴室內裝修有限公司
TEL (02) 26355090 FAX (02)28313003

案名

民生東路五段 陳公

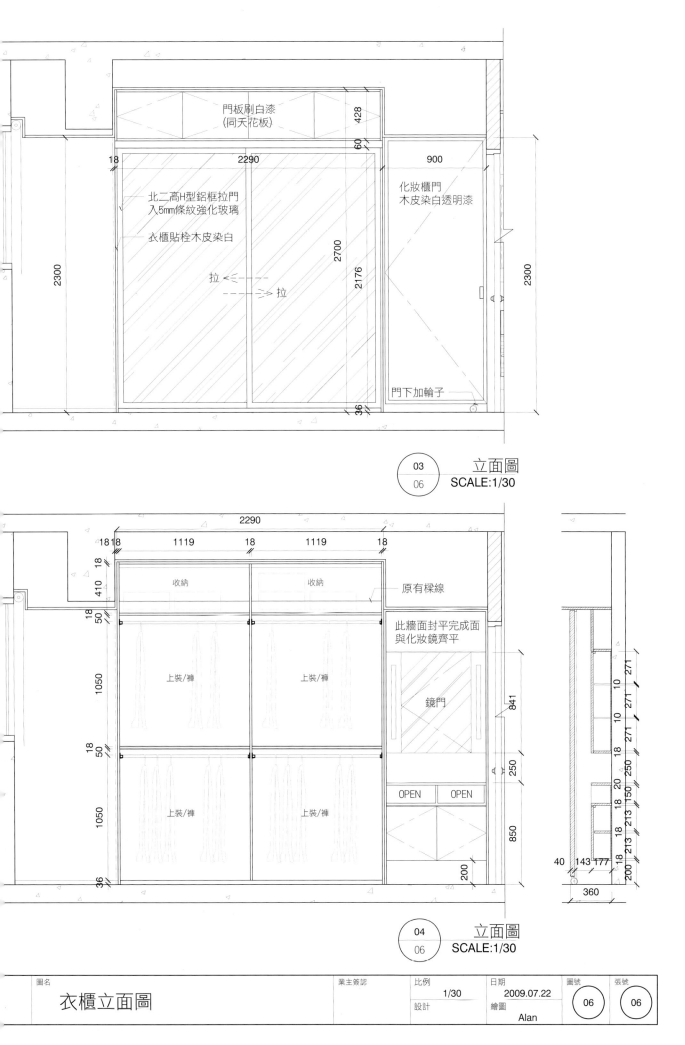

門板刷白漆
(同天花板)

428

18　　　　2290

60

900

北二高H型鋁框拉門
入5mm條紋強化玻璃

化妝櫃門
木皮染白透明漆

衣櫃貼栓木皮染白

2300

2700

2176

2300

拉

拉

門下加輪子

36

03
06　立面圖　SCALE:1/30

2290

18 18　　1119　　18　　1119　　18

18

410

18
50

收納　　　　　收納

原有樑線

此牆面封平完成面
與化妝鏡齊平

271

10

271

1050

上裝/褲　　　　上裝/褲

鏡門

841

10

271

18

250

271

18
50

18

250

20

250

213 150

OPEN　OPEN

18

213

1050

上裝/褲　　　　上裝/褲

850

18

213

200

40 143 177

18

200 213

36

360

04
06　立面圖　SCALE:1/30

圖名		業主簽認	比例		日期		圖號		張號
衣櫃立面圖			1/30		2009.07.22		06		06
			設計		繪圖 Alan				

斷面圖和詳細圖

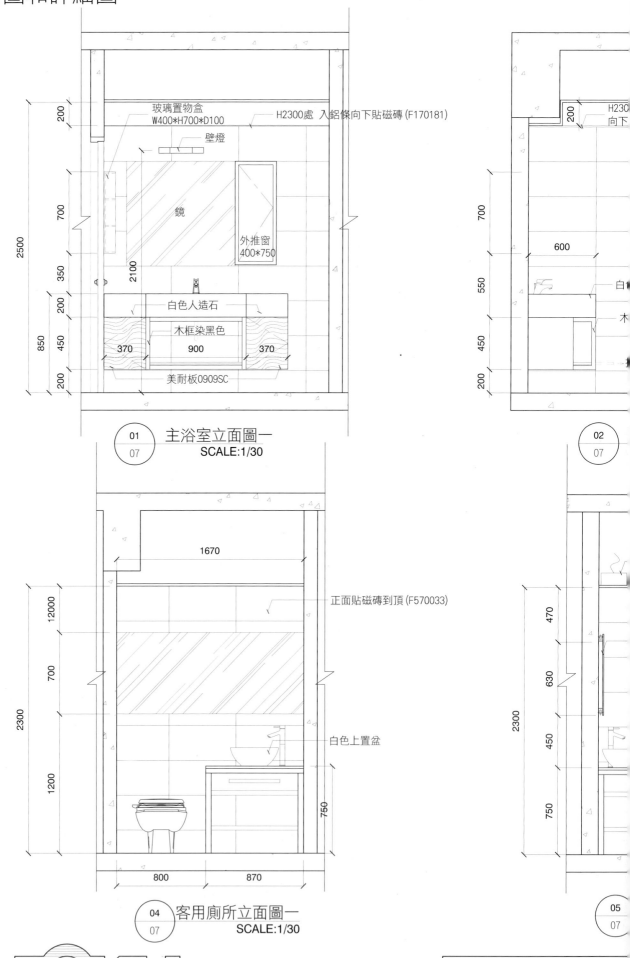

玻璃置物盒
W400*H700*D100

H2300處 入鋁條向下貼磁磚 (F170181)

壁燈

鏡

外推窗
400*750

白色人造石

木框染黑色

370   900   370

美耐板0909SC

200
700
2500
350
200
850
450
200
2100

| 01 |
| 07 |

主浴室立面圖一
SCALE:1/30

H230
向下

700
600
550
450
200

白

木

| 02 |
| 07 |

1670

正面貼磁磚到頂 (F570033)

白色上置盆

12000
700
2300
1200
800   870
750

| 04 |
| 07 |

客用廁所立面圖一
SCALE:1/30

470
630
2300
450
750

| 05 |
| 07 |

TOKU

得貴室內裝修有限公司
TEL (02) 20055806 FAX (02) 28313903

案名
民生東路五段 陳公館

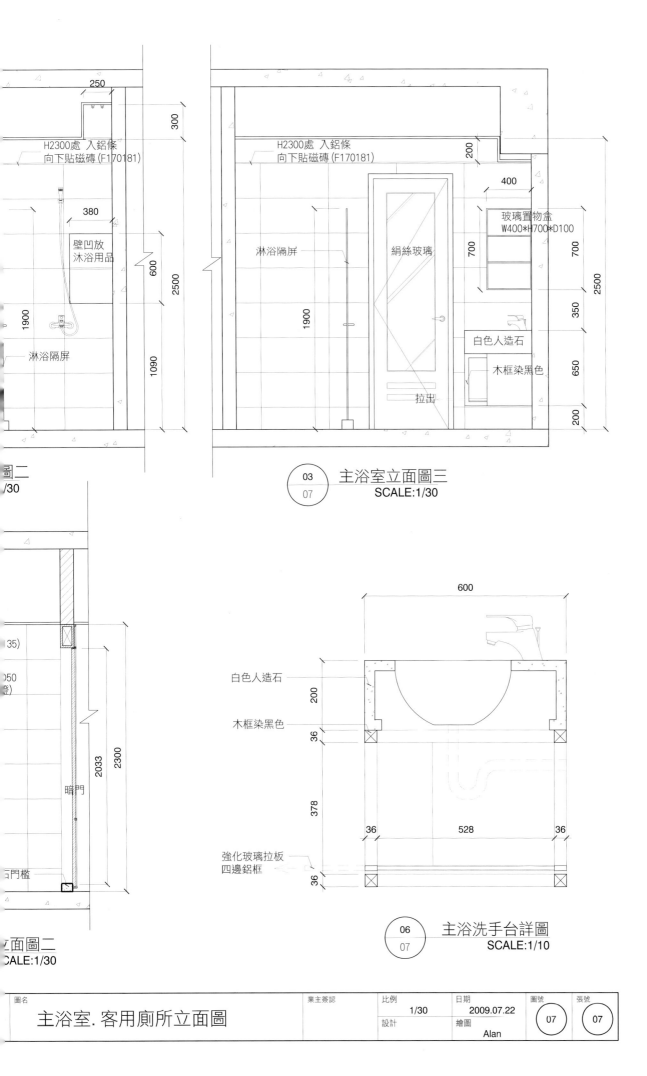

250

300

H2300處 入鋁條
向下貼磁磚 (F170181)

H2300處 入鋁條
向下貼磁磚 (F170181)

200

380

淋浴隔屏

絹絲玻璃

400

壁凹放
沐浴用品

600

2500

700

玻璃置物盒
W400*H700*D100

700

2500

1900

1900

350

白色人造石

650

木框染黑色

1090

淋浴隔屏

拉出

200

圖二
/30

| 03 |
| 07 |
主浴室立面圖三
SCALE:1/30

35)

600

050
程)

白色人造石

200

木框染黑色

36

暗門

2033

2300

378

石門檻

強化玻璃拉板
四邊鋁框

36

36

528

36

面圖二
CALE:1/30

| 06 |
| 07 |
主浴洗手台詳圖
SCALE:1/10

圖名		業主簽認	比例		日期		圖號	張號
主浴室.客用廁所立面圖			1/30		2009.07.22		07	07
			設計		繪圖	Alan		

傢俱圖

木框 色同鐵刀木色

18mm木心板
用鐵榫掛鉤固定於牆上

床頭裱布

踢腳板

1950

1800

75   75

36 | 18

虛線表示床

○ 01 / 11   主臥房床頭板平面圖
SCALE 1/20

木框 色同鐵刀木色

床頭裱布

1950

20 55

55 20   1800   20 55

675

1350

600

虛線表示床

踢腳板

○ 02 / 11   主臥房床頭板立面圖
SCALE 1/20

36 | 18

75

20 55

55 20

525

1200

600

陳德貴空間規劃有限公司
TEL(02)29055006 FAX(02)28313903

案名

中茵國際皇冠社區 陳公

刀木色

18mm木心板
用鐵榫掛鉤固定於牆上

床頭裱布

踢腳板

虛線表示床

孩房床頭板平面圖
SCALE 1/20

木框 色同鐵刀木色

床頭裱布

A
詳

20 55

虛線表示床

踢腳板

孩房床頭板立面圖
SCALE 1/20

36

18

55

75

20

18   18

木框
色同鐵刀木色

床頭裱布

夾板

高密度泡棉

18mm木心板
用鐵榫掛鉤
固定於牆上

50

A
詳

詳細圖
SCALE 1/1

主臥．男女孩房床头板施工图	業主簽認	比例	1/20	日期	2007.04.30	圖號	張號
		設計	Toku	繪圖	SOPHIA	(11)	(11)

傢俱圖

25mm夾板貼橡木皮染深
10mm強光玻

補強的50*50mm L型角鐵
入木角料

50*50mm L型角鐵

01	餐桌平面圖
08	SCALE 1/10

25mm夾板貼橡木

補強的50*50mm L型角鐵入木角料

2100

1/3   1/3   1/3

1900

02	餐桌立面圖
08	SCALE 1/10

陳德貴空間規劃有限公司
TEL (02) 28355896 FAX (02)28313903

案名
中芮國際皇冠社區　陳公館

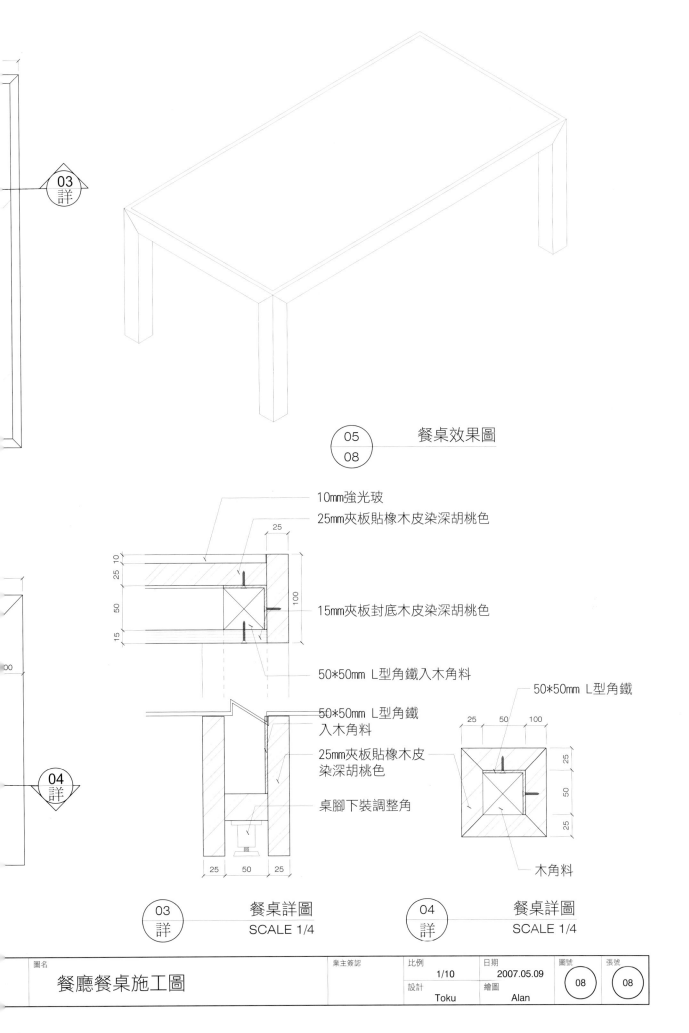

餐桌效果圖
05
08

10mm強光玻
25mm夾板貼橡木皮染深胡桃色

15mm夾板封底木皮染深胡桃色

50*50mm L型角鐵入木角料

50*50mm L型角鐵
入木角料

25mm夾板貼橡木皮
染深胡桃色

桌腳下裝調整角

50*50mm L型角鐵

木角料

03
詳
餐桌詳圖
SCALE 1/4

04
詳
餐桌詳圖
SCALE 1/4

圖名		業主簽認	比例	日期	圖號	張號
餐廳餐桌施工圖			1/10	2007.05.09	08	08
			設計 Toku	繪圖 Alan		

傢俱圖

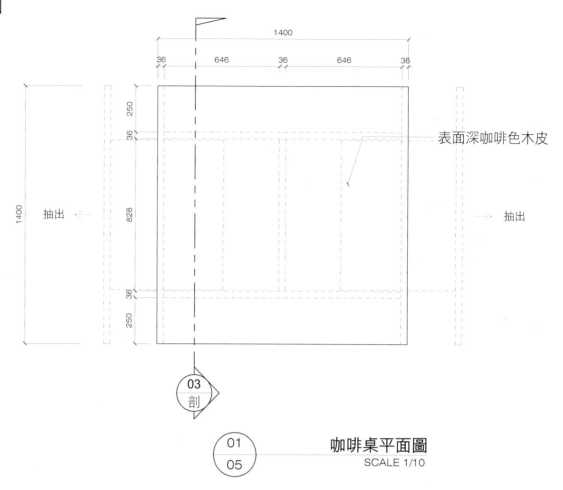

表面深咖啡色木皮

抽出   抽出

1400

36   646   36   646   36

250   36   828   36   250

| 03 |
| 剖 |

| 01 | 咖啡桌平面圖 |
| 05 | SCALE 1/10 |

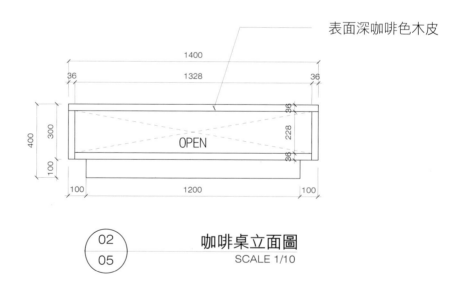

表面深咖啡色木皮

1400
36   1328   36

400   300   100

228   36   36

OPEN

100   1200   100

| 02 | 咖啡桌立面圖 |
| 05 | SCALE 1/10 |

陳德貴空間規劃有限公司
TEL(02)28355890 FAX(02)20010900

案名
中茵國際皇冠社區　陳

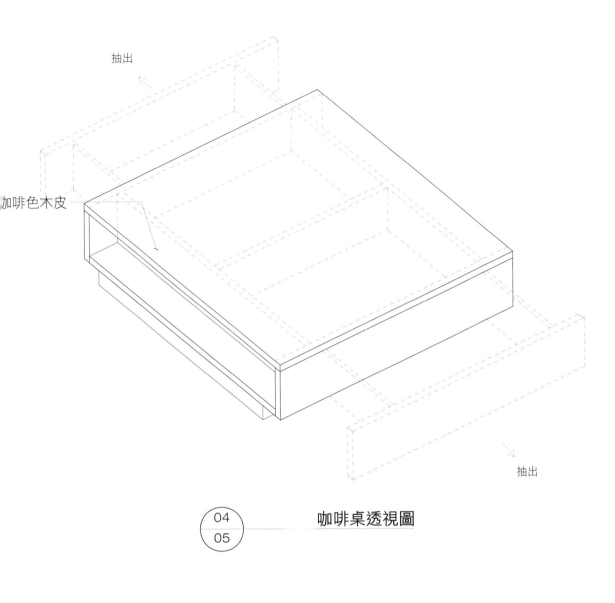

抽出

加啡色木皮

04 / 05   咖啡桌透視圖

加啡色木皮

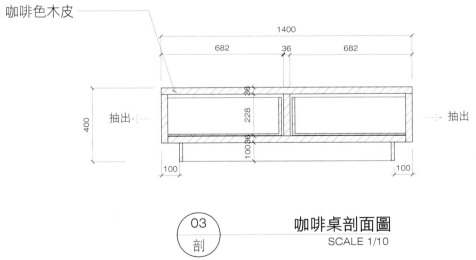

1400

682   36   682

抽出

400

36

228

100 36

100   100

抽出

03 / 剖   咖啡桌剖面圖
SCALE 1/10

圖名	客厅咖啡桌施工图	業主簽認	比例	1/10	日期	2007.04.30	圖號	05	張號	05
			設計	Toku	繪圖	Alan				

傢俱圖

2350

2100

500   75   1200   75   500

500   700   300

36

穿線孔

753

抽   抽

抽   穿線孔

450

36

A
01

書桌 B 案
SCALE：1/20

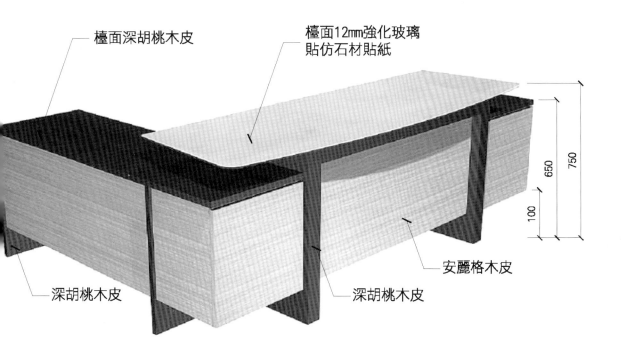

檯面深胡桃木皮

檯面12mm強化玻璃
貼仿石材貼紙

750

650

100

安麗格木皮

深胡桃木皮

深胡桃木皮

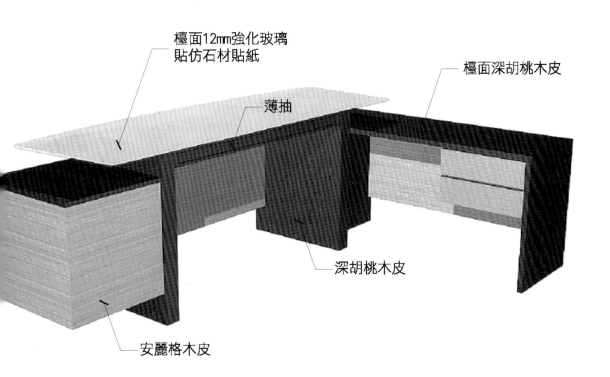

檯面12mm強化玻璃
貼仿石材貼紙

檯面深胡桃木皮

薄抽

深胡桃木皮

安麗格木皮

傢俱圖

1800

1300

900

500

1000

700

460

220

抽   抽   抽

③ 04

① 04

S

100 活動式展台
500*220*100

100 活動式展台
900*460*100

面貼富美家#909
FORMICA #909

100 活動式展台
1300*700*100

15 120

抽 屜   抽 屜   抽 屜   100

所有抽屜加裝鉻色同號鎖

478

150

1200

900

765

15

18 15   400   15 18

承重型滑軌

抽屜淨內有效寬度400mm

478

抽屜平面詳圖□
SCALE 1/10

② 04   立面
SCALE 1/10

得賣室內裝修有限公司
TEL (02) 27122778 FAX (02) 27420500

案名
信義誠品 男士飾品專

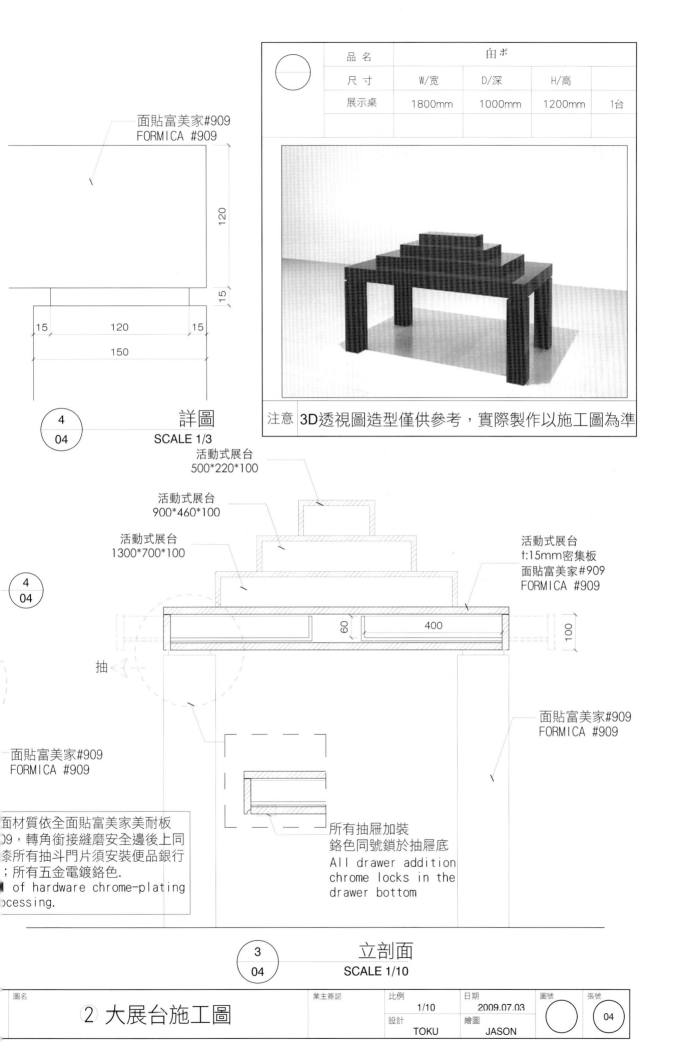

面貼富美家#909
FORMICA #909

120

15

15 120 15

150

④
04

詳圖
SCALE 1/3

品名	白ボ			
尺寸	W/寬	D/深	H/高	
展示桌	1800mm	1000mm	1200mm	1台

注意 | 3D透視圖造型僅供參考，實際製作以施工圖為準

活動式展台
500*220*100

活動式展台
900*460*100

活動式展台
1300*700*100

④
04

活動式展台
t:15mm密集板
面貼富美家#909
FORMICA #909

60   400   100

抽

面貼富美家#909
FORMICA #909

面貼富美家#909
FORMICA #909

面材質依全面貼富美家美耐板
09，轉角銜接縫磨安全邊後上同
漆所有抽斗門片須安裝便品銀行
; 所有五金電鍍鉻色.
of hardware chrome-plating
ocessing.

所有抽屜加裝
鉻色同號鎖於抽屜底
All drawer addition
chrome locks in the
drawer bottom

③
04

立剖面
SCALE 1/10

圖名	② 大展台施工圖	業主簽認	比例 1/10	日期 2009.07.03	圖號	張號 04
			設計 TOKU	繪圖 JASON		

傢俱圖

木作擋板, 噴漆平光黑色

直徑60m/m走線孔

R30   R30

① ② ③

台面入5m/m清玻
四邊磨安全面

650
20   610   20
20
75
500
385
350
150
20

1 / 06 平面圖 SCALE 1/10

3 / 06

抽出板 (安裝滑軌)

① ② ③ ④

⑤ 文具抽屜   鎖

100
30 25
20
120
20
430   20   160   20
OPEN
300
⑥
470
⑩
1100   1000   20 50
20 20

抽出板 (安裝滑軌)

私人抽屜   鎖

門板內活動層板

⑦

335

⑧ ⑨

20   60 20

2 / 06 立面圖 SCALE 1/10

50
20   75
R383

100
25
20 60
1100   895
60 20
50

插座
(需六組出線)

3 / 06 剖面圖 SCALE 1/10

TOKU 得寬室內裝修有限公司
TEL (02) 27423778 FAX (02) 27420568

案名
信義誠品 男士飾品專柜

全面貼富美家美耐板
銜接縫磨安全邊後上同
斗門片須安裝便品銀行
金電鍍鉻色.
dware chrome-plating

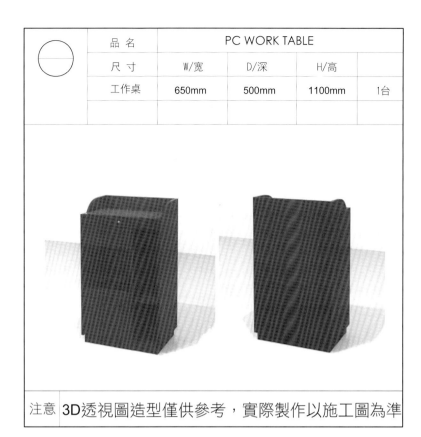

品 名	PC WORK TABLE			
尺 寸	W/寬	D/深	H/高	
工作桌	650mm	500mm	1100mm	1台

注意 | 3D透視圖造型僅供參考，實際製作以施工圖為準

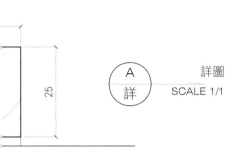

25

（A 詳） 詳圖 SCALE 1/1

（A 詳）

抽出板 (安裝滑軌)

25
20
120

安裝三截式滑軌
內側白色玻麗板

300

抽出板 (安裝滑軌)

50
20 20

安裝三截式滑軌
內側白色玻麗板

335

60 20

編號	説明	尺寸	數量
1	NOTE BOOK	W270*D230*H45	1
2	發票機	W180*D280*H190	1
3	刷卡機	W120*D280*H105	1
4	抽出板	W400*D370*H30	1
5	文具抽屜	W400*D370*H155	1
6	FAX	W360*D300*H150	1
7	私人抽屜	W400*D370*H300	1
8	數據機	W125*D142*H35	1
9	UPS	W90*D230*H180	1
10	文件.包裝材料櫃	W160*D370*H505	1

註:在信義誠品專櫃中沒有 ② ③ ⑨ 項.

圖名	④ 工作台施工圖	業主簽認	比例 1/10	日期 2009.07.03	圖號	張號 06
			設計 TOKU	繪圖 JASON		

室內設計的施工圖與裝修工程

傢俱圖

CL

1200
1150
1134
25 | 25
8 | 8
25
8
50 | 50
50 | 50
500 | 450
50 | 50

5mm 清玻做推拉門片
5mm Clear Glass Sliding

25

5

承逸BT-81072(LED)

固定板表面黑色美耐板#9C
Fixed Panel with
Black Laminate

8mm 清玻
8mm Clear Glass

01	平面圖
05	SCALE: 1/10

8mm 清玻
8mm Clear Glass

1200
1150
1134
25 | 25
8 | 8
8

300

推拉門片與玻璃接面處
加貼防撞透明膠條

壓入鎖

承逸BT-81072(LED)

5mm 清玻做推拉門片
5mm Clear Glass

毛絲面不銹鋼玻璃夾片
(附壓入鎖)

推拉門片與玻璃接面處
加貼防撞透明膠條

1100

25
100
20 | 20
100
20

800

正面貼LOGO
120*120下沿離地H660

抽屜淨內有效寬度 > 400m

465

表面黑色美耐板#909
Fixed Panel with
Black Laminate

20

10 60

80 | 520 | 520 | 80

02	立面圖
05	SCALE: 1/10

TOKU

得貴室內裝修有限公司
TEL (02) 28355896 FAX (02)28313903

案名

信義誠品 男士飾品

品 名		展示桌			
尺 寸	W/寬	D/深	H/高		
展示桌	1200mm	500mm	1100mm	2台	

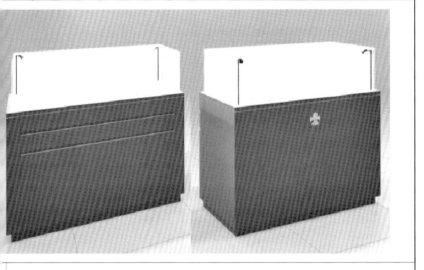

3D透視圖造型僅供參考，實際製作以施工圖為準

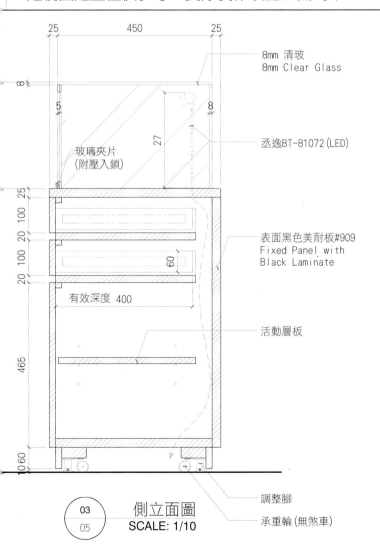

8mm 清玻
8mm Clear Glass

丞逸BT-81072 (LED)

玻璃夾片
(附壓入鎖)

表面黑色美耐板#909
Fixed Panel with
Black Laminate

有效深度 400

活動層板

調整腳
承重輪 (無煞車)

03
05

側立面圖
SCALE: 1/10

施工說明：
1. 本道具上未註明之木作部份，表面皆貼富美家黑色美耐板#909。
2. 所有抽板、抽屜、門片上皆安裝 "鉻色" 便品同號鎖。
3. 所有抽板、抽屜皆使用承重型滑軌。
4. 本道具下方安裝調整腳及承重輪，承重輪不作剎車，定位時放下調整腳使承重輪離地。
5. G-CASE需設獨立電源開關。

圖名		業主簽認	比例	日期	圖號	張號
③⑤ G-CASE道具圖			1/10	2009.06.08		05
			設計 TOKU	繪圖 JASOM		

傢俱圖

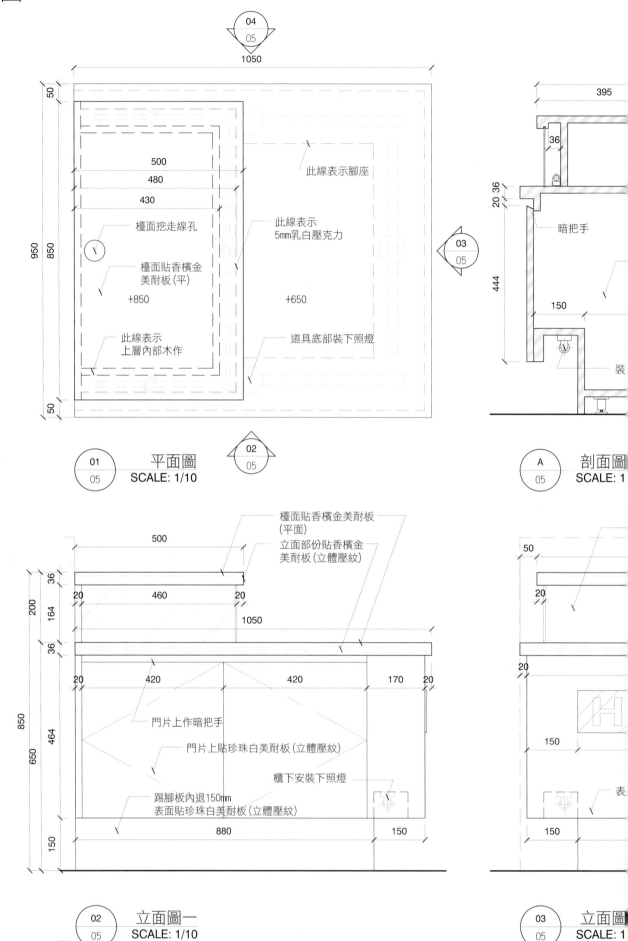

04 / 05

1050

50

950 / 850

500
480
430

檯面挖走線孔

檯面貼香檳金
美耐板(平)

+850

此線表示
上層內部木作

50

此線表示腳座

此線表示
5mm乳白壓克力

+650

道具底部裝下照燈

03 / 05

395

36

20 36

暗把手

444

150

裝

01 / 05　平面圖　SCALE: 1/10

02 / 05

A / 05　剖面圖　SCALE: 1

檯面貼香檳金美耐板
(平面)

立面部份貼香檳金
美耐板(立體壓紋)

500

36
200 / 164
20　460　20

1050

36

850 / 650

464

20　420　420　170　20

門片上作暗把手

門片上貼珍珠白美耐板(立體壓紋)

櫃下安裝下照燈

踢腳板內退150mm
表面貼珍珠白美耐板(立體壓紋)

880　150

150

50

20

20

150

150

150

表

02 / 05　立面圖一　SCALE: 1/10

03 / 05　立面圖　SCALE: 1

TOKU 得貴室內裝修有限公司
TEL (02) 28355896 FAX (02)28313903

案名
日立家電 天母SOGO

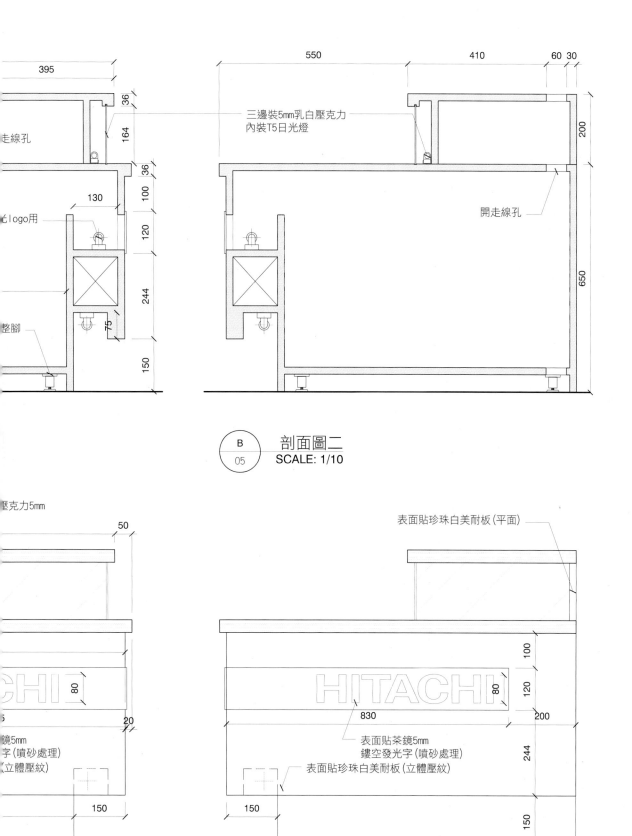

395

三邊裝5mm乳白壓克力
內裝T5日光燈

走線孔

164

36

36

100

130

台logo用

120

244

整腳

75

150

550

410

60 30

200

開走線孔

650

⊘ B / 05　剖面圖二
SCALE: 1/10

壓克力5mm

表面貼珍珠白美耐板(平面)

50

100

80

HITACHI

120

200

830

80

鏡5mm
字(噴砂處理)
(立體壓紋)

表面貼茶鏡5mm
鏤空發光字(噴砂處理)
表面貼珍珠白美耐板(立體壓紋)

244

20

150

150

150

⊘ 04 / 05　立面圖三
SCALE: 1/10

圖名		業主簽認	比例		日期		圖號	張號
電鍋展台道具施工圖			N/A		2009.06.01		####	05
			設計		繪圖 CHRIS			

第六章　編輯和整理

1. 建材樣品表和施工說明

一件設計案通常紙上作業約兩三個月的時間，從初期的商談到最後的定案，大多少不了變更和修改的情形，尤其是因為業主的預算與嗜好而改變建材和色彩的情形最多。所以當全套設計圖已近收尾之際，整理一張施工說明和整理一份建材樣品表（或是建材樣品板）是很必要的工作，能藉此來檢查哪些地方用哪類建材?哪些木皮染哪種顏色?哪幾面牆刷哪種顏色的乳膠漆?哪裡要貼金箔壁紙?哪間房用甚麼窗簾?這些全部搭配起來是否真的很理想?

由於住宅裝修大多是業主委託設計師既設計又施工的情形較多，所以編寫施工說明比較簡單扼要，不必像公家招標文書一般的八股迂腐。所以常採格式化來寫各個空間的地坪，踢腳板，牆面，天花板，櫥櫃，燈具，窗簾和家具，簡明的文字說明之後仍有空間能崁貼建材的圖片，尤其現在有彩色影印和掃瞄彩色列印的設備，所以能做得圖文並茂，能讓業主和施工者一目了然。

另有將建材樣品和施工說明分開的作業方式，那就是做建材樣品板。很多材料僅憑彩印圖片不能感受質感，由其是天然石材和天然木質，還有窗簾布等各類織物等，必需實際看到摸到才能有說服力，因此，經常需借來實物貼在一張厚紙板或珍珠板上，案子不大時一張板子可以完整表現所有建材和總成後的效果。若案子較大時，可能要分區分別編輯幾張板子，例如：公共區域貼一張板子，各睡房再各貼一張板子，這種做法雖費力但很有說服力。

也有不貼建材板，直接將地板，大理石，窗簾布等送到業主眼前，這種做法很直接，但要業主很有三度空間的想像力才能，因為沒有經過編輯，有時候反而會得到反效果，所以還是花心思編輯後再呈報樣品板比較穩當。（見167-169頁之附圖）

2. 編圖和索引

一套住宅裝修設計圖通常十多張到二. 三十張之間，所以編圖盡量簡單，盡量用張號來編，不要用英文字母來編。例如：客廳的四向立面圖是在第8張，那麼就用畫一個圓畫一條赤道線，下方的分母數寫8，上方的分子數寫1. 2. 3. 4，這樣就很容易索引查看了。（見170頁之附圖）

同一個空間的圖盡量編在相接續的張號，例如：客廳的主牆斷面詳圖，就緊接在客廳的四向立面圖之後，這樣在客廳的立面圖畫一道斷面記號，下方分母寫9，上方分子寫1. 2，就很容易查閱到9之1是客廳主牆的斷面圖了。自斷面圖引出的細部放大圖，就在分母處寫一個 *詳* 字，在分子處寫 *A* 或1. 2均可。

這種編圖方法很簡單又很適合裝修工人的習慣，因為一般木工分配工作會專區專人，例如：張三負責主臥房，他就會只拿主臥房那一兩張圖，若把斷面詳圖編得距離主臥房的立面圖太遠時，張三很可能不會讀到這幾個和主臥房相關的斷面詳圖，很可能做錯某些重要細節。

最後要整理一張索引表，自第一張圖到最後一張圖依序寫出來，必須有張號有圖

名，例如：第8張為客廳四向立面圖，第9張為客廳主牆斷面詳圖。這張索引表當然會在封面之後的第一張。

封面頁必須編寫案名，例如：力麒京王○公館設計圖，但幾號幾樓可以不必寫。要寫上日期如：2009年2月11日修訂版，要有設計公司的商標和名稱和電話。這樣就完成了一本設計圖了。（見172頁之附圖）

3. 設計圖的簽認

人和人相處貴在互信互敬，業主和設計師之間存在著主僱關係，還有對專業尊重的關係，若再能有一層朋友關係當然最好了。但不論關係再好再密切，畫好的設計圖必須呈送給業主，然後一張一張的說明內容，並配合樣品板讓業主聽懂也看懂，然後在圖框的業主簽認處簽名確認接受這張設計圖，最好讓業主簽認相同的兩份圖，簽認後當場呈一份給業主存查，另一份帶回公司存檔，並以這份圖影印給各施工廠商作為施工的依據。

透過簽認動作可以至少產生一種約束作用，讓業主不敢亂想亂改。經常有業主嘴巴講尊重專業，但心裡卻是我出錢的我最大，只要還沒施工的還來得及的，經常是今天同意這樣，明早卻來電話要再改成甚麼樣，這時就可以拿：這圖你已簽認了！來約束他。筆者就曾遇到這類難搞的業主，明明都簽了每一張圖，但開工之後每天改，幾乎無一不改，無日不改，最後只能用錢來壓制他，你要改的話必須補貼多少工料損失，當他知道要付出更多鈔票時才停止蠢動。

當然也有業主很大方，他明知改變必須加錢，卻仍堅持非改不可，這時就必須再畫變更圖，再估價報價讓他簽認變更圖和價格之後才可以施作，這樣才能在完工決算時有憑有據的辦理加減帳，以確保設計師和施工商的權益。要切記開設計公司是做生意不是做公益，不是要斤斤計較，而是要確保已經很微薄的毛利。我常說：我們做設計不是做慈濟，慈濟有人供養，我們沒有人供養。

黑雲石 用於

新店〇分

銅鏡

鐵灰色壁紙　用於：臥室背牆

古銅色布　用於：窗簾

用於：客廳背牆
暗紅色條紋壁紙

557　鈦橡木

557

用於：全室天花、牆壁
ICI 百合百乳膠漆

鈦橡木木地板　用於：全室木地板

黑雲石　用於

樣品板

入浴廁之門片

栓木皮染灰 用於:門片、
門斗、主壁板暗門、書架

栓木皮染雙色
用於:矮鞋櫃門片、書房桌面

賽克 用於:浴廁之牆面

淡鉄刀木色 用於:矮鞋櫃、TV櫃、主臥牆面

面、洗臉台台面

室內設計的施工圖與裝修工程

167

區域	地坪	踢腳板	壁面或固定櫃架	天...
玄關	天然木化石 中間作 φ70公分 大理石拼花	H10cm 染深胡桃木色	右側壁板柚木染深胡桃色，鞋櫃門表面貼金箔及造型門片，左側中間作壁板隱藏變電箱表面貼金箔壁紙，高鞋櫃表面柚木染深胡桃色	H230石膏 百合白
走廊	A：天然木化石 B：仿萊姆石地磚	H10cm 染深胡桃木色	造型屏風栓木染白入絹絲玻璃，大樑下作拱門 H220 * H180 表面貼柚木皮染深胡桃色	H250石膏 口下降至 合白
客廳	A：天然木化石 B：仿萊姆石地磚	H10cm 染深胡桃木色	沙發背釘窗台板均染深胡桃色，其他壁面漆百合白	H250石膏 高至H27 下H230，
餐廳	A：天然木化石 B：仿萊姆石地磚	H10cm 染深胡桃木色	佛桌兩邊作收納柱櫃，兩櫃之間作柚木鏤空格子的上欄板，表面均染深胡桃色	H250石膏 高至H27 下H230，
廚房	30*30仿萊姆石地磚	H10cm 天然木化石 （沒有廚具的兩邊才有）	進口廚具，流理台至吊櫃之間貼人造石壁面，冰箱上及左邊作收納櫃，噴漆同廚房	H230石膏 白，中央 花H260人
主房 與 衣物間	A：天然木化石 B：仿萊姆石地磚	H10cm 染白栓木	床頭收納櫃、造型壁板、入衣物間暗門、壁板均染白栓木，僅床頭壁板另裱法國藍裱布	H230，中 H270作發 間接照明
主浴	金沙貝30*30地磚 天然藍珍珠花崗石滾邊		洗臉台櫃、收納高櫃表面噴半亮面優麗丹，檯面白色人造石，浴缸平面、立面作白色人造石，壁面貼金沙貝30*60壁磚	H230矽酸 合白
男房 與 衣間	A：天然木化石 B：仿白橡木地磚	H10cm 染黑橡木	衣櫃表面染黑橡木入毛絲面不鏽鋼，床頭造型及固定書架及暗抽表面染黑橡木，床頭壁板表面裱銀灰色裱布	H230石膏 H260，扇
男浴	米開朗基羅30*60地磚 天然黑雲石大理石滾邊		洗臉台下抽櫃、和立櫃表面染黑橡木	H230矽酸 合白
女房	A：天然木化石 B：仿白橡木地磚	H10cm 染白橡木	床頭壁板貼小碎花壁紙，左側壁面漆淺粉紅色，其他壁面漆百合白	H230石膏 H260，扇
女浴	白色20*20地磚 天然西班牙紅大理石滾邊		洗臉台櫃、收納高櫃表面噴半亮面優麗丹，檯面白色人造石，壁面貼20*20白色壁磚	H230矽酸 合白
日本房	釘深胡桃木地板加高15公分	H3.6cm 染深胡桃木色	書架、層板、壁板染深胡桃木色，僅矮櫃檯面染黑檀木色，壁面漆白合白	H230石膏 H270，扇

星光大道 陳公館裝修工程

計與用材、色説明一覽表

照明燈具	活動家具	窗簾	其他
PLC-32W 嵌燈*2 50W 石英燈*2	矮玄關櫃W160*H90 檯面天然萊姆石		移分電箱、對講機，作W135分界拱門框，南非黑花崗石作分界門檻
照畫二聯燈QR111 *2組 PLC-32W 嵌燈*4 50W 石英燈*2	鋼琴 (業主自理)		
中央吊燈 (業主自理) 照畫二聯燈QR111 *1組 PLC-32W 嵌燈*7 50W 石英燈*3	沙發組、茶几、邊桌，作W180*D50電視矮櫃和魚缸櫃，表面均染深胡桃色	落地布簾+紗簾	天花板有大型發泡線板，內藏日光燈的間接照明
中央吊燈 (業主自理) PLC-32W 嵌燈*4 50W 石英燈*3	直徑135八人份餐桌椅，佛桌組、心經、大悲咒 (業主自理)	大窗落地布簾+紗簾 小窗作昇降簾	同上。另有窗邊入壁嵌式酒櫃，表面貼柚木皮染深胡桃色，內藏燈
流明天花內40W日光燈			配鉿廚具、冰箱，移設給、排水和插座
50W 石英燈*7 床頭壁燈*2 隱藏的40W日光燈	180*210雙人床組，作190*105床頭板、五斗櫃、書桌、摺鏡，均染白栓木	落地、法國藍的緹花布簾	床頭裱布法國藍 (同窗簾)
PLC-32W 嵌燈*4 50W 石英燈*2 隱藏的40W日光燈		杜邦昇降捲簾	鏡箱和置物玻璃盒，淋浴地天然藍珍珠花崗石車溝方塊
PLC-32W 嵌燈*8 50W 石英燈*6 書架下隱藏的T-5 8W日光燈	150*210床墊，作165*215床架、書架，均染黑橡木，桌面卡好台面F927	大窗落地布簾 小窗作昇降簾 (銀灰色)	
PLC-32W 嵌燈*2 50W 石英燈*1 T-8日光燈			鏡箱和置物玻璃盒，淋浴地天然南非黑花崗石車溝方塊
PLC-32W 嵌燈*4 床頭壁燈*2	床120*190，作125*120床頭板、裱布，漬漆同三商美福定具	落地布簾+紗簾 (粉色系)	床頭裱布同窗簾
PLC-32W 嵌燈*2 50W 石英燈*1 T-8日光燈			鏡箱和置物玻璃盒，淋浴地天然藍珍珠花崗石車溝方塊
PLC-32W 嵌燈*5 50W 石英燈*9	仿古式窗前矮桌和椅	落地布簾 (茶色系)	

圖 面 索 引 表

張號	圖 名
01	圖面索引表及材料説明
02	材料説明及彩色透視圖
03	1F 平面配置圖
04	1F 地坪及出線配置圖
05	1F 天花配置圖
06	1F 地坪拼花詳圖
07	2~7F 平面配置圖
08	2~7F 地坪配置圖
09	2~7F 天花配置圖
10	門廳的立面圖
11	1F 會客廳立面圖
12	樓層介紹和藝術品展台
13	電梯門立面與詳圖
14	茶水間與信箱間立面圖
15	詢問台施工圖

區 域	地
7F~2F 電梯廳	貼 800*8□ 四邊仿咖□
1F 電梯廳	貼 800*8□ 45度斜貼 石英磚滾□
1F 會客廳	貼 800*8□ 四邊不滾□ 大理石拼□
1F 信箱區	貼 800*8□
1F~7F 茶水間	貼 300*3□

800*800 仿咖啡金花石英磚
型號：A8080G07P
聯絡人：

金箔壁紙
型號：SANGETSU SG-185
聯絡人：

得貴室內裝修有限公司
TEL (02) 28355896 FAX (02)28313903

案名
XX企業大樓

材 料 說 明 表

踢 腳 板	壁 面	天 花 板	其 他
H100 PVC 踢腳板 深咖啡色	電梯壁貼 600*1200 仿銀狐石英磚，嵌入仿咖啡金花石英磚的飾帶及踢腳板，其他壁面刷ICI乳膠漆	H2700 暗架石膏板，靠窗一側有 H2750 上昇造型，刷 ICI 漆	
H300 仿咖啡金花石英磚	同上，入會客廳木作壁板的分割以及門柱，表面貼栓木皮染雙色	H3000 暗架石膏板，中央上昇 H3600 ，四邊作反向燈溝，內有出回風口	・詢問台 ・樓層指示牌
H300 貼栓木皮染雙色	主牆做方拱造型，突出壁面150mm，兩邊裝壁燈，底牆貼金箔壁紙，入電梯廳兩側做壁龕，內貼金箔壁紙	H3000 暗架石膏板，中央上昇 H3600 作 φ3600 的圓型天花，四邊入八角型垂板，入燈及出回風口	・壁燈 ・會客沙發組 ・藝術品展台
H300 仿銀狐石英磚	漆 ICI 乳膠漆	H2700 暗架石膏板	・固定式信箱
	貼 300*600 仿銀狐壁磚	H2700 暗架石膏板	・流理台 ・垃圾分類箱

材 料 樣 品 表

300*600 仿銀狐石英磚
號：PKM12A01
絡人：

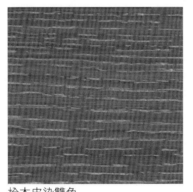

栓木皮染雙色
型號：由承包廠商自行施作樣本

流理台廚櫃面板
型號：仿鐵刀木面板 #738
聯絡人：

火捲簾
號： 鏘鏘 LOUVOUTE-N283 遮光50%
絡人：

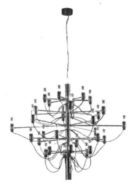

吊燈 φ820 H670
型號：ASPIRE (2008)-AS-7319-1
聯絡人：

壁燈 W240 H650
型號：ASPIRE (2008)-AS-7119-2
聯絡人：

圖名	業主簽認	比例		日期	圖號	張號
圖面索引表及材料說明		N/A		2008.10.09	◯	01
		設計 TOKU	繪圖 CHRS			

力麒京

內裝計

2009.

得貴

TEL:02-

○公館

施工圖

月11日

RIOR
STRUCTION

有限公司

X:02-2831-3903

第七章　報價與簽約和開工準備

1. 報價和簽約

　　當圖已經被確認之後當隨即估價報價，其實為爭取時效更為免夜長夢多，通常在圖面成熟階段的同時，設計師也多會邀集施工商看現場和招開估價會議，讓各施工商拿到設計圖和估價項目表，請各施工商先作估算再彙集起來以掌握成本，然後再作調整以控制報價金額，如何調整才能讓業主接受?又能替自己創造合理利潤?這完全看個人的生意技巧和業主對設計師的信賴，在此無需多言。

　　通常業主對設計師夠信任的時候，大多會和設計師議價決定一個總價委由設計師承攬全部裝修工程，當然是以全套設計圖和估價單內容所列項目，來定義所謂全部裝修工程的承攬範圍。但也有業主會在拿到設計圖之後即展開一系列的尋價，待設計師呈上估價單後以進行比價。這時設計師通常已注定接不到這個裝修工程了。理由很簡單:

a. 設計師已投入一段畫設計圖的作業時間，也許已經兩三個月或更久時間，這段耕耘期間的所有成本當然會反應在報價內，但被詢價的對象根本沒有這段耕耘成本的負擔，當然報價會較低。

b 裝修工程表面看來不難，但其實整個過程中有太多的稜稜角角必須用心作到，這些稜稜角角只有設計師最清楚，因為他花了數月時的心血間畫了這份設計圖，閉著眼就會浮現這份設計圖的內容，當然會將這些細節想法告訴各施工商，這些施工商知道必須作到這麼精實的時候，當然會反應

在各施工商的估價內。但業主不知道這些稜稜角角，被詢價的對象也不知道需要作到這樣精實，所以他的估價一定會較低。

c 爭取生意的乃是生意人的本質，先得到生意的機會，其他再來想辦法，這是最常見的現象。若已確定接不到這個裝修工程了，那麼設計師就該壯士斷腕般的宣布放棄此案，千萬別承擔所謂重點監造的責任，因為既然得到施工機會的承攬商是直接面對業主拿錢，表示業主對他的信任大過於對設計師的信任，那麼何苦再承擔所謂重點監造之責呢?死心了吧!

d 由此可見簽訂設計合約是多麼重要的事，至少畫設計圖的心血得到最基本的保障。由其在估價時能僅估入工程造價不必加入設計成本，這樣才能讓自己的報價和他人有競爭的可能。

　　當取得施工承攬時，設計師必須擬好一份裝修工程承攬合約書，內容當然要註明甲乙方的姓名，地址和連絡方式電話等，還要明訂對雙方均公平的約束條款，如工程總價和付款期數和收款方式，如工程延遲罰則和保固條款---等細則，更要將全份設計圖，估價單，建材表或建材板的彩印，以及裝修工程預定進度表都附在合約內，成為合約書的一部份，最後記得貼千分之一的印花稅。

　　任何法律條文都只在防君子根本防不了小人，裝修工程的承攬合約也是一樣。所以很多住宅裝修工程的業主和設計師雙方根本不必簽約，因為雙方可能是多年老友已有深厚互信和友誼，也可能是經過一段

畫圖期間的磨合溝通後已建立信賴感，由其簽約實在很囉唆麻煩，所以就省略了。（見176-183頁之附圖）

2. 開工準備

任何一件工程計劃都必須具備：設計圖，預算書（即估價單），執行進度表這三大要件，否則就不能稱之為工程計劃。在歐洲有某知名教堂已修建了一百年了迄今未竣工，在台灣某知名廟宇也已修建數十年了迄今仍未竣工，因為它們沒有執行進度表，或許曾經有進度表但卻沒按表推動。一件住宅裝修工程就是一椿生意，當然施工時間的長短就是一項成本，能在預定工期內完成施工，然後順利交屋給業主喬遷使用，這是確保雙方權益更是建立設計師信譽的一件大事。（見184-187頁之附圖）

施工進度表的擬定就是展現設計師經驗，和掌控施工節奏進度和施工品質的能力。一份詳實的施工進度表首先要有正確的日曆，哪些國訂假日和例假日不能施工？扣去不能施工的日期之後，到預定完工交屋日期為止，真正能施工的日子有幾天？這稱為工作天。然後在這段有限的工作天內，安排各種工別的進場施工實際工作天數，哪些相關工別必須重疊施工幾天以利銜接？哪一天大理石或磁磚必須送到現場？哪個時段必須空場讓水泥或石材完成面乾燥？所以木造可以在某天之前在工廠完成哪些準備工作？所以木工在現場實際施工幾天？所以油漆工何時可以進場打底？所以玻璃和壁紙何該進場安裝？所以衛浴廚具可以何時進場安裝----？　等等都是須要事先擬

定，並且是要確實可以做到的擬訂才有意義，否則不但自己騙自己，更是害得各工別無所適從，徒勞無功浪費工資增加成本而已。

列妥進度表之後就是開工協調會了，招集各工別在工地現場或是在公司開會，除發給施工所需圖面和進度表之外，當然須重申工地管理和施工上或進度上的注意事項。對某幾個發包價還未確定的工別，可以再做深談以確定一個雙方都接受的承包價，這是很重要的成本控制，這些商談不該在現場不該在他人面前進行。切記！

室內設計委託書

立契約書人　甲方 ＿＿＿＿＿＿＿＿＿＿＿＿＿＿＿＿＿＿（以下簡稱甲方）

　　　　　　乙方 ＿＿＿＿＿＿＿＿＿＿＿＿＿＿＿＿＿＿（以下簡稱乙方）

一、設計標的物：

二、地址：

三、設計作業內容與費用計算：

　　　共計新台幣 ＿＿＿＿＿＿＿＿＿＿＿＿＿＿＿ 元整（含稅）。

四、設計作業進度及付款比例：

進度	進度內容	付款比例	計新台幣
訂約	洽談，簽約，簡報平面草圖。	30%	NT.　　　元
提案 Image	簡報正式平面圖，Image 圖，簡報平面圖，天花板圖，透視圖，材料表。	30%	NT.　　　元
施工圖 繪製	交平面圖，立面圖，道具圖，材料表，施工圖，空白標單。	30%	NT.　　　元
工程 階段	協助發包，完成開工，協助完工驗收。	10%	NT.　　　元

五、若因甲方決策變更或天災人禍，或其他不可歸責於乙方之因素，致使設計作業暫停或終止，則甲方應就乙方之設計作業進度支付相當比例之設計費。

立契約書人

甲　　方：　　　　　　　　　　乙　　方：

負 責 人：　　　　　　　　　　負 責 人：

統一編號：　　　　　　　　　　統一編號：

地　　址：　　　　　　　　　　地　　址：

電　　話：　　　　　　　　　　電　　話：

中　華　民　國　　　　　年　　　　月　　　　日

預 算 書

A案(含大理石)

TOKU INTERIOR CONSTRUCTION
得貴室內裝修有限公司
TEL:02-2835-5896 FAX:02-2831-3903

業　　主：林〇〇先生

工程名稱：星光大道林公館裝修工程

施工地點：星光大道大廈

頁數：　1/13

日期：
2008/03/03

項目	名稱	數量	單位	單價	合價	附註
A	打除與泥作工程	1	式		472,975	詳見明細表
B	磁磚採購	1	式		379,200	詳見明細表
C	大理石工程	1	式		1,453,060	詳見明細表
D	水電與燈具工程	1	式		467,050	詳見明細表
E	空調風管工程	1	式		57,141	詳見明細表
F	木作工程（含玻璃，不含漆）	1	式		1,822,080	詳見明細表
G	油漆工程	1	式		605,933	詳見明細表
H	窗簾及壁紙工程	1	式		390,626	詳見明細表
I	完工後細清潔	1	式		30,000	
	合計				5,678,064	
	施工管理費 10%				567,806	
	總計				6,245,870	

總預算新台幣：陸佰貳拾萬 元整　　　　NT：6,200,000

說明：

1. 付款–若承惠顧，請按開工30%，中期30%，完工30%，驗收10%分四次以即期支票付清工程款。

2. 驗收–自完工日起算15日內為驗收期間，逾期不驗收，視同驗收通過，請付清工程款。

3. 保固–自完工日起1年內為保固期，在此期間內，凡因施工不良所致之損壞，當無償修復，反之則否。

4. 加減帳–完工後，另行決算，多退少補。

業主簽認

詳細表

項目	名稱	數量	單位	單價	合價	附註
A	打除與泥作工程					
1	打除現有4寸磚牆	53	m²	750	39,750	含垃圾運除
2	剔除浴室已貼磁磚	45	m²	300	13,500	含垃圾運除
3	新砌4寸磚牆	62	m²	1,050	65,100	
4	新磚牆雙面水泥粉光	124	m²	650	80,600	
5	主浴室馬桶區地面填高PC 20cm	1.6	m²	1,250	2,000	
6	主浴室浴缸四邊砌 2 寸磚 高60cm	4	m²	1,050	4,200	
7	主浴室浴缸坑外細面粉光、坑內粗面粉光	8	m²	650	5,200	含浴缸坑平面
8	女浴室移馬桶地面加高 5 cm	5.3	m²	1,250	6,625	
9	浴室防水工程					
9a	主浴室壁面作防水至120cm高	16	m²	470	7,520	淋浴間作至180cm
9b	主浴室地面作防水	9	m²	470	4,230	
9c	女浴室壁面作防水至120cm高	12	m²	470	5,640	淋浴間作至180cm
9d	女浴室地面作防水	5	m²	470	2,350	
9e	男浴室壁面作防水至120cm高	13	m²	470	6,110	淋浴間作至180cm
9f	男浴室地面作防水	5	m²	470	2,350	
10	浴室壁、地面粉刷磁磚底					
10a	主浴室	31	m²	650	19,825	
10b	女浴室	27	m²	650	17,550	
10c	男浴室	27	m²	650	17,550	
11	浴室壁、地面貼磁磚工資				0	
11a	主浴室	31	m²	850	25,925	
11b	女浴室	27	m²	850	22,950	
11c	男浴室	27	m²	850	22,950	
12	廚房壁、地面作防水	30	m²	470	14,100	
13	廚房壁面水泥細面粉光	33	m²	650	21,450	
14	廚房地面打磁磚底	11	m²	650	7,150	
15	廚房地面貼磁磚工資	11	m²	850	9,350	
16	淋浴間內水溝不鏽鋼沖孔蓋板	3	支	2,500	7,500	97/107/115*寬10cm
17	灌RC洗衣槽、表面貼磁磚、大理石頂蓋	1	台	12,000	12,000	90*60cm

詳細表

項目	名稱	數量	單位	單價	合價	附註
18	全室打牆後修補	1	式	7,800	7,800	
19	全室水電配管溝修	1	式	11,700	11,700	
20	玄關櫃下地坪加高修飾配電管	2	㎡	1,250	2,500	
21	淋浴間作白色人造石門檻	3	組	2,500	7,500	
	小計				472,975	

內裝工程合約書

立合約書人　　業　主：　　　　　　　　　　　　　　　　　　（甲　方）

　　　　　　　承攬人：　　　　　　　　　　　　　　　　　　（乙　方）

雙方同意訂定合約條款如下：

第一條：工程名稱：

第二條：工程地點：

第三條：工程範圍：如合約圖所示，裝修範圍。

第四條：工程總價：新台幣　　　　　　　　　　元整(未稅)

第五條：付款辦法：

  1.　開工款：　年　月　日工程開工，付總工程款之 30%-新台幣　　　　元(即期票)

  2.　中期款：　年　月　日工程中期，付總工程款之 30%-新台幣　　　　元即期票)

  3.　完工款：　年　月　日工程完工，付總工程款之 30%-新台幣　　　　元(即期票)

  4.　尾　款：　年　月　日工程尾款，付總工程款之 10%-新台幣　　　　元(即期票)
　　　　　　（　　　　　　　　　　　　　）

第六條：工程期限：自民國　　年　　月　　日起，至　月　　日止。計　　天。
　　　　但若因業主延遲交場，完工日須順延。

第七條：逾期罰款：
  1. 若乙方未能在規定之施工期限內竣工，則每逾壹日應罰款甲方向業主所承包工程契約之總金額千分之六。
  2. 由甲方在乙方應得之工程款中抵扣，不得異議。

第八條：工程延期：有下列情況之一者，乙方得向甲方申請核延工期：
  1.　施工期間如因甲方要求變更，因而確實影響工程進度及工期者。
  2.　遇人力不可抗拒之天災，因而確實影響工程進行及工期者。
  3.　施工中因等候甲方之行政程序，致被迫局部或全部停工，而確實影響工期者。

4. 因甲方或第三者之施工所發生之干擾、抵觸或遲延,而確實影響乙方之工期者。

5. 為配合甲方其他工程之進行或為甲方指定局部或全部停工,因而確實影響乙方之工期者。

6. 其他由乙方提出經甲方確認係非歸責於乙方之事由而影響工期者。

第九條:工程變更:

1. 本工程施工期間,甲方有變更設計之權,乙方須照辦,不得異議。

2. 工程變更之結算,依本契約工程定價之規定辦理,若有所增加,按原契約工程單價計算再依議價之百分比決算之。

3. 倘因工程變更而須增減工期時,由雙方另議定之。

第壹拾條:契約時效:本契約自簽約日起生效。(甲、乙雙方各執乙份)

立契約人(甲 方)

公司名稱:

負 責 人:

公司地址: TEL:
                                            FAX:

立契約人(乙 方)

公司名稱:

負 責 人:

統一編號:

公司地址:

中華民國   年   月   日

標 單

TOKU INTERIOR CONSTRUCTION
得貴室內裝修有限公司

TEL:02-2835-5896 FAX:02-2831-3903

業　　主：陳 公館

工程名稱：外雙溪陳公館裝修工程

施工地點：外雙溪

頁數：　1/5

日期：
2007/11/14

項目	名稱	數量	單位	單價	合價	附註
A	木造工程(含玻璃)	1	式		0	詳見附表
B	油漆工程	1	式		0	詳見附表
C	燈具與配線工程(含衛浴)	1	式		0	詳見附表
D	空調工程	1	式		0	詳見附表
E	窗簾工程	1	式			詳見附表
F	完工後細清潔	1	式			
	小計				0	
	施工管理費 10%				0	
	合計				0	
	發票稅　5%				0	
	總計				0	

總預算新台幣： 零 元整　　　　　　　　NT：

說明：

1. 付款-若承惠顧，請按開工30%，中期30%，完工30%，驗收10%分四次以即期支票付清工程款。

2. 驗收-自完工日起算15日內為驗收期間，逾期不驗收，視同驗收通過，請付清工程款。

3. 保固-自完工日起1年內為保固期，在此期間內，凡因施工不良所致之損壞，當無償修復，反之則否。

4. 加減帳-完工後，另行決算，多退少補。

業主簽認

室內設計的施工圖與裝修工程

182

項目	名稱	數量	單位	單價	合價	附註
A	木造工程(含玻璃)					
1	浴室天花板杉木企口板斜頂	9	m²			
2	浴室中間格子天窗造型入壓克力	1	式			80*180cm
3	浴室洗臉台櫃(貼木紋美耐板)	3.5	尺			W105*D60cm
4	浴室洗臉台面貼白色人造石	105	cm			含後牆
5	浴室洗面鏡箱,含左右玻璃置物盒	1	式			H75*W105cm
6	浴室洗臉台左邊貯物立櫃、櫃門貼鏡,表面貼木紋美耐板	1.2	尺			W36*D36*H170cm
7	睡房天花板 L 型平頂杉木企口板	5	m²			W100 + H36*W360cm
8	睡房天花板杉木企口板斜頂	9.7	m²			270*360cm
9	睡房衣櫃拉門,中央門片貼鏡,表面貼木皮,內貼波音軟片	8	尺			W240*H250cm
10	日本房天花板四邊 L 型平頂貼木皮	10.6	m²			W60 + H20*W1320cm
11	日本房天花板 中央平頂貼木皮	4.3	m²			W240*D180cm
12	日本房收納櫃表面貼木皮,內貼波音軟片	3.3	尺			W100*H250cm
13	日本方窗前書桌面板,貼柚木皮染色	1	片			W300*D60*t3.6cm
14	日本房窗前書桌左右拉門式收納櫃,表面貼木皮(淺),內貼波音軟片	2	式			W90*D60*H70cm
15	日本房書桌左右高書架,表面貼木皮	2	式			W60*D30*H150cm
16	日本房釘地板加高40cm,下作收納,用粗面杉木6 寸寬*5分厚做底,四邊實木(紫檀)收榻榻米邊	10	m²			W320*D310cm 含三個大抽有輪子
17	日本房書桌下釘地板不加高(紫檀)	1	式			W120*D60cm
18	日本房四邊拉藏門和門框及上面的石膏板隔間,拉門入絹絲玻璃	10.3	尺			H310*W310cm
19	日本房四壁掛畫線板貼木皮	34	尺			H4cm
20	日本房地板邊小線板作踢腳板	34	尺			H3.6*t1.2cm
21	客、餐廳、門廳區的天花板 型平頂,貼木皮假樑和施作杉木企口板	47	m²			W90+H36
22	客、餐廳、門廳區的天花板釘石膏板斜頂	36	m²			
23	客、餐廳、門廳區的天花板釘假樑 W15*H10cm貼木皮	7	支			L=360cm
24	客、餐廳、門廳區的天花板釘 H10*厚1.8cm貼木皮作假樑	37	尺			
25	客廳與玄關分界的石膏板矮牆,頂蓋 W12*厚2.5cm,貼木皮	8.3	尺			H135cm
26	玄關鞋櫃W120*D45*H90cm貼木皮	4	尺			柚木染紫檀色
27	大門口左右貯物(鞋)高櫃,表面貼木紋美耐板內貼波音軟片,下不落地	2	式			W50*D50cm

星 光 大 道 陳 公 館 裝

工作天	01	03	05	07	09	11	13	15	17	19	21	23	25	27	29	31	33	35	37	39	41	43	45	47	49	51
日期	03/08	03/10	03/12	03/14	03/16	03/18	03/20	03/22	03/24	03/26	03/28	03/30	04/01	04/03	04/05	04/07	04/09	04/11	04/13	04/15	04/17	04/19	04/21	04/23	04/25	04/27
星期	六	一	三	五	日	二	四	六	一	三	五	日	二	四	六	一	三	五	日	二	四	六	一	三	五	日

打除/泥工
- 拆除
- 砌磚、粗坯
- 清運
- 壁地
- 防水
- 細面粉光
- 打磁磚底
- 貼磁磚作洗衣槽
- 磁磚入場
- 磚牆透氣時間自4/1~4...

水電
- 拆舊水電管
- 移配分電箱
- 新配水電管
- 灑水頭移設
- 燈具電源配設

大理石
- 丈量
- 防水
- 工廠備料保護
- 舖貼石材
- 貼浴缸人造石
- 透水氣

空調
- 移、增設風管

木作
- 隔間
- 放樣
- 站門斗
- 天地放樣
- 丈量
- 工廠做門片、框架

油漆

玻璃

窗簾

廚具/衛浴
- 放樣
- 預埋件入場
- 廚房
- 衛浴
- 各水電出口查核
- 面盆入場
- 淋浴隔屏
- 丈量、訂製

家具

收第一期款 30%

收第二期款 30%

工　程　預　定　進　度　表

2008/02/21 製表

61	63	65	67	69	71	73	75	77	79	81	83	85	87	89	91	93	95	97	99	101	103	105	107	109	111	113	115
05/07	05/09	05/11	05/13	05/15	05/17	05/19	05/21	05/23	05/25	05/27	05/29	05/31	06/02	06/04	06/06	06/08	06/10	06/12	06/14	06/16	06/18	06/20	06/22	06/24	06/26	06/27	06/28
三	五	日	二	四	六	一	三	五	日	二	四	六	一	三	五	日	二	四	六	一	三	五	日	二	四	五	六

清潔日

木工、各設備出口　　　　裝灑水頭、燈具
調改。燈具開孔　　　　開關、插座、對講機

美容

出、回風口　　　　裝風口
定位　　　　　試俥

場天花板施工　　櫥櫃組裝
地板粗坯　　　　地板和踢腳板

天、壁ICI漆　　　　木皮染色透明漆
披士打底　　　　　ICI面漆

丈量　　　　　　按裝
備　料

布料選定、工法決定　丈量　　　工廠車縫　　　　按裝
價格確定

裝廚具　　　　裝衛浴設備(浴缸)
做廚房壁面人造石　　裝淋浴屏

各家具選購、下訂　　家具搬入

收第三期款30%

第八章 施工監造與完工驗收

住宅裝修工程以一般中型規模（例如面積50坪左右的老屋新生）來看，大約需要75個工作天，設計師最好每個工作天都能到場監造，一來掌握進度二來確認工法和品質，再來是有些突發的疑難雜症必須排除，才能讓工程繼續推動。

該怎麼做才叫做施工監造？其實只要注意每個階段完成的**垂直、水平、轉彎、接頭**，這四大要素就是一個稱職的施工監造。台灣這二十多年來不論是大型的公共工程或一般公家或私人的營建工程，品質都每況愈下，主要結構是發包的制度不健全，繼而衍生到工程執行的偷工減料和監造人員的不專業。派一堆經驗不足的半桶師來施工已是不健康的狀態了，若負責監造重任的人也是一隻菜鳥的話，這些烏合之眾根本不知工程的本質就是追求完成面的：**垂直、水平、轉彎、接頭**這四大要素，當然完工後所承現的品質就會變成：**不垂直、不水平、彎不順、接不合**的錯亂現象。小自一張桌子大到一棟大樓，甚至大到橋樑水壩無一不是追求：垂直，水平，轉彎，接頭。所以派到工地監造的必須是有幾年以上經驗的設計師，否則寧可交代現場木工領班，也不要讓一隻菜鳥在現場作威作虎，保證會出亂子，這是筆者的切身慘痛經驗。提醒你！

住宅裝修工程的驗收大致可分初驗和複驗兩階段。因為採發小包的方式，當然每個工別的進場施工和完工的日期不一致，先完工的當然要先初驗通過並先付部份工程款，待完工交屋之際讓業主來複驗通過後，再將於款和各工別結清，這是比較公

平能讓各工別接受的方式。

所謂初驗，只要設計師每個工作天都到場監造的話，他就能看到各工別每天的施工項目的製作，當然他能發現品質是否有問題？例如：隔音氣密窗安裝了，是否垂直？是否水平？週邊的塞漿填縫是否確實？鋁窗的開啟和關閉是否很密實？是否有滲水？若設計師每天到場看到上述細節的執行和檢測的話，那就是很實質的初驗通過了，就不一定要約業主和工班再做一次初驗的形式了。

所謂複驗通常是指交屋之際，當所有工程結束全面細清完成了，各種設備都安裝妥當了，設計師也已經一再巡視過了，覺得已經可以交屋結案了，當然會請業主來做一次的全面複驗。這包含了所有估價項目的執行和所有完成面的檢查，空調是否能正常使用？燈具和開關是否能正常運作？電視，電話和網路的連線是否正常？大理石和磁磚的貼面和疏縫是否美觀？地板是否美觀又被完美保護？抽屜是否滑動順暢？衣櫃門房間門是否關閉開啟順暢？廚浴設備是否給排水順暢？塗裝表面是否平整美觀？窗簾的拉開和關閉是否順暢？壁紙的貼合接縫是否美觀----？當業主對各細節都檢查通過了才是複驗通過。

複驗通過後就要向業主收取尾款了，通常這時候業主該已付給設計師90%左右的工程款才對。此時設計師該積極的整理所有帳目，有哪些項目是有估價卻沒施工的？有哪些項目是估多做少的？這類項目該列為減帳項目。有哪些是當初漏估的項目？業主知道嗎？是否同意補給你呢？有哪些是業主要求

變更的項目?當時有給業主簽認^{同意追}加辦理嗎?這類項目該列為加帳。然後詳列一份決算書呈報給業主:原開工總預算A+追加帳B－減帳C－已收款D=應收尾款E,以此方式誠實的列妥決算書呈報業主,是一個設計師的本分。(見190-192頁之附圖)

　　另有一種方式是議定總價承包,即完工後沒有任何加減帳的方式。這類方式對施工方比較不公平,因此在住宅裝修工程中,大多採用有開工預算書和完工決算書的公平方式來承接工程。

決 算 書

TOKU INTERIOR CONSTRUCTION
得貴室內裝修有限公司

TEL:02-2835-5896 FAX:02-2831-3903

業　　主：林○○先生

工程名稱：星光大道林公館裝修工程

施工地點：星光大道

頁數：　1/5

日期：
2008/07/07

項目	名稱	數量	單位	單價	合價	附註
A	打除與泥作工程	1	式		525,975	詳見明細表
B	磁磚採購	1	式		442,513	詳見明細表
C	大理石工程	1	式		647,828	詳見明細表
D	水電與燈具工程	1	式		724,968	詳見明細表
E	空調風管工程	1	式		57,141	詳見明細表
F	木作工程	1	式		1,659,640	詳見明細表
G	油漆工程	1	式		559,735	詳見明細表
H	窗簾及壁紙工程	1	式		333,387	詳見明細表
I	完工後細清潔	1	式		35,000	詳見明細表
J	完工後細清潔	1	式		44,950	詳見明細表
	合計				5,031,137	
	施工管理費 10%				503,000	
	總計				5,534,137	

決算　新台幣：伍佰伍拾參萬肆仟 元整　　　　NT：5,534,000

說明：

1. 本工程已完工交付使用，謝謝

2. 決算金額　5,534,000－ 已收 4,500,000 ＝ 應收尾款 1,034,000

3. 敬請撥款為禱

應收尾款新台幣：壹佰零參萬肆仟 元整　　　　NT：1,034,000

詳細表

項目		名稱	數量	單位	單價	合價	附註
A		打除與泥作工程					
	1	按3/7開工預算	1	式	517,975	517,975	
	2	加主臥室地面水泥表層打底，給大理石舖設之須	1	式	+5,000	+5,000	見3/18傳真
	3	加主浴的空調主機檢修暗門上，貼壁磚打底的工資	1	工	+3,000	+3,000	
		決算小計				525,975	
B		磁磚採購					
	1	按3/7開工預算，本項全刪除	1	式	0	0	
	2	但至4/29磁磚採購決算完成	1	式	442,513	442,513	見4/29明細
		決算小計				442,513	
C		大理石工程					
	1	按3/7開工預算，本項全刪除	1	式	0	0	
	2	但3/20最終確定用人造黃金米黃大理石(不含各浴地滾邊，門檻等)之預算	1	式	672,150	672,150	見3/20傳真
	3	實際人造黃金米黃石	968	才	480	464,640	扣除男女房地面後
	4	實際主浴藍珍珠滾邊	12	才	1,000	12,000	
	5	實際主浴藍珍珠淋浴間地面	1	間	20,000	20,000	
	6	實際主浴白色人造石洗面台和人造石浴缸平面、立面及維修門	31	才	1,500	46,500	
	7	實際女浴西班牙紅滾邊	5	才	520	2,600	
	8	實際女浴西班牙紅淋浴地面	1	間	15,000	15,000	
	9	實際女浴白色人造石洗面台	9.3	才	1,125	10,463	
	10	浴室門及廚房門檻 南非黑花崗石	5	支	1,000	5,000	
	11	玄關人造黃金米黃和櫻桃紅鑲嵌圖案	60	才	520	31,200	
	12	玄關檯貝克漢花崗石 3 公分厚	9.1	才	1,200	10,920	
	13	上項車法國邊	2.7	m	1,650	4,455	
	14	電視櫃、餐具櫃、床頭櫃上的人造黃金米黃檯面	32	才	480	15,120	
	15	上項車法國邊(床頭櫃)	3	m	1,650	4,950	
	16	上項磨上下小圓光邊(電視櫃、餐具櫃、魚缸櫃)	8.3	m	600	4,980	
		決算小計				647,828	

詳細表

項目	名稱	數量	單位	單價	合價	附註
D	水電與燈具工程					
1	按3/7開工預算	1	式	467,050	467,050	
2	3/25確認加大用電-->配幹線	1	式	+118,533	+118,533	見3/25傳真
3	減配音響喇叭空管	1	式	-4,000	-4,000	
4	減音響插座專用回路	2	回	-4,000	-8,000	
5	加隱藏式日光燈 T-8（估50，實作56）	6	式	+250	+1,500	
6	加 50W 石英燈（估37，實作40）	3	式	+230	+690	
7	減 PL 32W嵌燈	47	式	-320	-15,040	
8	加 27W 筒燈含噴砂玻璃燈罩	50	式	+450	+22,500	
9	加所有燈具安裝工資	4	式	+3,000	+12,000	
10	加國際牌開關、插座					
	雙切開關	6	式	+750	+4,500	
	參切開關	9	式	+1,080	+9,720	
	單切+單插	1	式	+500	+500	
	雙插(含接地)	7	式	+145	+1,015	
11	加視訊對講機移至定位	1	式	+24,000	+24,000	見3/26宗亞傳真
12	加淋浴隔屏、含門把	3	式	+30,000	+90,000	見5/21瀧成傳真
	決算小計				724,968	
E	空調風管工程					
1	按3/7開工預算(沒有加減帳發生)	1	式	57,141	57,141	見3/26川菱傳真
	決算小計				57,141	
F	木作工程					
1	按3/7開工預算	1	式	1,822,080	1,822,080	
2	減男孩桌邊開門書架	1	尺	-7,500	-7,500	
3	減主臥房摺鏡	1	片	-10,000	-10,000	
4	減客廳窗前沙發背台	8.3	尺	-1,800	-14,940	
5	減餐廳窗邊包假柱	1	支	-2,500	-2,500	
6	減佛桌兩邊高櫃，表面貼木皮	2	支	-7,500	-15,000	

結語

我相信這本施工圖的書，對有志從事室內設計行業的初學者，肯定會有很實用的影響。不過，還是要給初學者一些建言：

1. 會操作ACAD，會畫3D，會畫施工圖，並不表示你已是一位設計師，頂多你已是一位繪圖員或是一位助理設計而已，但至少你已跨入這個行業，值得慶賀和期待。

2. 以筆者 37 年來的經驗來看，一位初學者從入行到成熟至可以獨當一面，至少要經歷五年左右的磨鍊，而且是跟對師門又很被重用的磨練過才能成熟。如果你是在某大設計公司的設計部擔任一個職務，但除了不斷的操作電腦之外，你從不到工地學習，從不曾參與面對客戶簡報，從不曾自構思開始獨挑一件案子的話，那麼五年過後你仍然是一顆螺絲釘而已，還不算成熟。

3. 室內設計師必須具備很好的想像力和空間感，對人體工學和空間機能要能對應和掌控合理，對日常生活的各種動作要充分注意和學習，才能有豐富的生活經驗來做設計，設計提案才能感動業主。

4. 室內設計師必須有很好的表達能力和說服力，這包含設計圖的表現技巧，也包含用言語來簡報設計內容的能力。因為，再好的構思若不能有優秀的設計圖表現的話，如何能感動業主呢？因為，即使設計圖表現優異，但簡報時卻邏輯不通又口齒不清的話，如何能讓業主信服？如何能接到案子？

5. 室內設計師必須有很好的執行力，這包含全套設計圖的繪製編輯，也包含預算書和決算書的編列，更包含裝修工程的推動，能整合所有工班按進度表執行各工程，能使工程有效率的高品質的如期完工交屋。

6. 室內設計師必須有很好的人際關係和銀行信用，因為這是立足工商社會成為一個生意人的基礎，沒有這兩項基礎的話，上述各種能力都只是空談而已。

7. 室內設計師是半個生意人和半個藝術家，切記我們是用設計來謀生，我們不是慈濟。所以，如何能在有合理毛利的條件下做出優秀的作品？應該是設計師必須時時刻刻謹記在心的信條。

以上建言供各位讀者參考！

最後感謝協助我完成這本書的 謝文杰、陳怡雯、林合凡、宋俞慶 等四位同事的共同努力，沒有你們的協助就沒有這本書的問世。謝謝！

作者

陳德貴 2009/8/中旬

全套施工圖實例

星光大道－陳公館設計圖

2008. 08. 12 修訂版

TOKU INTERIOR CONSTRUCTION

得貴室內裝修有限公司

TEL:02-2835-5896 FAX:02-2831-3903

星光大道

張號	圖 名
01	圖面索引表
02	拆除計畫及隔間尺寸放線圖
03	平面配置圖
04	天花高程及空調圖
05	地坪配置圖
06	浴室及玄關地材圖
07	燈具、回路及灑水配置圖
08	開關插座移位圖
09	主浴室各向立面圖
10	男、女孩浴室各向立面圖
11	玄關及客廳立面圖
12	客餐廳立面圖
13	餐廳及走道立面圖
14	和室書房立面圖
15	主臥房立面圖

得貴室內裝修有限公司
TEL (02) 28055806 FAX (02)28319009

案名
星光大道 陳公館

館 圖面索引表

號	圖　　名
6	男孩房各向立面圖
7	女孩房各向立面圖
8	主臥及男孩房衣櫃內立面圖
9	玄關鞋櫃施工圖
20	電視櫃施工圖
21	魚缸櫃施工圖
22	餐廳餐具櫃施工圖
23	主臥房床頭櫃施工圖
24	主臥房低抽斗櫃施工圖
25	主臥房化妝書桌施工圖
26	主臥房及女孩房床頭板施工圖
27	男孩房床架施工圖
28	主浴室及女孩浴室洗臉台詳圖
29	男孩浴室洗臉檯及立櫃詳圖
30	

圖名	業主簽認	比例	日期	圖號	張號
圖面索引表		設計　TOKU	2009.08.12　繪圖　CHRIS HU		01

西

745(拆)

1055

365

640

40(拆)

700

750

1455(拆)

1345

2225(拆)

200

400

480

500

205(拆)

900

3290

H950矮牆

630(拆)

450

320(拆)

825(拆)

215

2850(拆)

得貴室內裝修有限公司
TEL (02) 20355090 FAX (02)20010900

案名

星光大道 陳公館

保留的牆面
(高度依平、立面圖指示)
牆 (高度依平、立面圖指示)

造型屏風
75

矮隔屏H1000

輕隔間作假柱

東

2025(拆)
2225
1185(拆)
880(拆)
55
750
960(拆)
900
1520
185(拆)
3440(拆)
3480
935
880   100   2360   140
2265

50   835   50

295
3250
390   350
550
200

470
385

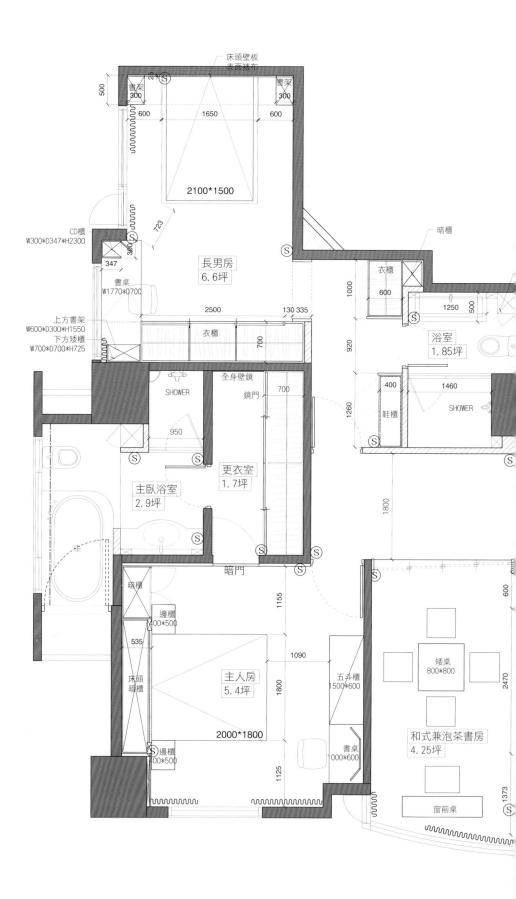

床頭壁板
表面裱布

書架
300

書架
300

暗櫃

500

600
1650
600

衣櫃
600

2100*1500

723

1000

CD櫃
W300*D347*H2300

347
300

長男房
6.6坪

1250
500

書桌
W1770*D700

浴室
1.85坪

2500
130 335

920

上方書架
W600*D300*H1550
下方矮櫃
W700*D700*H725

衣櫃
700

1260

全身壁鏡

鏡門
700

400

1460

SHOWER

鞋櫃

SHOWER

950

SHOWER

西

更衣室
1.7坪

主臥浴室
2.9坪

暗門

1800

1155

暗櫃

邊櫃
400*500

1090

和式兼泡茶書房
4.25坪

535

主人房
5.4坪

五斗櫃
1500*600

矮桌
800*800

600

床頭
暗櫃

1800

2000*1800

書桌
1000*600

1125

2470

邊櫃
400*500

窗前桌

1373

TOKU
得貴室內裝修有限公司
TEL (02) 28355896 FAX (02)28319800

案名
星光大道 陳公館

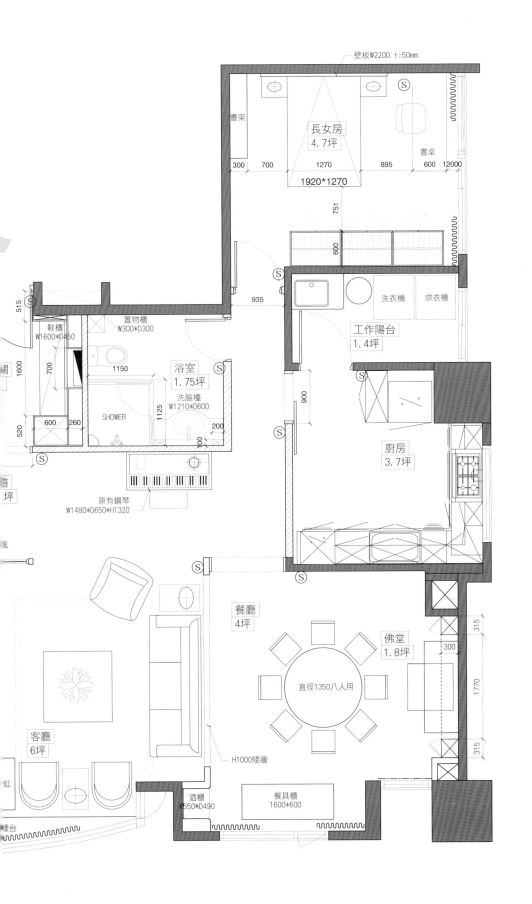

壁板W2200 t:50mm

書架

長女房
4.7坪

書桌

300 700 1270 895 600 12000

1920*1270

751

600

洗衣機 烘衣機

工作陽台
1.4坪

935

置物櫃
W300*D300

鞋櫃
W1600*D450

515

1600

700

520 600 260

SHOWER

浴室
1.75坪

洗臉檯
W1210*D600

1150

1125

200

100

900

廚房
3.7坪

原有鋼琴
W1480*D650*H1320

東

坪

缸

矮台

客廳
6坪

酒櫃
W550*D490

餐廳
4坪

直徑1350八人用

佛堂
1.8坪

315

300

1770

315

H1000矮牆

餐具櫃
1600*600

圖名	業主簽認	比例	日期	圖號	張號
半面配置圖		1/60	2009.08.12		03
		設計 TOKU	繪圖 CHRIS HU		

上升燈溝

CH-2400

CH-2300

窗簾盒

CH-2350

200

400

2665

CH-2600

2485

出風　　回風

CH-2300

CH-2260

CH-2300

衣櫃線

CH-2300

窗簾盒

CH-2350

1680

1755

衣櫃線

F/C　維修

CH-2300

CH-2300

285

1500

暖風機

415

CH-2200

2100

CH-2300

CH-2450

上升燈盒
外罩乳白壓克力

鞋櫃線

CH-2300

CH-2300

250

CH-2800

西

暖風機

衣櫃線

CH-2200

上升燈溝

300

CH-2200

CH-2300

CH-2300

CH-2800

窗簾盒
內有燈溝

出風

CH-2500

CH-2200

CH-2200

CH-2200

CH-2300

220 250

維修/回

CH-2300

420 220

2565

220 800

2515

120mm發泡大線板

出風

2820

F/C

出風

3360

CH-2300

CH-2700

F/C

CH-2700

CH-2300

維修/回

220

420

CH-2300

200

CH-2300

窗簾盒

CH-2350

CH-2300

1089

CH-2350

200

窗簾

得貴室內裝修有限公司
TEL (02) 28355896 FAX (02)28313903

案名

星光大道 陳公館

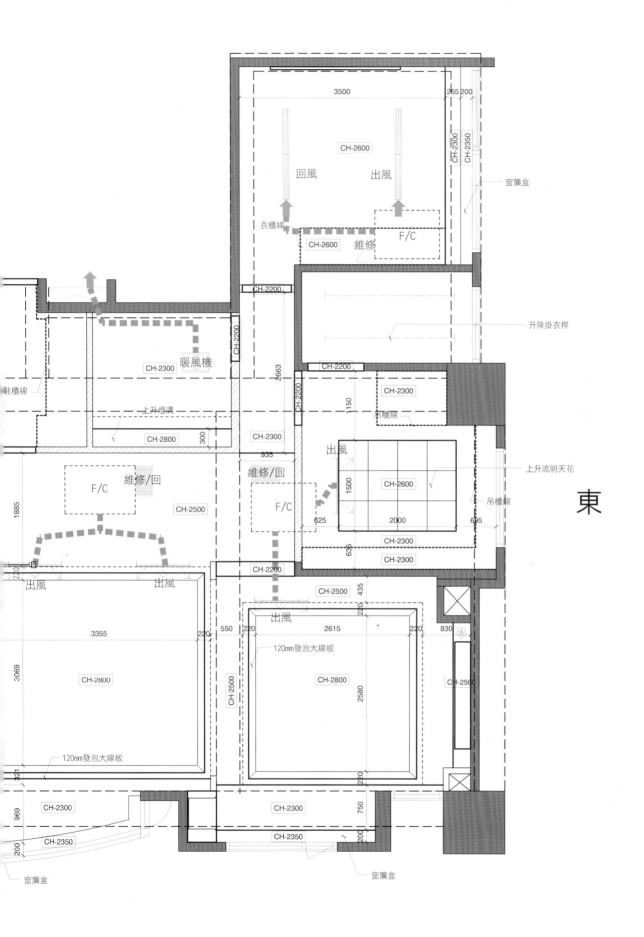

3500　　265 200

CH-2600

CH-2300　CH-2350

回風　　出風

窗簾盒

衣櫃線

CH-2600　維修　F/C

CH-2200

升降掛衣桿

CH-2200

CH-2200

暖風機　CH-2300

CH-2300

鞋櫃線

吊櫃線

上升燈溝

2663

CH-2800　300

CH-2300

出風

935

上升流明天花

維修/回

CH-2600

維修/回

1500

吊櫃線

F/C

CH-2500

F/C

625　　2000　　695

東

1885

CH-2300

CH-2300

出風　　出風

CH-2200

CH-2500　435

3355　220

220

出風

550 220　2615　220　830

CH-2500

120mm發泡大線板

3069

CH-2800

120mm發泡大線板

CH-2800

2580

CH-2500

120mm發泡大線板

321

969

CH-2300

CH-2300

750

CH-2350

200

窗簾盒

窗簾盒

圖名		業主簽認	比例	日期	圖號	張號
天花高程及空調圖			1/60	2009.08.12		04
			設計 TOKU	繪圖 CHRIS HU		

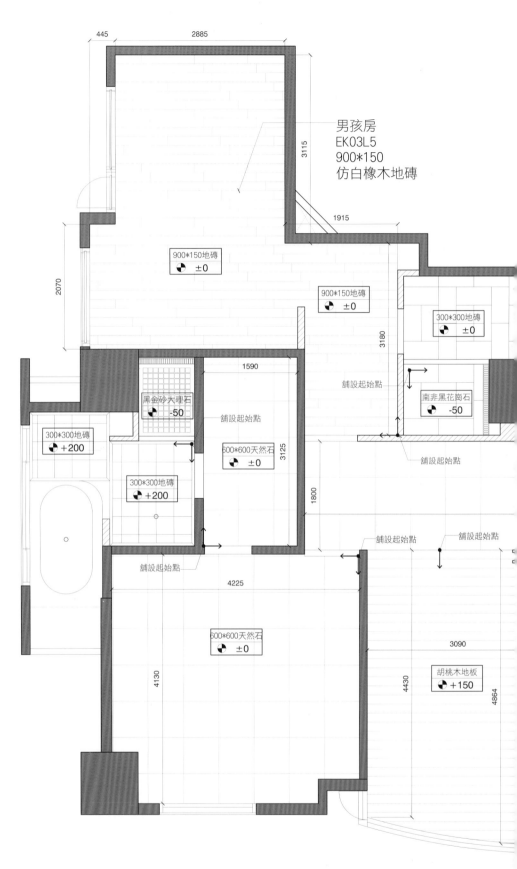

445　2885

男孩房
EK03L5
900*150
仿白橡木地磚

3115

900*150地磚
±0

1915

900*150地磚
±0

3180

300*300地磚
±0

2070

鋪設起始點

南非黑花崗石
-50

黑金砂大理石
-50

鋪設起始點

1590

鋪設起始點

300*300地磚
+200

600*600天然石
±0

3125

西

300*300地磚
+200

1800

鋪設起始點

鋪設起始點

鋪設起始點

鋪設起始點

4225

600*600天然石
±0

4130

3090

胡桃木地板
+150

4430

4864

TOKU
得貴室內裝修有限公司
TEL (02) 28355896 FAX (02)28313903

案名
星光大道 陳公館

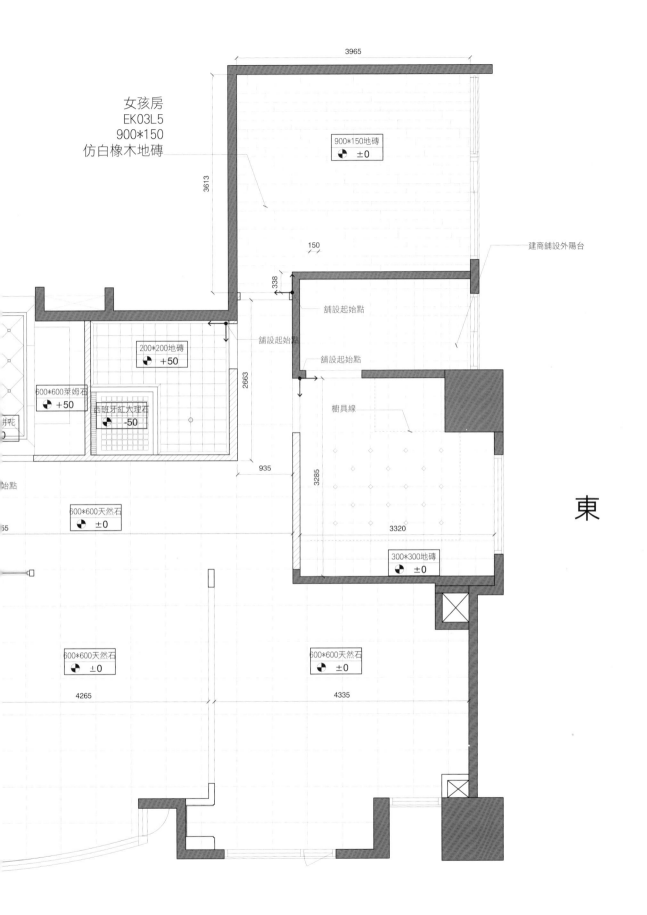

女孩房
EK03L5
900*150
仿白橡木地磚

3965

3613

900*150地磚
±0

150

338

建商鋪設外陽台

鋪設起始點

舖設起始點

舖設起始點

200*200地磚
+50

600*600萊姆石
+50

西班牙紅大理石
-50

2663

935

櫥具線

3285

3320

始點

600*600天然石
±0

300*300地磚
±0

東

600*600天然石
±0

600*600天然石
±0

4265

4335

圖名		業主簽認	比例	日期	圖號	張號
地坪配置圖			1/60	2009.08.12		05
			設計 TOKU	繪圖 CHRIS HU		

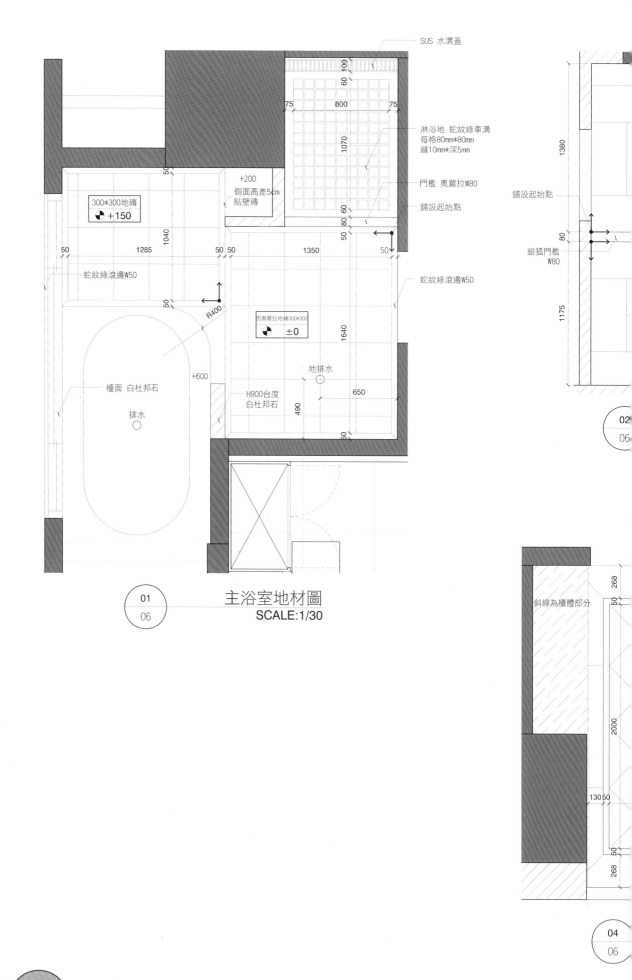

SUS 水溝蓋

60 100

75 800 75

1070

淋浴地 蛇紋綠車溝
每格80mm*80mm
縫10mm深5mm

門檻 奧蘿拉W80

60 60

80 50

舖設起始點

50

+200
側面高差5cm
貼壁磚

300*300地磚
+150

1040

50 1285 50 50 1350 50

蛇紋綠滾邊W50

R400

50

仿奧蘿拉地磚300*300
±0

1640

蛇紋綠滾邊W50

地排水

檯面 白杜邦石

+600

排水

H900台度
白杜邦石

490

650

50

1380

舖設起始點

80

銀狐門檻
W80

1175

02
06

01 **主浴室地材圖**
06   SCALE:1/30

268

斜線為櫃體部分

2000

1305 0

50

268

04
06

得貴室內裝修有限公司
TEL (02) 28355896 FAX (02)28313903

案名

星光大道 陳公館

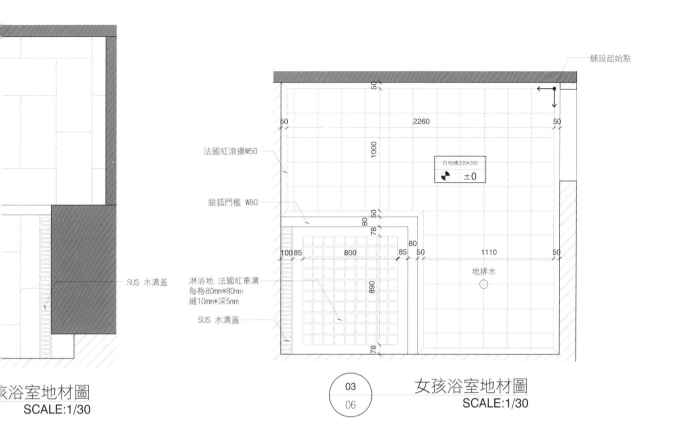

鋪設起始點

50

50　　　　　2260　　　　　50

1000

法國紅滾邊W50

白地磚200*200
±0

銀狐門檻 W80

50

80

78

80

100 85　　　800　　　85　50　　　1110　　　　50

SUS 水溝蓋

890

淋浴地 法國紅車溝
每格80mm*80mm
縫10mm*深5mm

地排水

SUS 水溝蓋

78

孩浴室地材圖
SCALE:1/30

03
06

女孩浴室地材圖
SCALE:1/30

600

1600

50 130

檻
花崗石

玄關地材圖
SCALE:1/30

圖名		業主簽認	比例	日期	圖號	張號
浴室及玄關地材圖			1/30	2009.08.13	◯	06
			設計	繪圖		
			TOKU	Alan		

室內設計的施工圖與裝修工程

205

圖例	說明	數量
◯	PLC 32W嵌燈	47
✛	灑水頭	29
▭	T-8日光燈	50
◎	50W平嵌燈	20
▷◦	50W投射燈	13
⬭	雙連燈	3
⊕	吊燈(業主自理)	2
⊕	吸頂燈(業主自理)	1
⊕	壁燈	2

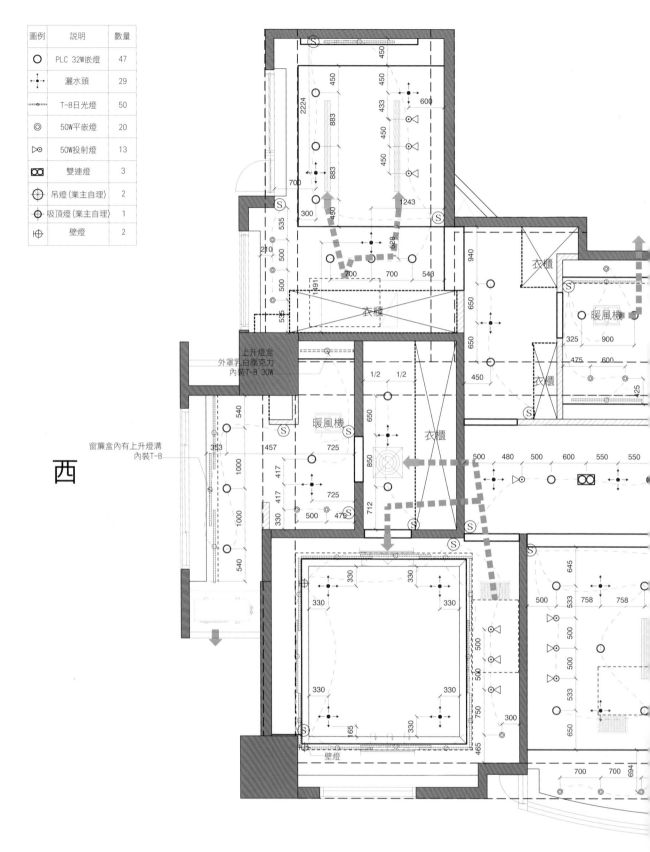

西

上升燈盒
外罩乳白壓克力
內裝T-8 30W

窗簾盒內有上升燈溝
內裝T-8

暖風機

衣櫃

暖風機

衣櫃

衣櫃

衣櫃

壁燈

得貴室內裝修有限公司
TEL (02) 28355896 FAX (02)28313903

案名
星光大道 陳公館

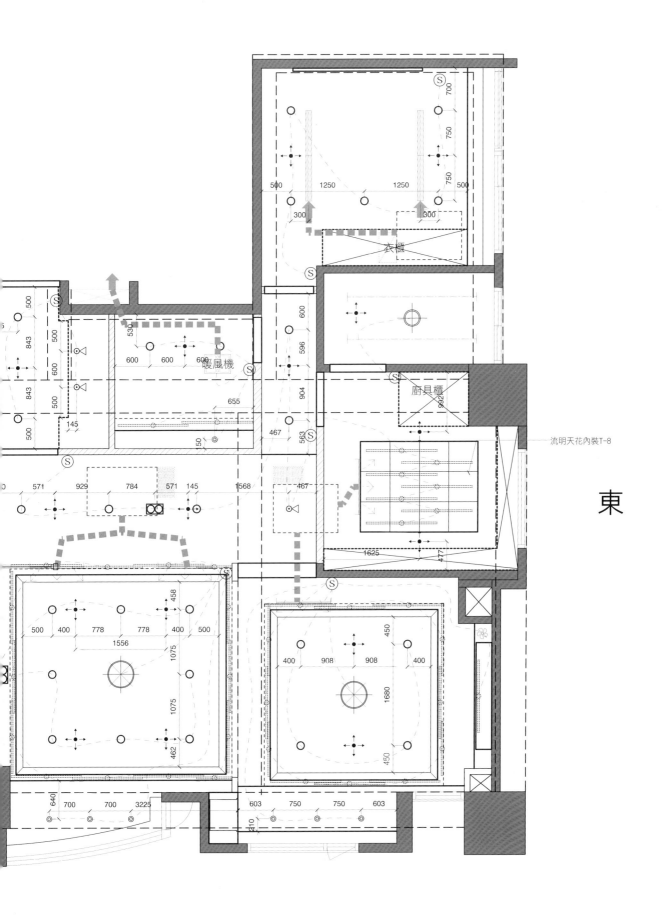

東

流明天花內裝T-8

衣櫃

廚具櫃

暖風機

圖名	業主簽認	比例	日期	圖號	張號
燈具、回路及灑水配置圖		1/60	2009.08.12		07
		設計 TOKU	繪圖 CHRIS HU		

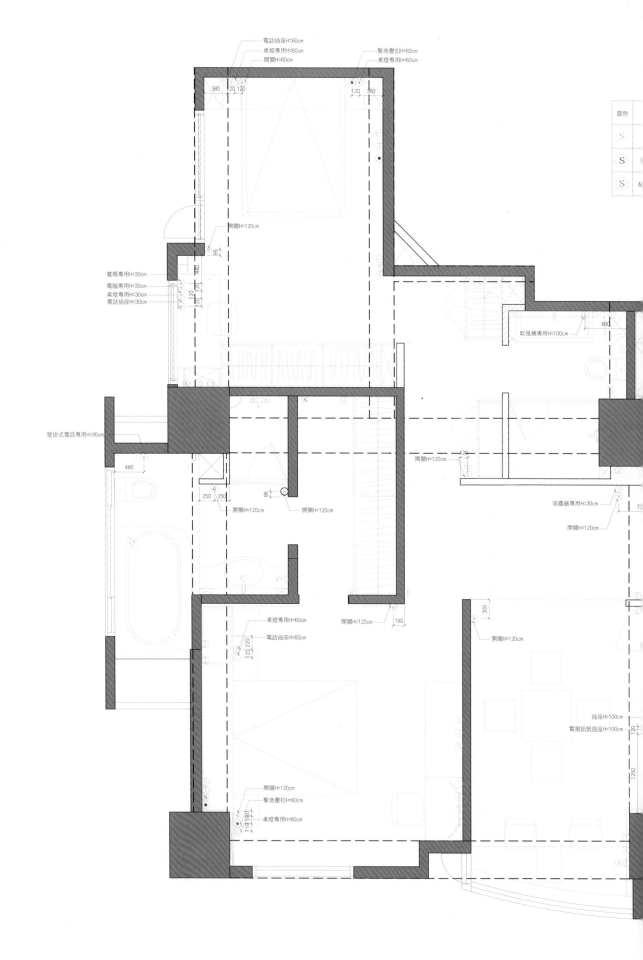

電話插座 H=60cm
桌燈專用 H=60cm
開關 H=60cm
緊急壓扣 H=60cm
桌燈專用 H=60cm

圖例

S

S

S

開關 H=120cm

寬頻專用 H=30cm
電腦專用 H=30cm
桌燈專用 H=30cm
電話插座 H=30cm

吹風機專用 H=100cm

壁掛式電話專用 H=95cm

開關 H=120cm

吸塵器專用 H=30cm

開關 H=120cm

開關 H=120cm

開關 H=120cm

開關 H=120cm

開關 H=120cm

桌燈專用 H=60cm
電話插座 H=60cm

開關 H=120cm

插座 H=100cm
電視訊號插座 H=100cm

開關 H=120cm
緊急壓扣 H=60cm
桌燈專用 H=60cm

得貴室內裝修有限公司
TEL (02) 28355896 FAX (02)28313903

寢室
星光大道 陳公館

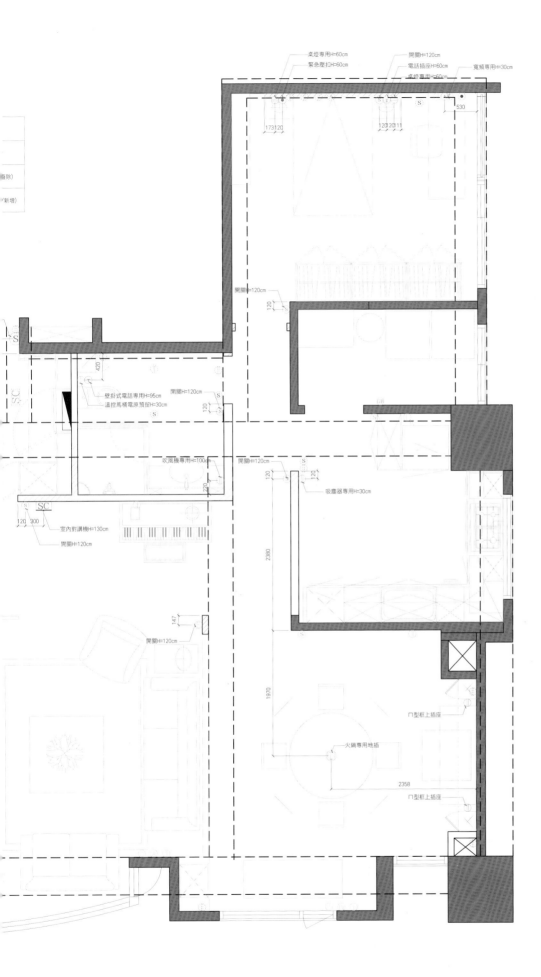

桌燈專用H=60cm
緊急壓扣H=60cm
開關H=120cm
電話插座H=60cm
寬頻專用H=30cm
桌燈專用H=60cm

173 120
120 20 11
530

開關H=120cm
120

壁掛式電話專用H=95cm
溫控馬桶電源預留H=30cm
420
開關H=120cm
120

SC

吹風機專用H=100cm
開關H=120cm
420
120

吸塵器專用H=30cm
2380

室內對講機H=130cm
SC
120 300
開關H=120cm

147
開關H=120cm

1970

ㄇ型框上插座

火鍋專用地插

2358

ㄇ型框上插座

圖名		業主簽認	比例		日期		圖號	張號
開關插座移位圖			1/60		2008.02.20		○	08
			設計 TOKU	繪圖 Alan				

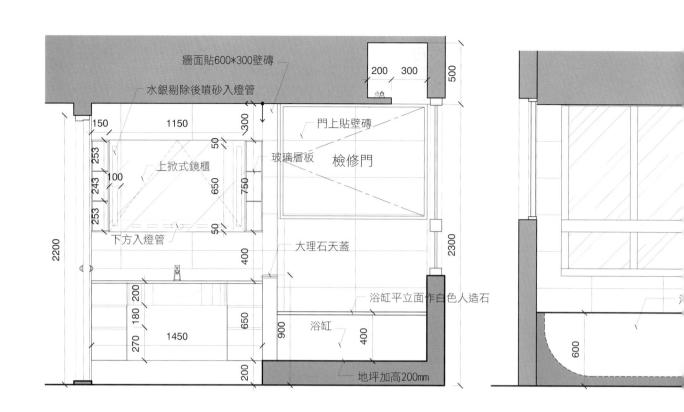

牆面貼600*300壁磚

水銀剔除後噴砂入燈管

200　300

500

150　　1150

300

門上貼壁磚

上掀式鏡櫃

玻璃層板　檢修門

50

253
243　100
253

650

750

253

2200

下方入燈管

50

大理石天蓋

400

2300

浴缸平立面作白色人造石

200
180　200

650

浴缸平立面作白色人造石

270　1450

900　浴缸　400

200

地坪加高200mm

600

| 01 / 09 | 主浴立面圖一 SCALE:1/30 |
| 02 / 09 | 主浴立面圖二 SCALE:1/30 |

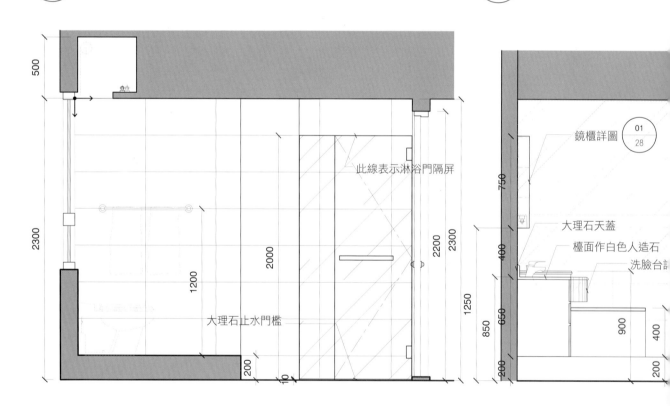

500

2300

1200

2000

2200　2300

此線表示淋浴門隔屏

大理石止水門檻

200

10

鏡櫃詳圖　01 / 28

750

大理石天蓋

400

檯面作白色人造石

洗臉台詳

650

850

900

400

200

200

| 04 / 09 | 主浴立面圖四 SCALE:1/30 |
| 05 / 09 | 主浴立面圖五 SCALE:1/30 |

  得青室內裝修有限公司
TEL (02) 28355896 FAX (02)28313903

案名
星光大道 陳公館

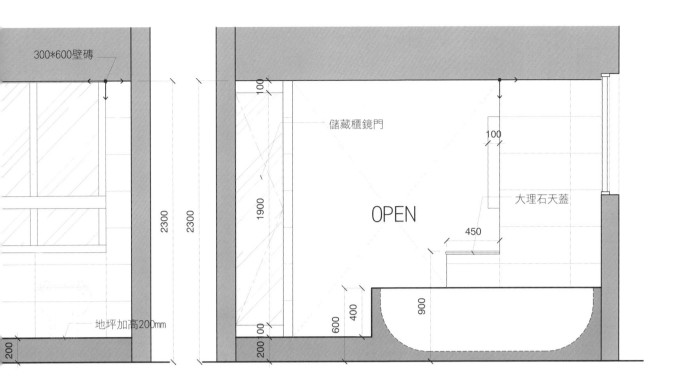

300*600壁磚

地坪加高200mm

200

2300

2300

100

1900

600

400

100

200

900

450

儲藏櫃鏡門

OPEN

大理石天蓋

03
09
主浴立面圖三
SCALE:1/30

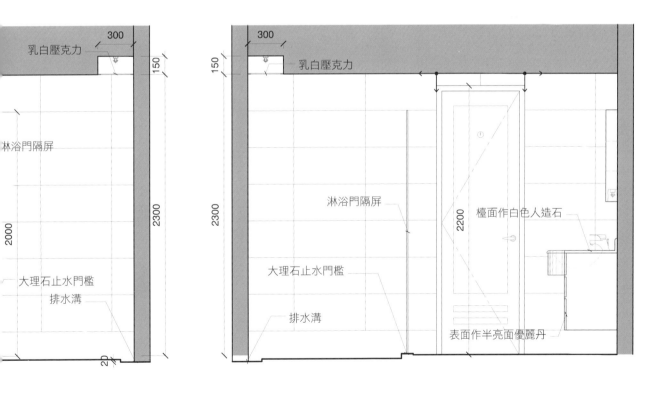

300

150

乳白壓克力

2000

2300

林浴門隔屏

大理石止水門檻

排水溝

20

300

150

乳白壓克力

2300

2200

淋浴門隔屏

大理石止水門檻

排水溝

檯面作白色人造石

表面作半亮面優麗丹

06
09
主浴立面圖六
SCALE:1/30

圖名		業主簽認	比例 AS NOTE	日期 2009.08.04	圖號	張號
主浴室各向立面圖			設計 TOKU	繪圖 CHRIS	○	09

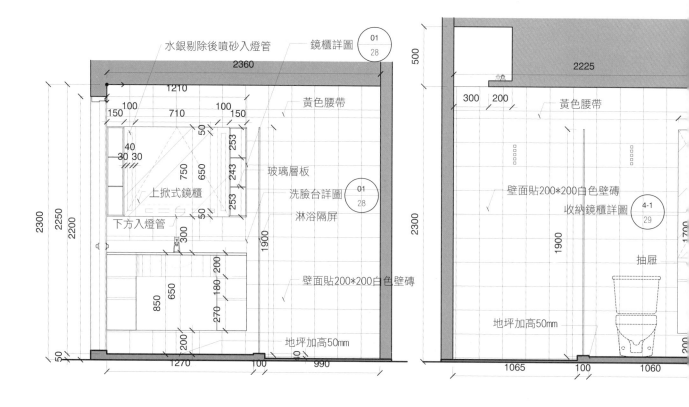

水銀剔除後噴砂入燈管　鏡櫃詳圖　01/28

2360
1210
150　100　710　100　150
50
40
30 30
253
253
243
253
50
750　650
上掀式鏡櫃
下方入燈管
2300　2250　2200
300
850　650
270 180 200
200
50
1270　100　990

黃色腰帶
玻璃層板
洗臉台詳圖　01/28
淋浴隔屏
壁面貼200*200白色壁磚
地坪加高50mm
1900

| 01 / 10 | 女兒浴廁立面圖一 SCALE:1/30 |

500
2225
300　200
黃色腰帶
壁面貼200*200白色壁磚
收納鏡櫃詳圖　4-1/29
抽屜
地坪加高50mm
2300
1900
1065　100　1060

| 02 / 10 | 女兒浴廁立面圖二 SCALE:1/30 |

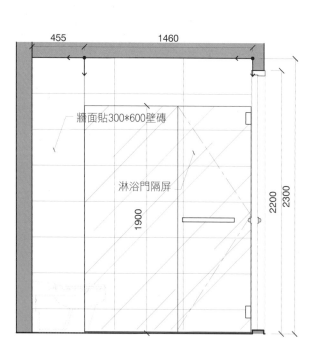

455　1460
牆面貼300*600壁磚
淋浴門隔屏
1900
2200　2300

200　25
牆面貼300*600壁磚
淋浴隔屏
男孩浴室洗面櫃另詳　01/29
750
2200
300
200
350
300
1900

| 05 / 10 | 男兒浴廁立面圖一 SCALE:1/30 |

| 06 / 10 | 男兒浴廁立面圖二 SCALE:1/30 |

得貴室內裝修有限公司
TEL (02) 28355896 FAX (02)28313903

案名
星光大道 陳公館

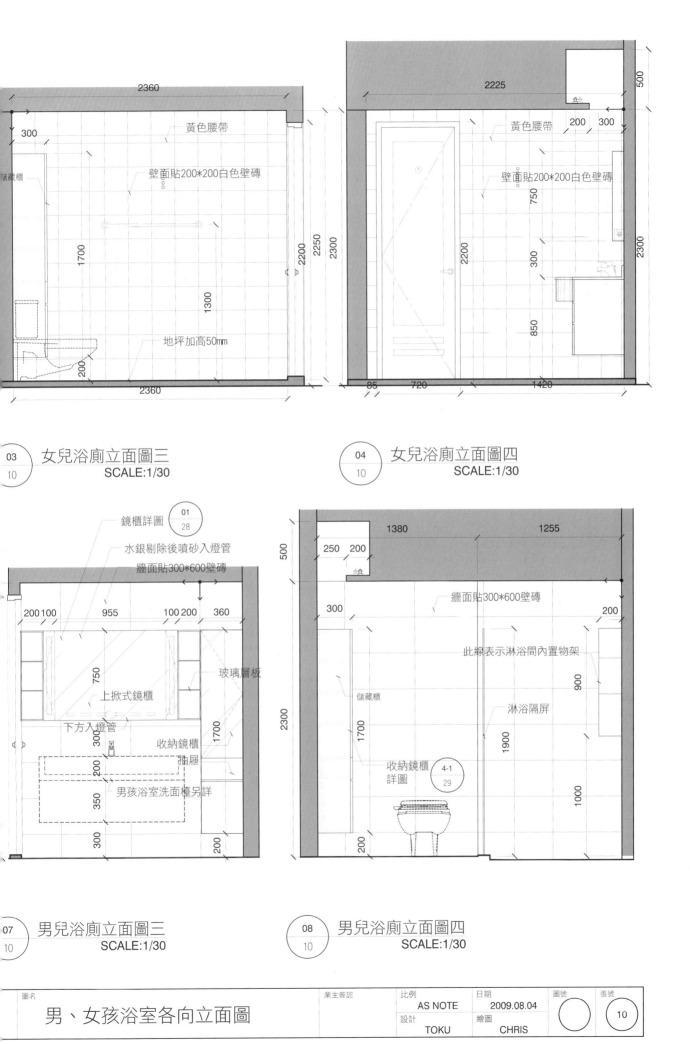

黃色腰帶
壁面貼200*200白色壁磚
2360
300
2250
2300
2200
1700
1300
收藏櫃
地坪加高50mm
200
2360

黃色腰帶
壁面貼200*200白色壁磚
2225
500
200 300
750
2200
300
2300
850
85 720 1420

03
10
女兒浴廁立面圖三
SCALE:1/30

04
10
女兒浴廁立面圖四
SCALE:1/30

鏡櫃詳圖
01
28
水銀剔除後噴砂入燈管
牆面貼300*600壁磚
200 100 955 100 200 360
750
玻璃層板
上掀式鏡櫃
下方入燈管
300
收納鏡櫃
1700
抽屜
200
男孩浴室洗面檯另詳
350
300
200

500
1380 1255
250 200
牆面貼300*600壁磚
300
200
此線表示淋浴間內置物架
900
2300
儲藏櫃
淋浴隔屏
1700
1900
收納鏡櫃
詳圖
4-1
29
1000
200

07
10
男兒浴廁立面圖三
SCALE:1/30

08
10
男兒浴廁立面圖四
SCALE:1/30

圖名		業主簽認	比例	日期	圖號	張號
男、女孩浴室各向立面圖			AS NOTE	2009.08.04		10
			設計	繪圖		
			TOKU	CHRIS		

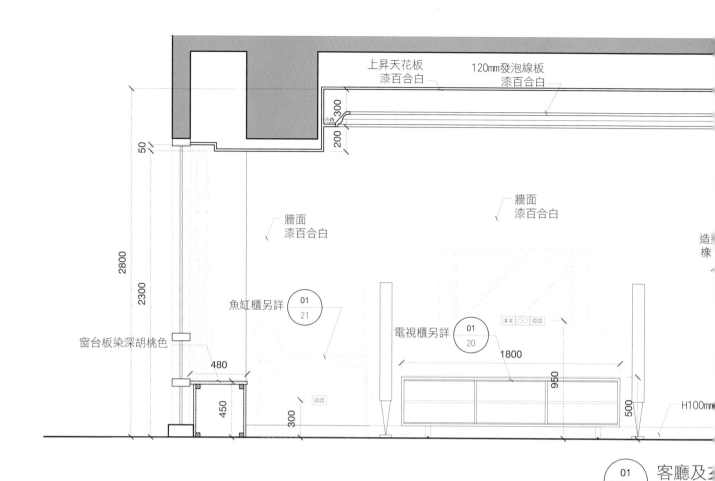

上昇天花板
漆百合白

120mm發泡線板
漆百合白

200 | 300

牆面
漆百合白

牆面
漆百合白

2800

2300

魚缸櫃另詳 （01 / 21）

電視櫃另詳 （01 / 20）

窗台板染深胡桃色

480

450

300

1800

950

500

H100mm

（01 / 11） 客廳及玄

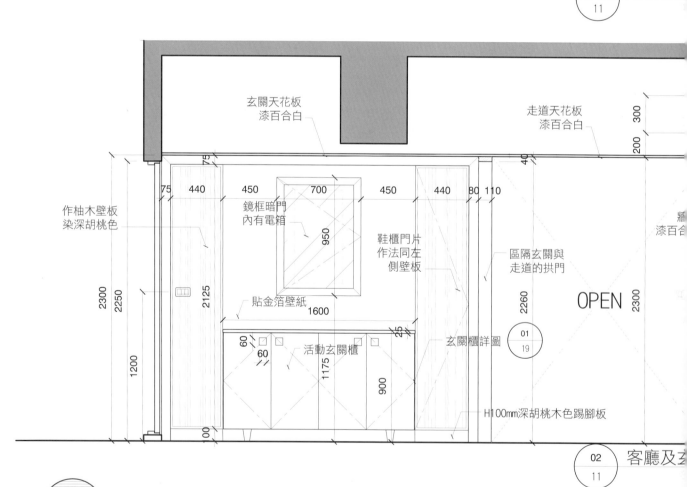

玄關天花板
漆百合白

走道天花板
漆百合白

200 | 300

75

作柚木壁板
染深胡桃色

鏡框暗門
內有電箱

鞋櫃門片
作法同左
側壁板

貼金箔壁紙

活動玄關櫃

區隔玄關與
走道的拱門

OPEN

玄關櫃詳圖 （01 / 19）

H100mm深胡桃木色踢腳板

75 | 440 | 450 | 700 | 450 | 440 | 80 | 110

950

2300

2250

2125

1200

60

60

1600

1175

900

25

2260

2300

（02 / 11） 客廳及玄

得貴室內裝修有限公司
TEL (02) 28355896 FAX (02)28313903

案名
星光大道 陳公館

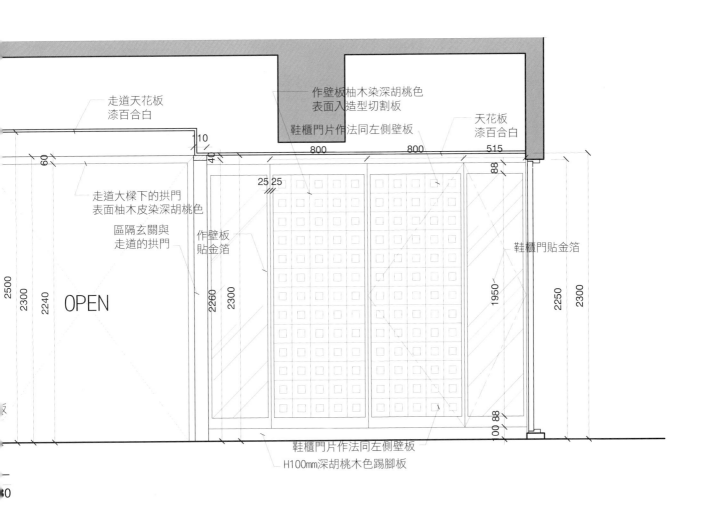

走道天花板
漆百合白

作壁板柚木染深胡桃色
表面入造型切割板

鞋櫃門片作法同左側壁板

天花板
漆百合白

110

60

40

800

800

515

88

走道大樑下的拱門
表面柚木皮染深胡桃色

25 25

2500

2300

2240

OPEN

區隔玄關與
走道的拱門

作壁板
貼金箔

2260

2300

1950

鞋櫃門貼金箔

2250

2300

88

鞋櫃門片作法同左側壁板

H100mm深胡桃木色踢腳板

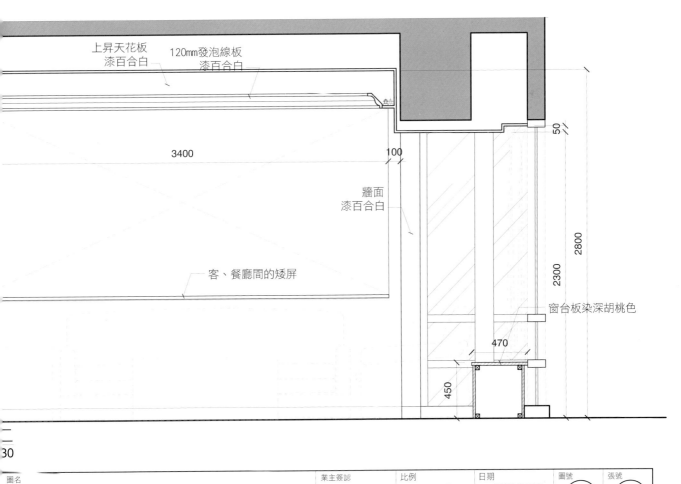

上昇天花板
漆百合白

120mm發泡線板
漆百合白

天花板
漆百合白

50

3400

100

牆面
漆百合白

2800

客、餐廳間的矮屏

2300

窗台板染深胡桃色

470

450

30

圖名	玄關及客廳立面圖	業主簽認	比例 as note	日期 2009.07.22	圖號	張號
			設計 TOKU	繪圖 CHRIS	○	⑪

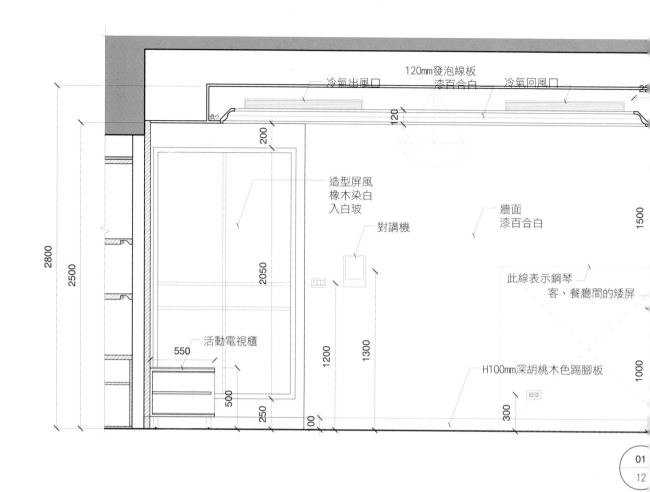

120mm發泡線板
漆百合白
冷氣出風口　　　冷氣回風口

造型屏風
橡木染白
入白玻

對講機

牆面
漆百合白

此線表示鋼琴
客、餐廳間的矮屏

活動電視櫃

H100mm深胡桃木色踢腳板

2800
2500
200
2050
1200
1300
550
500
250
100
120
1500
1000
300

01
12

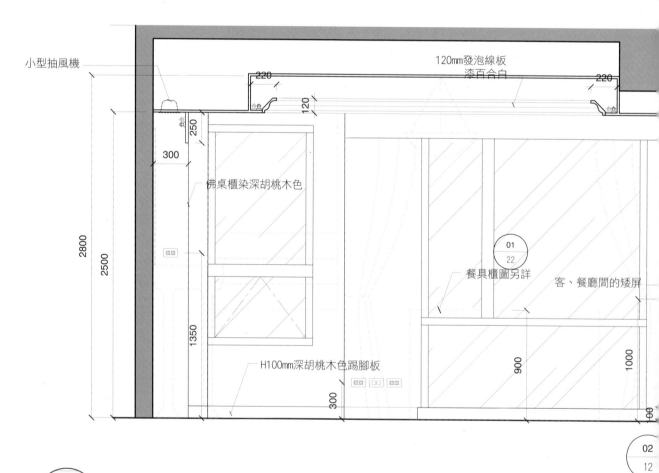

小型抽風機

120mm發泡線板
漆百合白

佛桌櫃染深胡桃木色

餐具櫃圖另詳

客、餐廳間的矮屏

H100mm深胡桃木色踢腳板

2800
2500
250
300
1350
220
120
220
900
1000
300
100

01
22

02
12

得貴室內裝修有限公司
TEL (02) 28355896 FAX (02)28313903

案名
星光大道 陳公館

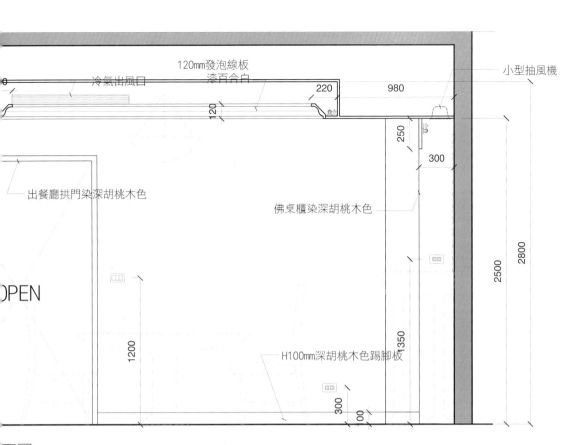

120mm發泡線板
漆百合白

冷氣出風口

小型抽風機

220

980

120

250

300

出餐廳拱門染深胡桃木色

佛桌櫃染深胡桃木色

2800

2500

OPEN

1200

1350

H100mm深胡桃木色踢腳板

300

300

面圖一
ALE:1/30

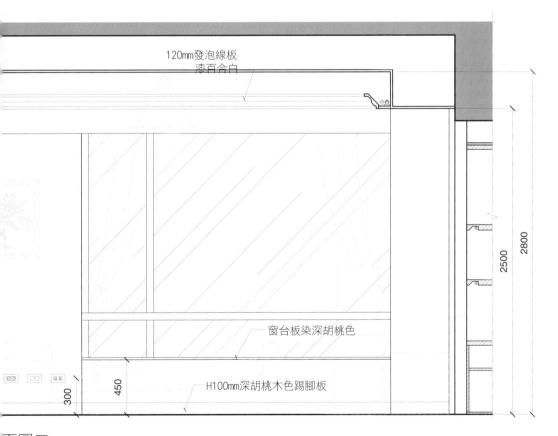

120mm發泡線板
漆百合白

2800

2500

窗台板染深胡桃色

300

450

H100mm深胡桃木色踢腳板

面圖二
ALE:1/30

圖名		業主簽認	比例		日期		圖號	張號
客餐廳立面圖			as note		2009.07.22		○	12
			設計		繪圖			
			TOKU		CHRIS			

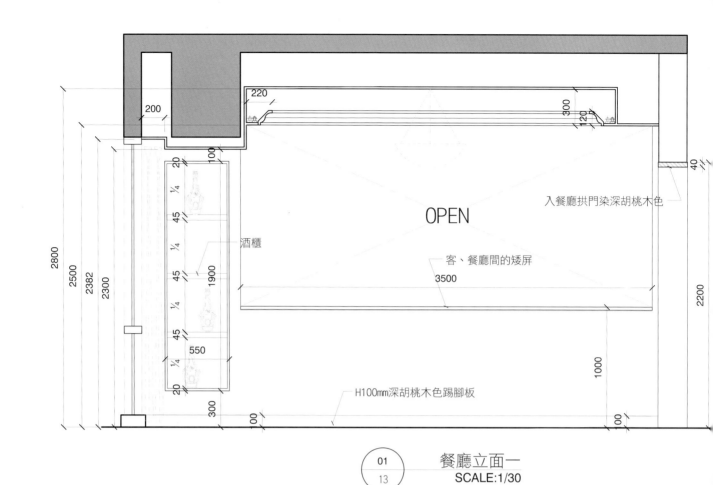

220

200

300

120

入餐廳拱門染深胡桃木色

2800

2500

2382

2300

20

1/4

45

1/4

45

1/4

45

1/4

45

1/4

20

1900

100

OPEN

酒櫃

客、餐廳間的矮屏

3500

2200

40

1000

550

300

100

100

H100mm深胡桃木色踢腳板

01 / 13 　餐廳立面一
SCALE:1/30

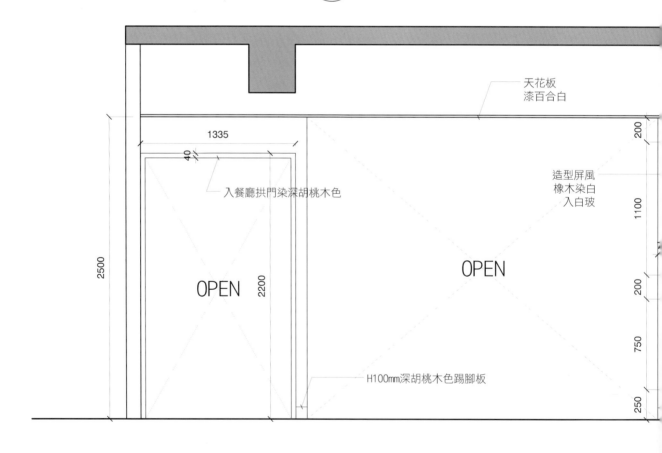

天花板
漆百合白

200

1335

40

入餐廳拱門染深胡桃木色

造型屏風
橡木染白
入白玻

2500

OPEN

2200

1100

OPEN

200

750

250

H100mm深胡桃木色踢腳板

得貴室內裝修有限公司
TEL (02) 28355896 FAX (02)28313903

案名

星光人道 陳公館

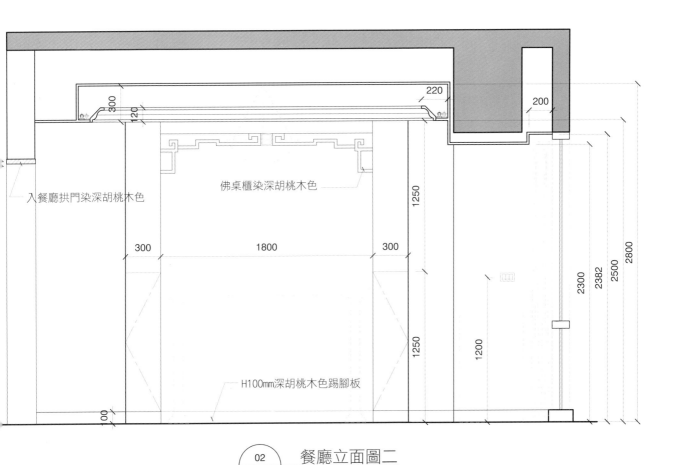

入餐廳拱門染深胡桃木色

佛桌櫃染深胡桃木色

300

120

220

200

300

1800

300

1250

2800

2500

2382

2300

1250

1200

H100mm深胡桃木色踢腳板

(02 / 13) 餐廳立面圖二
SCALE:1/30

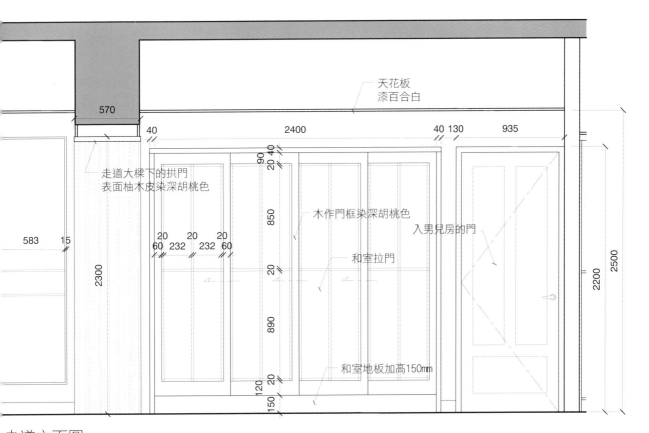

570

天花板
漆百合白

40

2400

40 130

935

走道大樑下的拱門
表面柚木皮染深胡桃色

90

20 40

木作門框染深胡桃色

入男兒房的門

583

15

20 20 20
60 232 232 60

850

2300

和室拉門

20

2500

2200

890

和室地板加高150mm

120 20

150

走道立面圖
SCALE:1/30

圖名		業主簽認	比例 as note	日期 2009.07.22	圖號	張號
餐廳及走道立面圖			設計 TOKU	繪圖 CHRIS	○	13

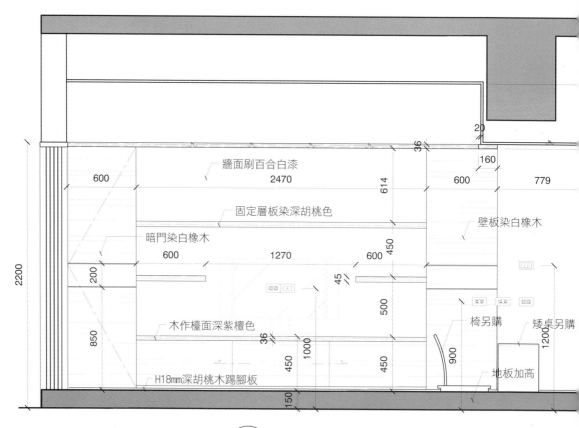

牆面刷百合白漆 2470

固定層板染深胡桃色

暗門染白橡木 600 1270 600

木作檯面深紫檀色

H18mm深胡桃木踢腳板

壁板染白橡木

椅另購　矮桌另購

地板加高

600　2200　614　160　600　779

36　450　45　500　450　1000　450　900　1200　150

200　850

⊙01 / 14　和室書房立面圖一
SCALE:1/30

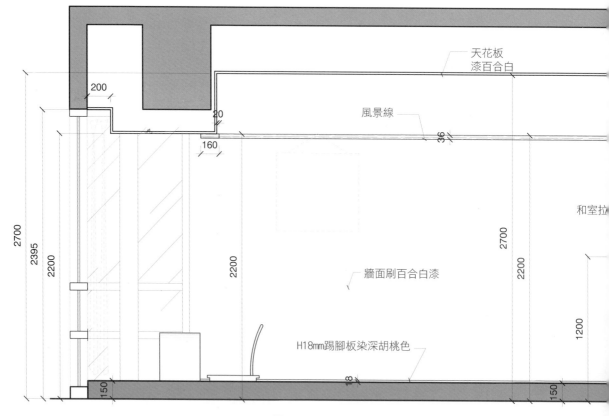

天花板 漆百合白

風景線

和室拉

牆面刷百合白漆

H18mm踢腳板染深胡桃色

2700　2395　2200　200　20　160　36　2700　2200　1200　150　18

⊙02 / 14　和室書房立面圖二
SCALE:1/30

得貴室內裝修有限公司
TEL (02) 28355896 FAX (02)28313903

星光大道 陳公館

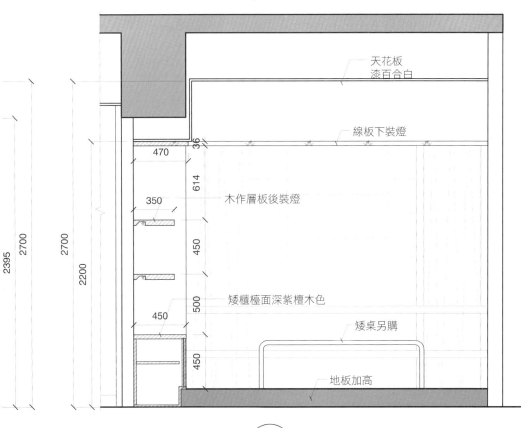

天花板
漆百合白

線板下裝燈

木作層板後裝燈

矮櫃檯面深紫檀木色

矮桌另購

地板加高

470　36
614
350
450
500
450
450
2700　2700　2200　2395

$\begin{array}{c} 03 \\ \hline 14 \end{array}$　和室書房立面圖三
SCALE:1/30

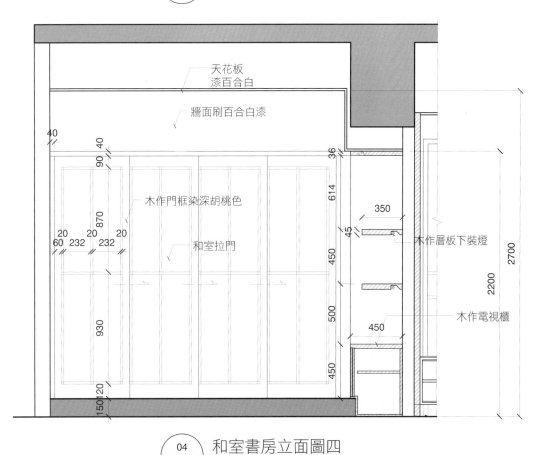

天花板
漆百合白

牆面刷百合白漆

木作門框染深胡桃色

和室拉門

木作層板下裝燈

木作電視櫃

40
40
90
36
614
870
45
450
20　20
60　232　232　20
350
930
500
450
450
2700　2200
150 120

$\begin{array}{c} 04 \\ \hline 14 \end{array}$　和室書房立面圖四
SCALE:1/30

圖名 和室書房立面圖	業主簽認	比例 as note	日期 2009.07.22	圖號 ◯	張號 ⑭
		設計 TOKU	繪圖 CHRIS		

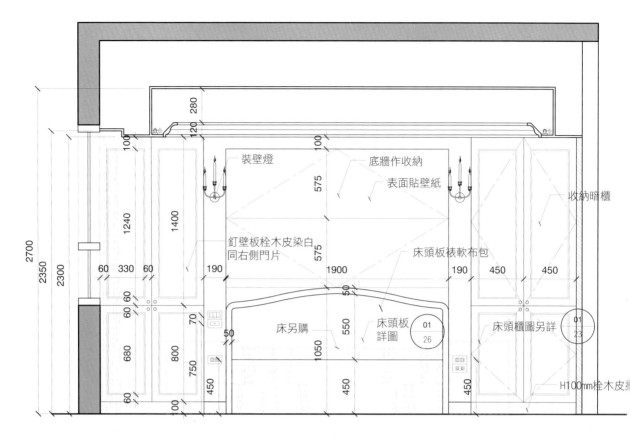

装壁燈
底牆作收納
表面貼壁紙
收納暗櫃
釘壁板栓木皮染白
同右側門片
床頭板裱軟布包
床另購
床頭板
詳圖
床頭櫃圖另詳
H100mm栓木皮

280
120
100
100
575
575
2700
2350
2300
1240
1400
1900
190
450
450
60 330 60
190
60 60
70
50
680
800
550
1050
450
450
450
60
750
100

⌀ 01 / 15 主臥房立面圖一
SCALE:1/30

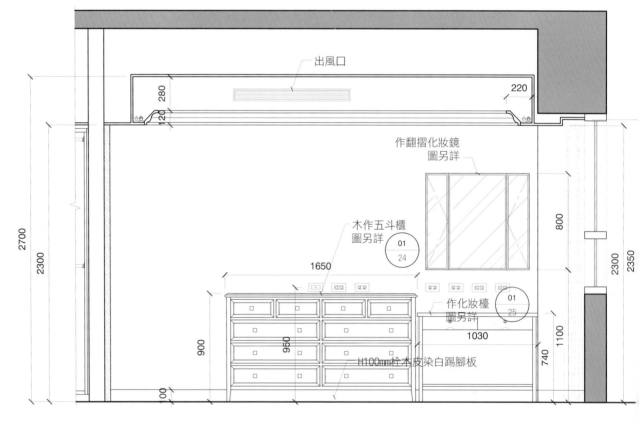

出風口
作翻摺化妝鏡
圖另詳
木作五斗櫃
圖另詳
作化妝檯
圖另詳
H100mm栓木皮染白踢腳板

280
120
220
2700
2300
800
2350
2300
1650
900
950
1100
740
1030
100

⌀ 02 / 15 主臥房立面圖二
SCALE:1/30

得貴室內裝修有限公司
TEL (02) 28355896 FAX (02)28313903

案名
星光大道 陳公館

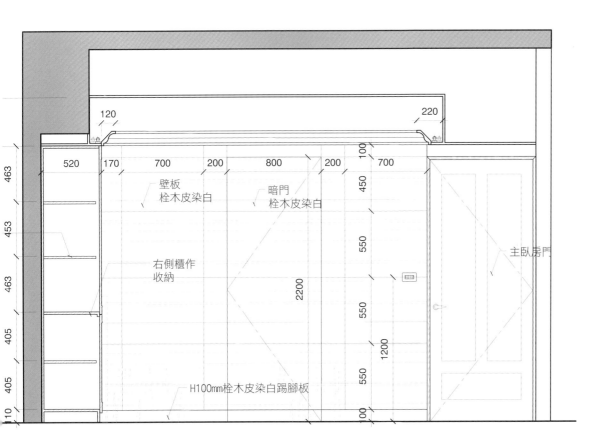

壁板
栓木皮染白

暗門
栓木皮染白

右側櫃作
收納

H100mm栓木皮染白踢腳板

主臥房門

120   220

520 170 700 200 800 200 100 700

463 453 463 405 405 110

450 550 2200 550 1200 550

03 / 15 主臥房立面圖三
SCALE:1/30

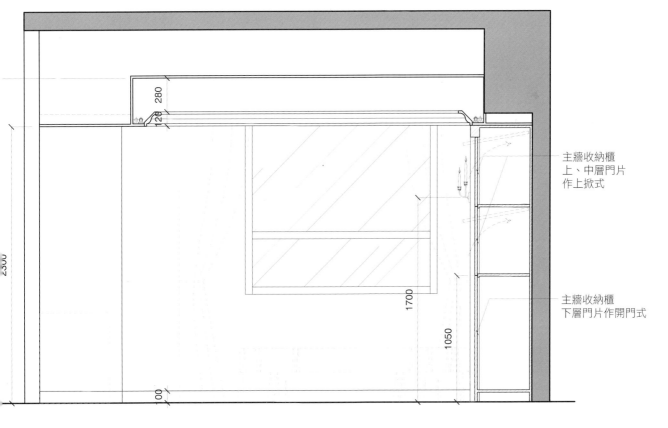

280
120

2300

1700

1050

主牆收納櫃
上、中層門片
作上掀式

主牆收納櫃
下層門片作開門式

04 / 15 主臥房立面圖四
SCALE:1/30

圖名		業主簽認	比例	日期	圖號	張號
主臥房立面圖			as note	2009.07.22	◯	15
			設計 TOKU	繪圖 CHRIS		

橡木皮染黑

書架側面橡木皮染黑

書架側面橡木皮染黑

分隔衣間及臥房的拱門

衣櫃內立面另詳

壁板裱布

懸空床頭抽屜櫃

衣櫃表面貼橡木皮染黑

H100mm染黑橡木踢腳板

200

2600
2350
2300

1550

347　98　300

2285

300

345

2200

2200
2300

750

600

450　200

100

100

01
16　男兒臥房立面圖一
SCALE:1/30

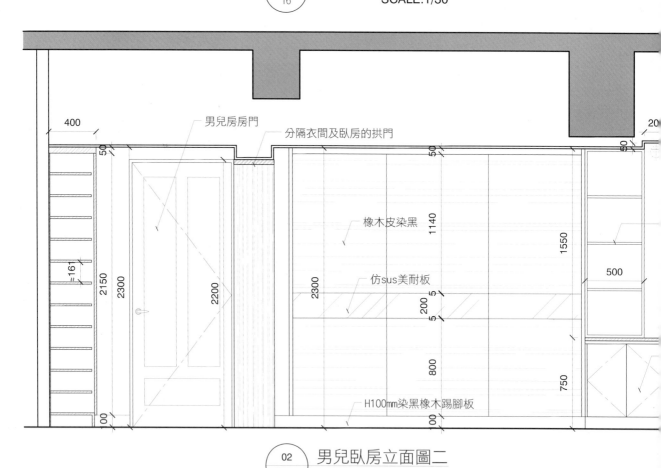

男兒房房門

分隔衣間及臥房的拱門

橡木皮染黑

仿sus美耐板

H100mm染黑橡木踢腳板

400

20

50

50

≒161

2150
2300

2200

2300

1140

1550

500

200　5

5

800

750

100

100

50

02
16　男兒臥房立面圖二
SCALE:1/30

得貴室內裝修有限公司
TEL (02) 28355896 FAX (02)28313903

星光大道　陳公館

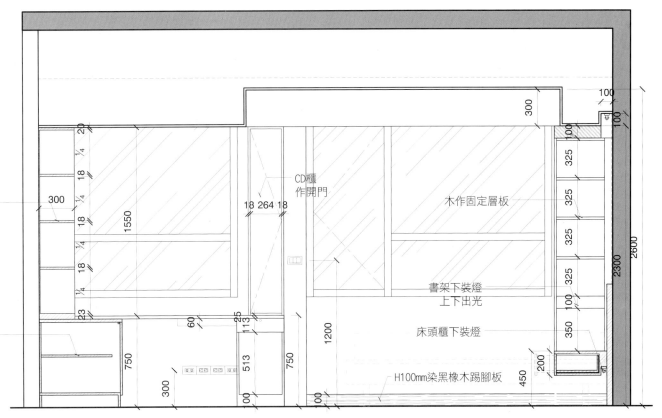

木作固定層板

分隔衣間及臥房的拱門

300

100

325

325

325

1750

衣櫃內立面另詳

床頭櫃詳圖　01/27

書架下裝燈
上下出光

2200

OPEN

衣櫃表面貼橡木皮染黑

325

100

450

450

1200

2600

2300

床頭櫃下裝燈

1000

200

250

H100mm染黑橡木踢腳板

03/16　男兒臥房立面圖三
SCALE:1/30

20

¼

18

¼

300

18

¼

18

1550

¼

18

¼

23

60

25

113

18 264 18

CD櫃
作開門

木作固定層板

300

100

325

325

325

325

2600

2300

書架下裝燈
上下出光

床頭櫃下裝燈

100

350

200

450

513

750

300

100

1200

750

100

H100mm染黑橡木踢腳板

04/16　男兒臥房立面圖四
SCALE:1/30

圖名	業主簽認	比例 AS NOTE	日期 2009.07.22	圖號	張號
男孩房各向立面圖		設計 TOKU	繪圖 CHRIS		16

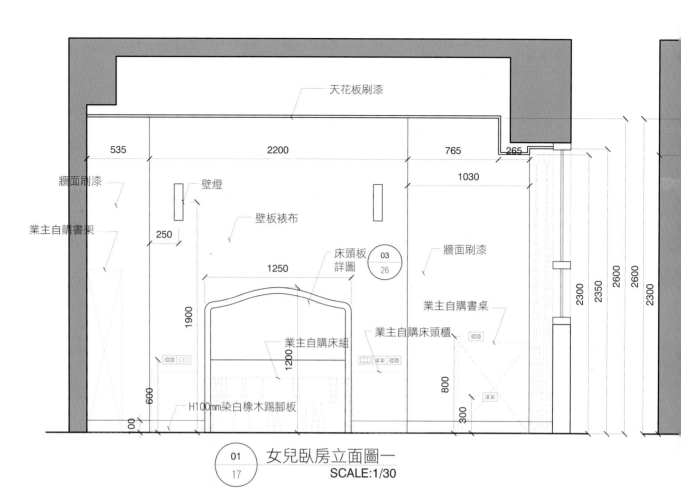

天花板刷漆

牆面刷漆

業主自購書架

535　2200　765　265

1030

壁燈

壁板裱布

250

床頭板詳圖 03/26

牆面刷漆

1250

1900

業主自購書桌

業主自購床頭櫃

業主自購床組

1200

H100mm染白橡木踢腳板

600

100

2600 2350 2300

2600 2300

800

300

01/17　女兒臥房立面圖一
SCALE:1/30

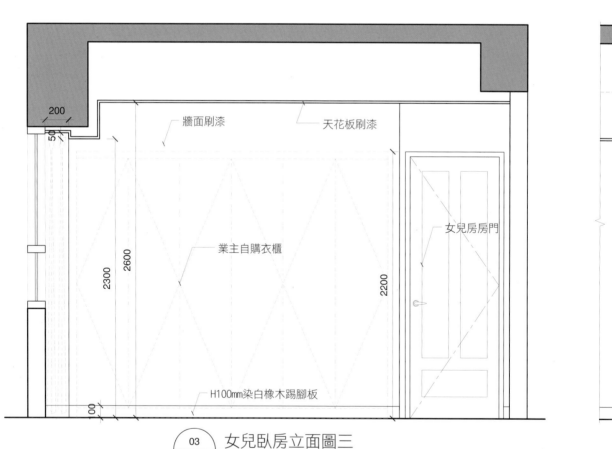

200

50

牆面刷漆

天花板刷漆

2600 2300

業主自購衣櫃

女兒房房門

2200

H100mm染白橡木踢腳板

100

03/17　女兒臥房立面圖三
SCALE:1/30

TOKU

得貴室內裝修有限公司
TEL (02) 28355896 FAX (02)28313903

案名

星光大道 陳公館

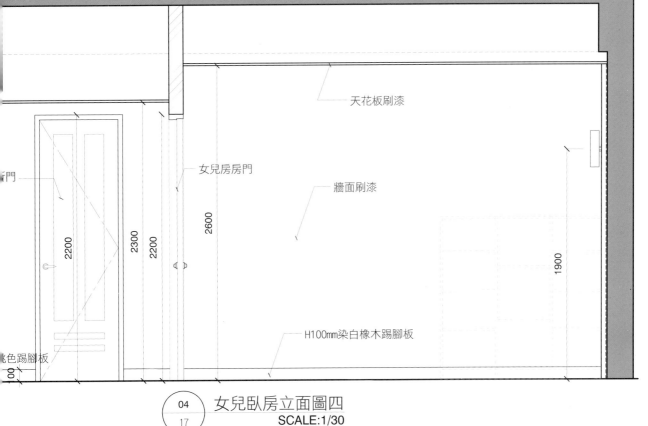

天花板刷漆

天花立板刷漆

女兒房房門

入廚房拉門

300

2300

牆面刷漆

2200

2300

2200

1200

H100mm染白橡木踢腳板

房外走道
H100mm染深胡桃色踢腳板

100

02
17

女兒臥房立面圖二
SCALE:1/30

天花板刷漆

女兒房房門

牆面刷漆

門

2200

2300

2200

2600

1900

色踢腳板

H100mm染白橡木踢腳板

100

04
17

女兒臥房立面圖四
SCALE:1/30

圖名		業主簽認	比例 AS NOTE	日期 2009.00.04	圖號	張號
女孩房各向立面圖			設計 TOKU	繪圖 CHRIS		17

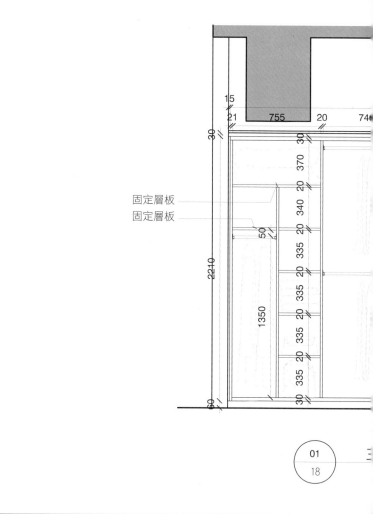

固定層板
固定層板

01
18

此線以左是暗櫃

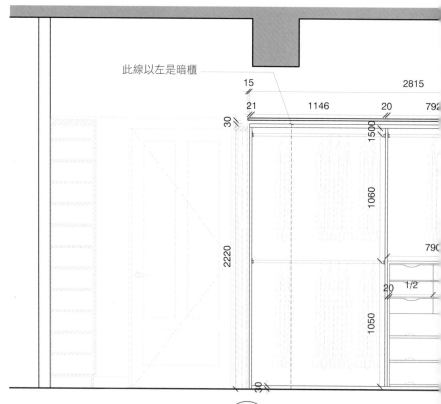

02
18 男孩臥房衣櫃內立面圖
SCALE:1/30

TOKU
得貴室內裝修有限公司
TEL (02) 28355896 FAX (02)28313903

星光大道 陳公館

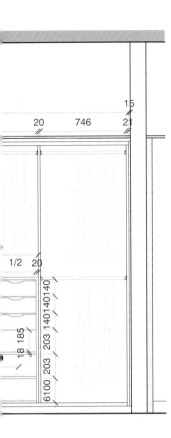

20　746　21
15

1/2　20

6100 203　140140140
18 185　203

立面圖
SCALE:1/30

96
15
21

固定層板

50

1350

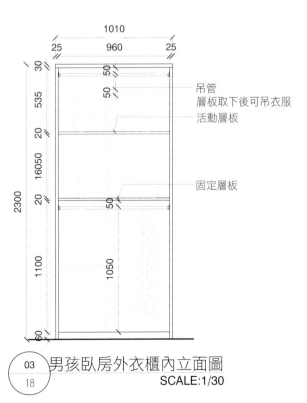

1010
25　960　25

30
535
20
16050
20
1100
60

50　50

50

50

2300

1050

吊管
層板取下後可吊衣服
活動層板

固定層板

(03) 男孩臥房外衣櫃內立面圖
(18) SCALE:1/30

圖名		業主簽認	比例	日期	圖號	張號
主臥房及男孩房衣櫃內立面圖			AS NOTE	2009.08.04	○	18
			設計	繪圖		
			TOKU	CHRIS		

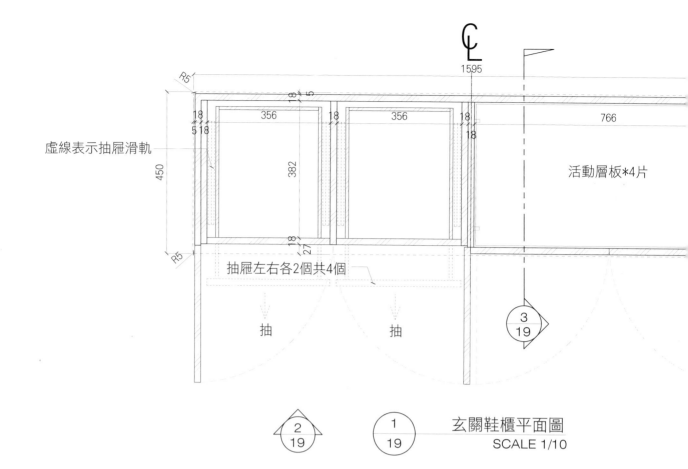

虛線表示抽屜滑軌

活動層板*4片

抽屜左右各2個共4個

抽 抽

3
19

2
19

1
19

玄關鞋櫃平面圖
SCALE 1/10

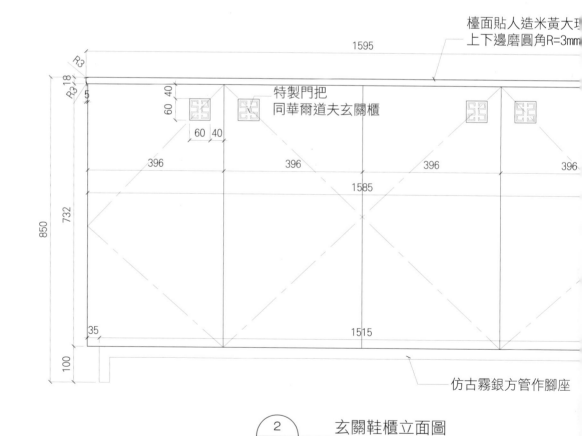

檯面貼人造米黃大理
上下邊磨圓角R=3mm

特製門把
同華爾道夫玄關櫃

仿古霧銀方管作腳座

2
19

玄關鞋櫃立面圖
SCALE 1/10

得貴室內裝修有限公司
TEL (02) 28355896 FAX (02)28313903

案名

星光大道 陳公館

檯面貼人造米黃大理石
四邊磨圓角R=5mm

櫃體退桌面5mm

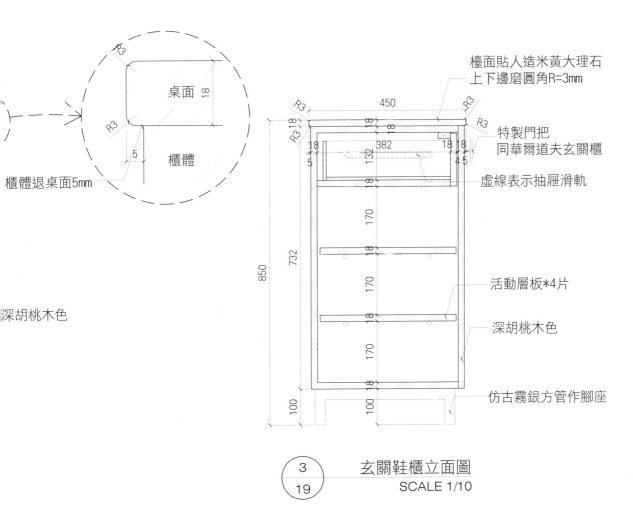

檯面貼人造米黃大理石
上下邊磨圓角R=3mm

桌面 18

R3

R3

櫃體

5

櫃體退桌面5mm

深胡桃木色

450

R3   R3

R3 18   18   18   R3

18   382   18 18

5   132   4 5

850   732

特製門把
同華爾道夫玄關櫃

虛線表示抽屜滑軌

18

170

18

170

活動層板*4片

18

170

深胡桃木色

18

100   100

仿古霧銀方管作腳座

③
——
19

玄關鞋櫃立面圖
SCALE 1/10

| 圖名 玄關鞋櫃施工圖 | 業主簽認 | 比例 1/10 | 日期 2008.04.02 | 圖號 | 張號 19 |
| | | 設計 TOKU | 繪圖 CHRIS | | |

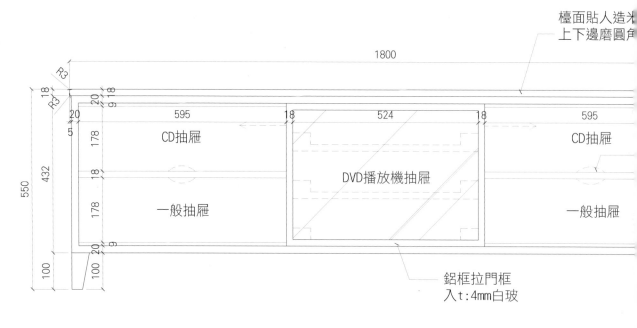

挖孔走線路

1800

571   18 87   397   87 18   571

R5 5 20

9 426

25 162 9 162 9 162 25
9   9

550   390   上方抽屜做CD架   DVD播放機抽屜   抽屜兩側裝軌道

下方做一般抽屜

30 18   20 5.5

R5

門片上下裝
滑輪滑槽

③
20

④
20

②
20

鋁框拉門框
入t：4mm白玻

①
20   平面圖
SCALE 1/10

檯面貼人造米
上下邊磨圓角

1800

R3

R3 18 20
9 18
20   595   18   524   18   595
5

178   CD抽屜   DVD播放機抽屜   CD抽屜

432   18

550   178   一般抽屜   一般抽屜

20
9
100   20

100   鋁框拉門框
入t：4mm白玻

②
20   立面圖
SCALE 1/10

得貴室內裝修有限公司
TEL (02) 28355896 FAX (02)28313903

星光大道 陳公館

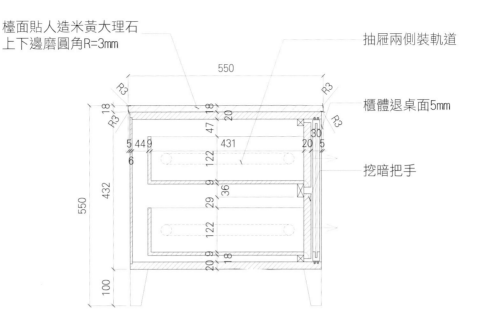

檯面貼人造米黃大理石
四邊磨圓角R=5mm

檯面貼人造米黃大理石
上下邊磨圓角R=3mm

抽屜兩側裝軌道

櫃體退桌面5mm

深胡桃木色

櫃體退桌面5mm

挖暗把手

550

③
20　剖面圖
　　SCALE 1/10

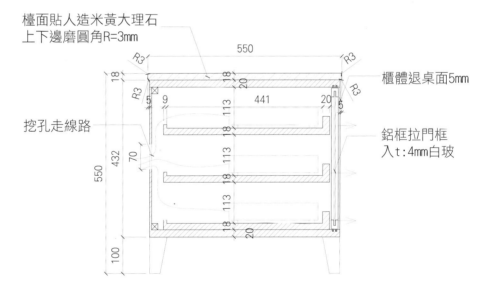

檯面貼人造米黃大理石
上下邊磨圓角R=3mm

櫃體退桌面5mm

櫃體退桌面5mm

挖孔走線路

鋁框拉門框
入t:4mm白玻

深胡桃木色

550

④
20　剖面圖
　　SCALE 1/10

圖名	電視櫃施工圖	業主簽認	比例 1/10	日期 2008.04.02	圖號	張號 20
			設計 Toku	繪圖 CHRIS		

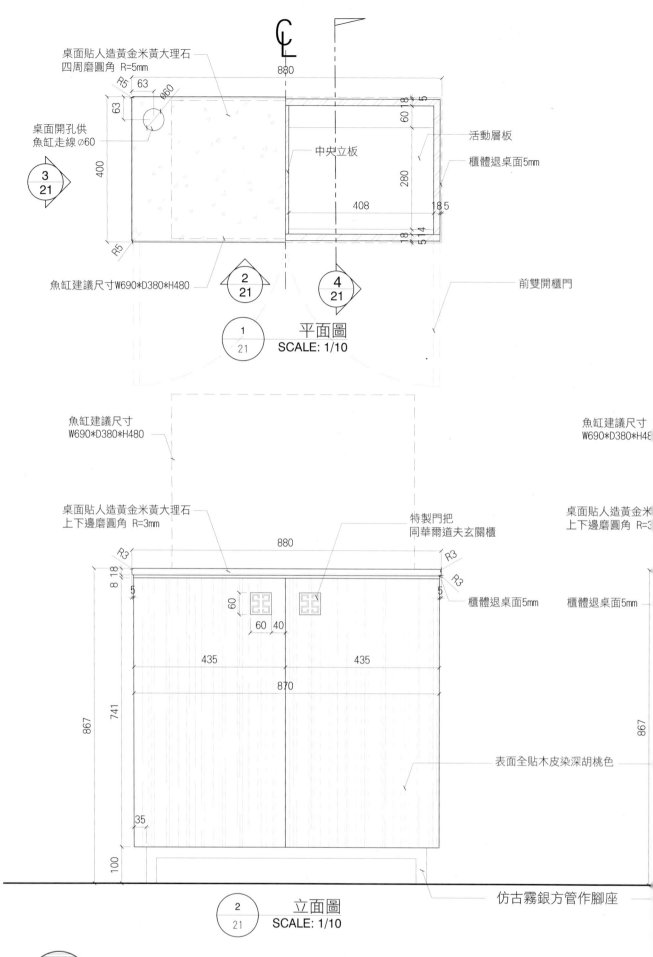

桌面貼人造黃金米黃大理石
四周磨圓角 R=5mm

R5 63
63 Ø60

桌面開孔供
魚缸走線 Ø60

400

3
21

60 18 5
60 18
280
408
18 5

活動層板

櫃體退桌面5mm

中央立板

18
5 14

魚缸建議尺寸W690*D380*H480

2
21

4
21

前雙開櫃門

1
21

平面圖
SCALE: 1/10

魚缸建議尺寸
W690*D380*H480

魚缸建議尺寸
W690*D380*H48

桌面貼人造黃金米黃大理石
上下邊磨圓角 R=3mm

880

特製門把
同華爾道夫玄關櫃

桌面貼人造黃金米
上下邊磨圓角 R=3

R3
8 18
5

60
60 40

R3
R3
5

435

435

櫃體退桌面5mm

櫃體退桌面5mm

867

741

870

867

表面全貼木皮染深胡桃色

35

100

仿古霧銀方管作腳座

2
21

立面圖
SCALE: 1/10

得貴室內裝修有限公司
TEL (02) 28355896 FAX (02)28313903

案名

星光人道 陳公館

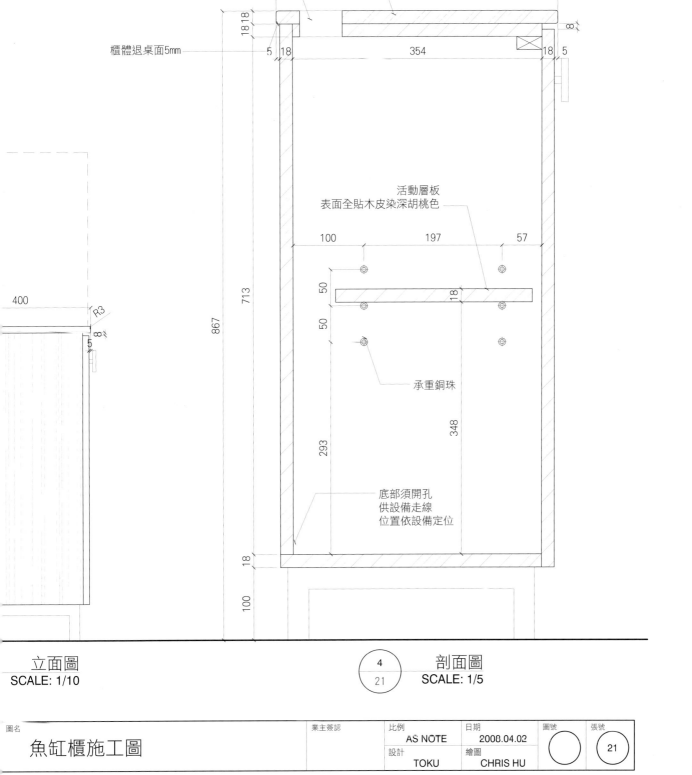

桌面貼人造黃金米黃大理石
上下邊磨圓角 R=3mm

桌面開孔供
魚缸走線 ∅60

櫃體退桌面5mm

400

354

活動層板
表面全貼木皮染深胡桃色

100 197 57

承重銅珠

底部須開孔
供設備走線
位置依設備定位

867

713

293

348

立面圖
SCALE: 1/10

剖面圖
SCALE: 1/5

4
21

圖名	魚缸櫃施工圖	業主簽認	比例 AS NOTE	日期 2008.04.02	圖號	張號
			設計 TOKU	繪圖 CHRIS HU		21

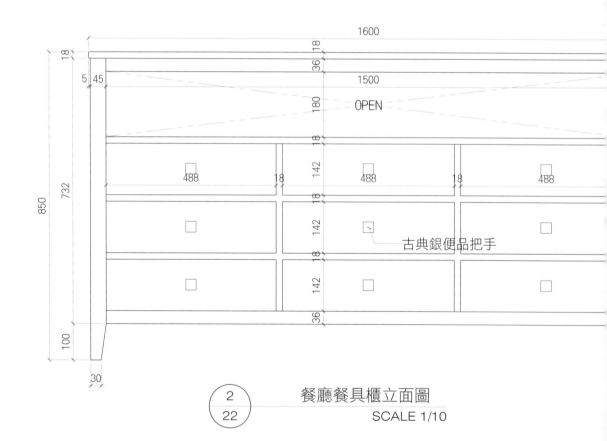

1600

R5

3
22

檯面貼人造米黃大理石
四邊磨圓角R=5mm

R5

2
22

1
22

餐廳餐具櫃平面圖
SCALE 1/10

1600

18

18

36

5 45

1500

180

OPEN

732

18

850

142

488

18

488

18

488

18

142

古典銀便品把手

18

142

100

36

30

2
22

餐廳餐具櫃立面圖
SCALE 1/10

得青室內裝修有限公司
TEL (02) 28355896 FAX (02)28313903

案名
星光大道 陳公館

$\dfrac{4}{22}$ 餐廳餐具櫃效果圖

檯面貼人造米黃大理石
上下邊磨圓角R=3mm

…檯面貼人造米黃大理石
…下邊磨圓角R=3mm

…體退桌面5mm

…5*45胡桃木皮腳架

600

18

R3

R3

36

18

5 45

500

455

180

OPEN

18

732

850

462

深胡桃木色

36

100

$\dfrac{3}{22}$ 餐廳餐具櫃立面圖

SCALE 1/10

註:除桌面貼米黃人造大理石外. 其他均見
胡桃木皮染深胡桃色

圖名 餐廳餐具櫃施工圖	業主簽認	比例 1/10	日期 2008.04.02	圖號	張號 22
		設計 Toku	繪圖 CHRIS		

室內設計的施工圖與裝修工程

237

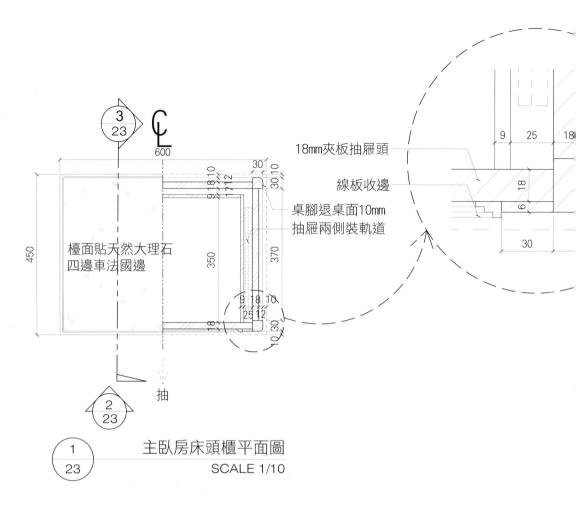

18mm夾板抽屜頭

線板收邊

桌腳退桌面10mm

抽屜兩側裝軌道

檯面貼天然大理石
四邊車法國邊

<table>
<tr><td></td><td>9</td><td>25</td><td>18</td></tr>
</table>

$$\frac{1}{23}$$ 主臥房床頭櫃平面圖

SCALE 1/10

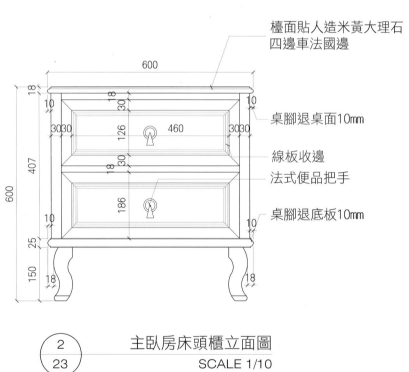

檯面貼人造米黃大理石
四邊車法國邊

桌腳退桌面10mm

線板收邊

法式便品把手

桌腳退底板10mm

$$\frac{2}{23}$$ 主臥房床頭櫃立面圖

SCALE 1/10

得書宰內裝修有限公司
TEL (02) 28355896 FAX (02)28313903

案名
星光大道 陳公館

桌腳退桌面10mm

桌腳圓角R=10mm

檯面貼天然大理石
四邊車法國邊

450

桌腳退桌面10mm

10

18 18

30

10 12 18

376

18 6

抽屜兩側裝軌道

126

389

30

18

600

36

18mm夾板抽屜頭
線板收邊

法式便品把手

抽屜兩側裝軌道

10

10

25

便品法式車枳腳

18

18

150

③
23

主臥房床頭櫃詳圖
SCALE 1/4

註:除桌面人造米黃石外.
其他均見貼栓木皮染白

圖名		業主簽認	比例		日期		圖號	張號
主臥房床頭櫃施工圖			1/10		2008.04.02		○	23
			設計	Toku	繪圖	CHRIS		

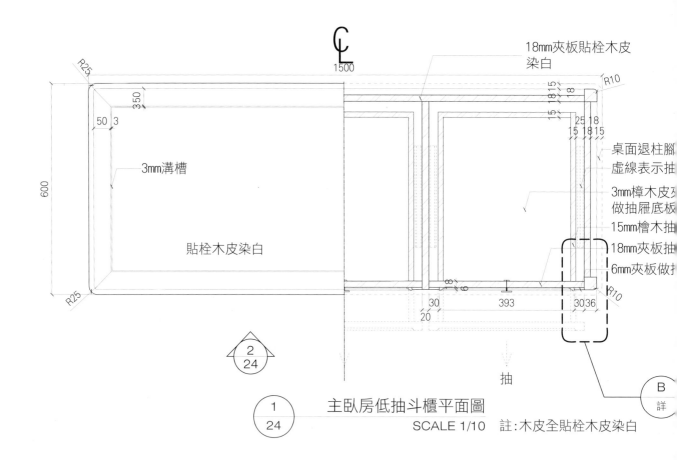

R25

350

50 3

3mm溝槽

600

貼栓木皮染白

R25

18mm夾板貼栓木皮
染白

R10

18 15

18

25 18
15 18 15

桌面退柱腳
虛線表示抽

3mm樟木皮夾
做抽屜底板

15mm檜木抽

18mm夾板抽

6mm夾板做扎

R10

30   393   30 36

20

抽

B
詳

2
24

1
24   主臥房低抽斗櫃平面圖
SCALE 1/10   註:木皮全貼栓木皮染白

3
24

1500

貼栓木皮
染白

桌面退柱

30   30
20
20
1536   453   20   453   20   453   36 15
150

25   法式便品

25   172   立柱小圓
半徑10

20   線板收邊

745   900   172   18mm夾

20

172   6mm夾板
飾框

15

250

100   25

18

便品法式車枳腳

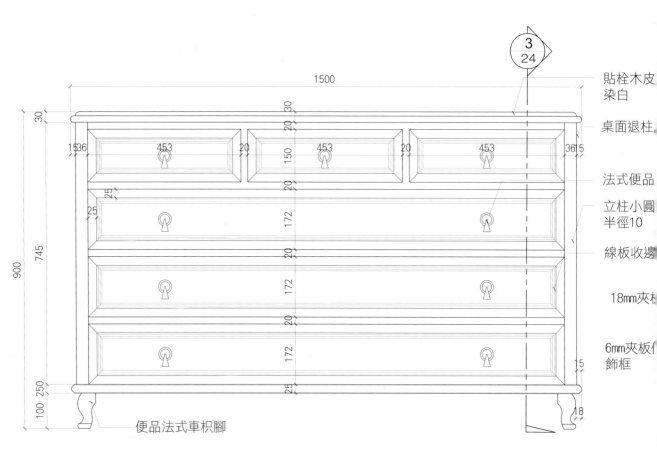

2
24   主臥房低抽斗櫃立面圖
SCALE 1/10

TOKU   得貴室內裝修有限公司
TEL (02) 28355896 FAX (02)28313903

案名

星光大道 陳公館

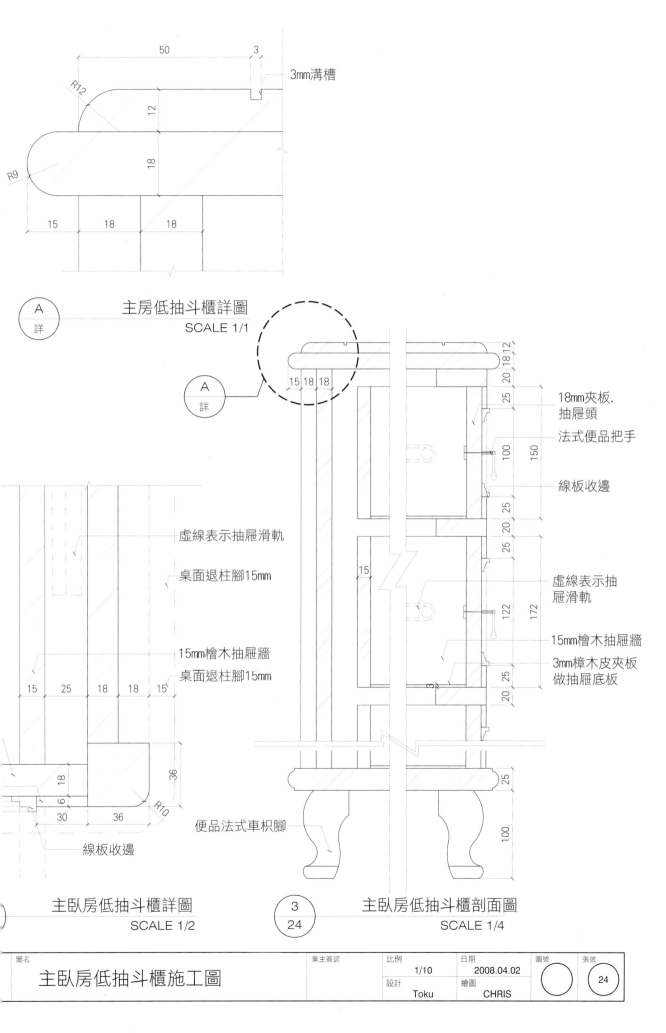

50   3

3mm溝槽

R12

12

18

R9

15   18   18

Ⓐ詳   主房低抽斗櫃詳圖
SCALE 1/1

Ⓐ詳

15 18 18

18 12
20
25

18mm夾板.
抽屜頭

法式便品把手

線板收邊

虛線表示抽屜滑軌

桌面退柱腳15mm

25   25

25 20 25

25

15

122   172

虛線表示抽
屜滑軌

15mm檜木抽屜牆
桌面退柱腳15mm

15   25   18   18   15

15mm檜木抽屜牆

3mm樟木皮夾板
做抽屜底板

20 25

36

18

6

R10

30   36

25

線板收邊

100

便品法式車杅腳

主臥房低抽斗櫃詳圖
SCALE 1/2

3
24   主臥房低抽斗櫃剖面圖
SCALE 1/4

圖名		業主簽認	比例		日期		圖號	張號
主臥房低抽斗櫃施工圖			1/10		2008.04.02		◯	24
			設計	Toku	繪圖	CHRIS		

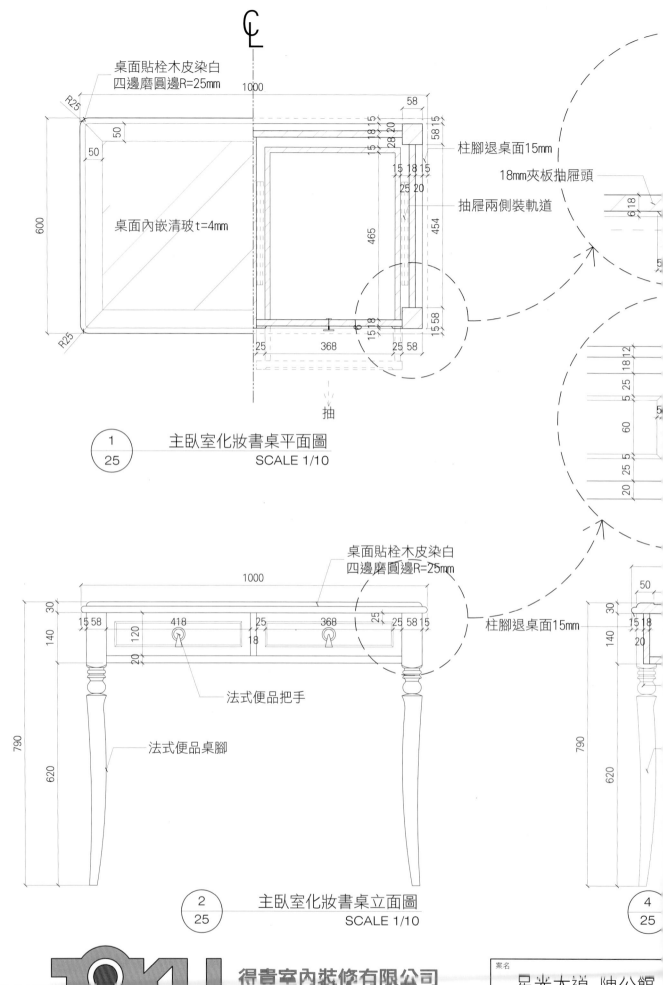

桌面貼栓木皮染白
四邊磨圓邊R=25mm

1000

R25

58

58 15

15 18 15
28 20

58 15

柱腳退桌面15mm

18mm夾板抽屜頭

6 18

50

50

15 18 15

25 20

抽屜兩側裝軌道

600

桌面內嵌清玻t=4mm

465

454

R25

15 58

6

15 58

25

368

25 58

抽

① / 25　主臥室化妝書桌平面圖
SCALE 1/10

18 12

5 25

60

25 5

20

桌面貼栓木皮染白
四邊磨圓邊R=25mm

1000

30

15 58

25

25 58 15

柱腳退桌面15mm

50

30

140

120

418

25

368

15 18
20

20

18

140

法式便品把手

790

620

法式便品桌腳

790

620

② / 25　主臥室化妝書桌立面圖
SCALE 1/10

④ / 25

TOKU
得書室內裝修有限公司
TEL (02) 28355896 FAX (02)28313903

案名
星光大道　陳公館

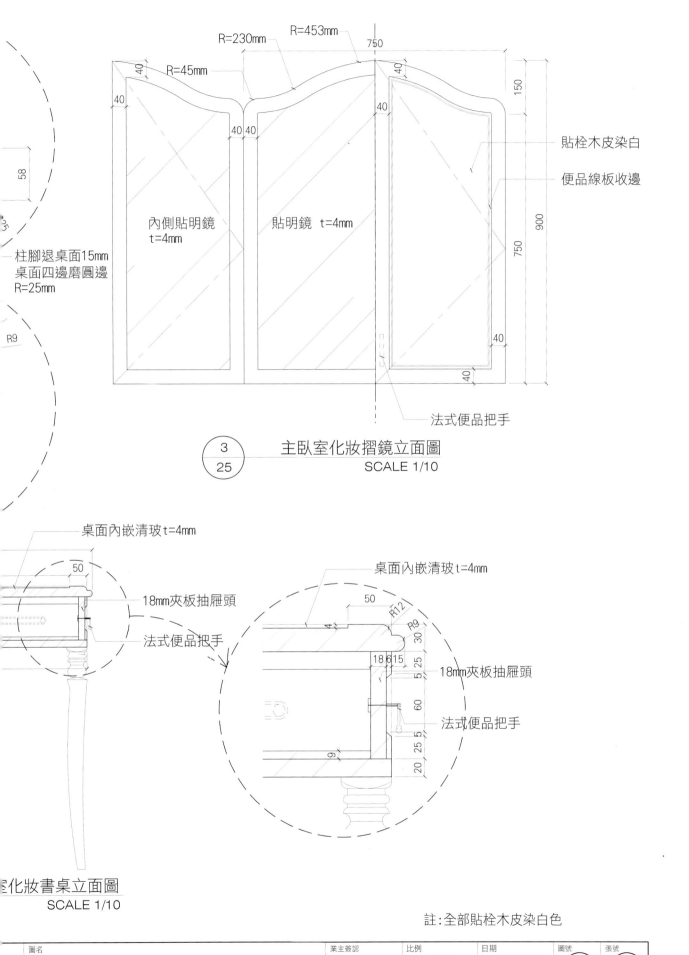

R=453mm

R=230mm

750

R=45mm

40

40

40

40

40 40

40

150

內側貼明鏡
t=4mm

貼明鏡 t=4mm

貼栓木皮染白

便品線板收邊

900

750

柱腳退桌面15mm
桌面四邊磨圓邊
R=25mm

58

R9

40

40

法式便品把手

③ 主臥室化妝摺鏡立面圖
25 SCALE 1/10

桌面內嵌清玻 t=4mm

桌面內嵌清玻 t=4mm

50

50

R12

R9

4

30

18mm夾板抽屜頭

18 6 15

5 25

18mm夾板抽屜頭

法式便品把手

60

法式便品把手

25 5

9

20

化妝書桌立面圖
SCALE 1/10

註:全部貼栓木皮染白色

圖名	業主簽認	比例	日期	圖號	張號
主臥室化妝書桌施工圖		1/10	2008.04.02	○	25
	設計 Toku	繪圖 CHRIS			

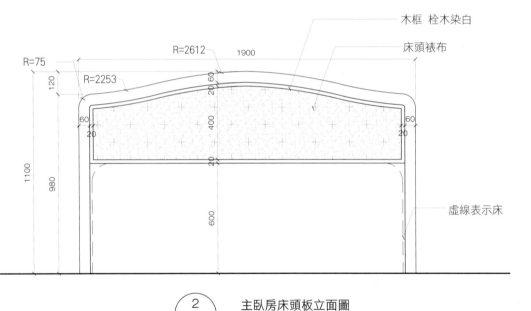
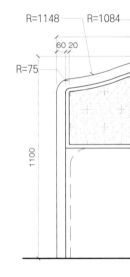

木框 栓木染白

18mm木心板
用鐵榫掛鉤固定於牆上

床頭裱布

踢腳板

1900

36
18

60 20

20 60

虛線表示床

```
 1
---
26
```

主臥房床頭板平面圖
SCALE 1/20

木框 栓木染白

床頭裱布

R=75

R=2612

1900

R=2253

120

60
20

400

60
20

20

60
20

1100

980

600

60

20

虛線表示床

R=1148   R=1084

60 20

R=75

1100

```
 2
---
26
```

主臥房床頭板立面圖
SCALE 1/20

得貴室內裝修有限公司
TEL (02) 28355896 FAX (02)28313903

案名
星光大道 陳公館

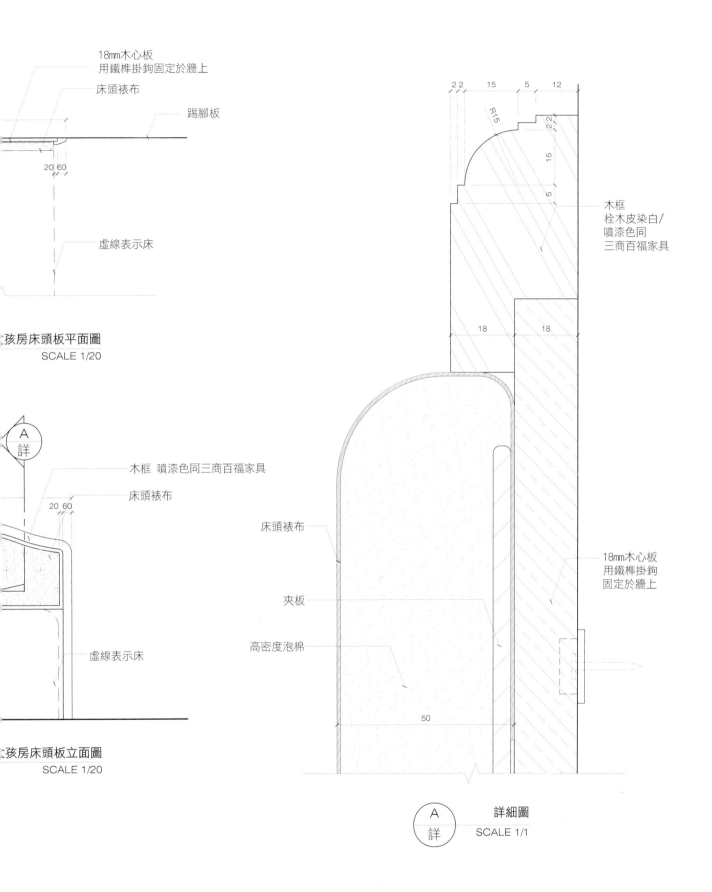

18mm木心板
用鐵榫掛鉤固定於牆上

床頭裱布

踢腳板

20 60

虛線表示床

孩房床頭板平面圖
SCALE 1/20

22   15   5   12

R15

2 2

15

5

木框
栓木皮染白/
噴漆色同
三商百福家具

18   18

A
詳

木框 噴漆色同三商百福家具

床頭裱布

20 60

虛線表示床

孩房床頭板立面圖
SCALE 1/20

床頭裱布

夾板

高密度泡棉

50

18mm木心板
用鐵榫掛鉤
固定於牆上

A
詳

詳細圖
SCALE 1/1

圖名		業主簽認	比例		日期		圖號	張號
主臥房及女孩房床頭板施工圖			AS NOTE		2008.04.02		◯	26
			設計		繪圖			
			TOKU		CHRIS			

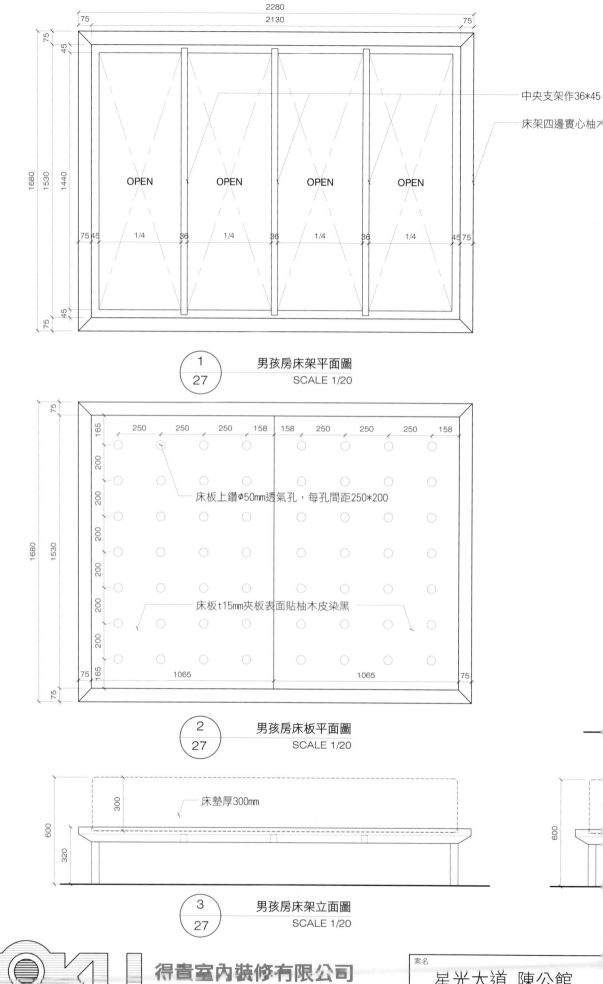

中央支架作36*45

床架四邊實心柚木

OPEN **OPEN** **OPEN** **OPEN**

2280
2130
75 75
75
45
1680
1530
1440
75 45 1/4 36 1/4 36 1/4 36 1/4 45 75
45
75

①
27
男孩房床架平面圖
SCALE 1/20

床板上鑽φ50mm透氣孔，每孔間距250*200

床板t15mm夾板表面貼柚木皮染黑

250 250 250 158 158 250 250 250 158
75
165
200
200
200
200
200
200
1680
1530
75
165 1065 1065 75

②
27
男孩房床板平面圖
SCALE 1/20

床墊厚300mm

300
600
320
600

③
27
男孩房床架立面圖
SCALE 1/20

TOKU

得喜室內裝修有限公司
TEL (02) 28355896 FAX (02)28313903

案名
星光大道 陳公館

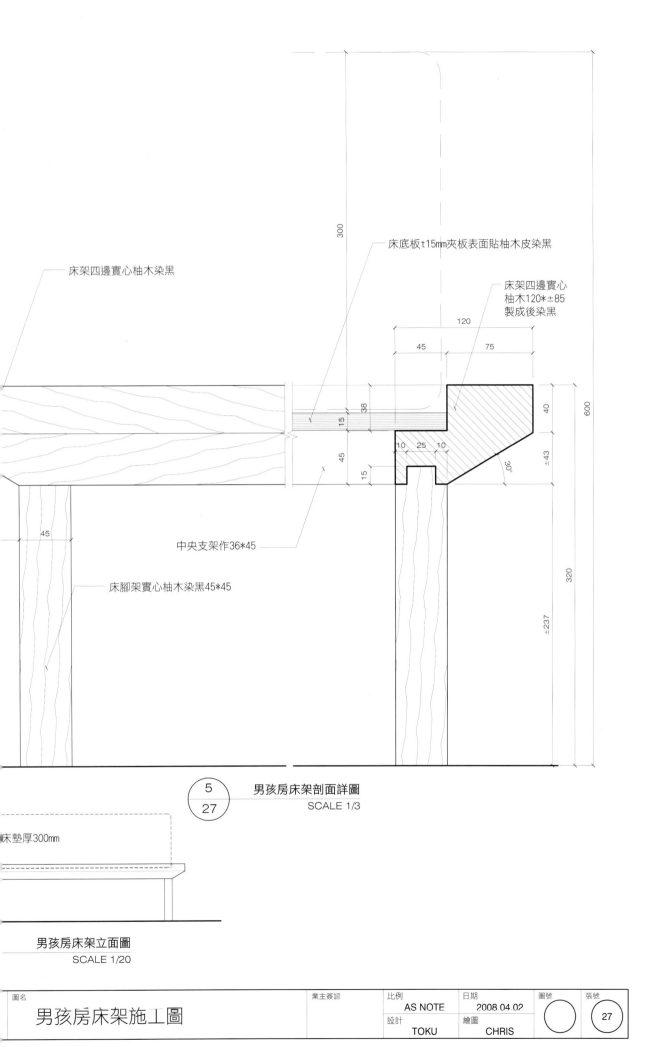

床架四邊實心柚木染黑

床底板 t15mm夾板表面貼柚木皮染黑

床架四邊實心
柚木120*±85
製成後染黑

300

120

45   75

38
15
40

45
15
10 25 10

30°

±43

600

45

±237

320

中央支架作36*45

床腳架實心柚木染黑45*45

⑤
㉗
男孩房床架剖面詳圖
SCALE 1/3

床墊厚300mm

男孩房床架立面圖
SCALE 1/20

圖名	業主簽認	比例	日期	圖號	張號
男孩房床架施工圖		AS NOTE	2008.04.02	○	㉗
		設計	繪圖		
		TOKU	CHRIS		

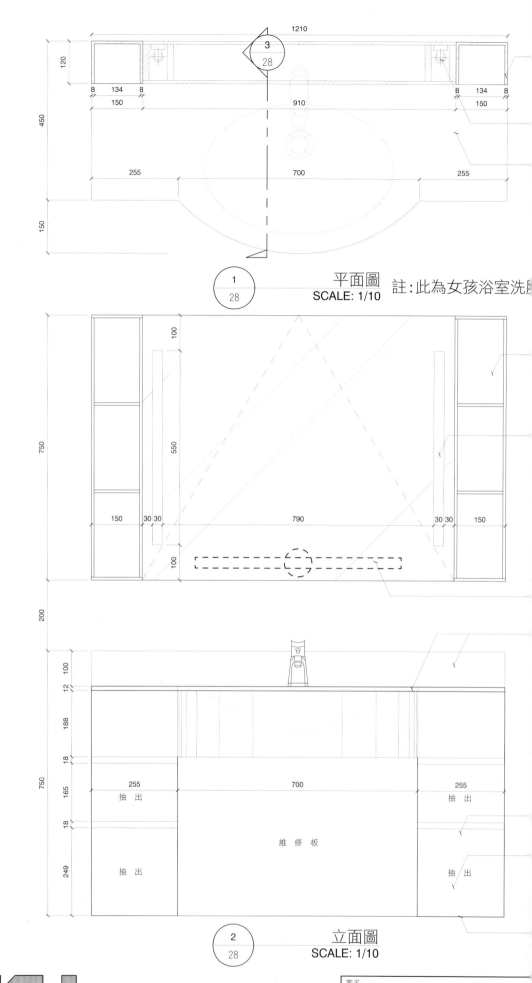

1210

120

8 134 8
150

910

3
28

450

255

700

255

150

1
28

平面圖
SCALE: 1/10

註:此為女孩浴室洗臉

100

550

750

150 30 30

790

30 30 150

100

200

100

12

188

18

165

18

249

255

抽 出

700

255

抽 出

維 修 板

抽 出

抽 出

750

2
28

立面圖
SCALE: 1/10

TOKU 得貴室內裝修有限公司
TEL (02) 28355896 FAX (02)28313903

案名
星光大道 陳公館

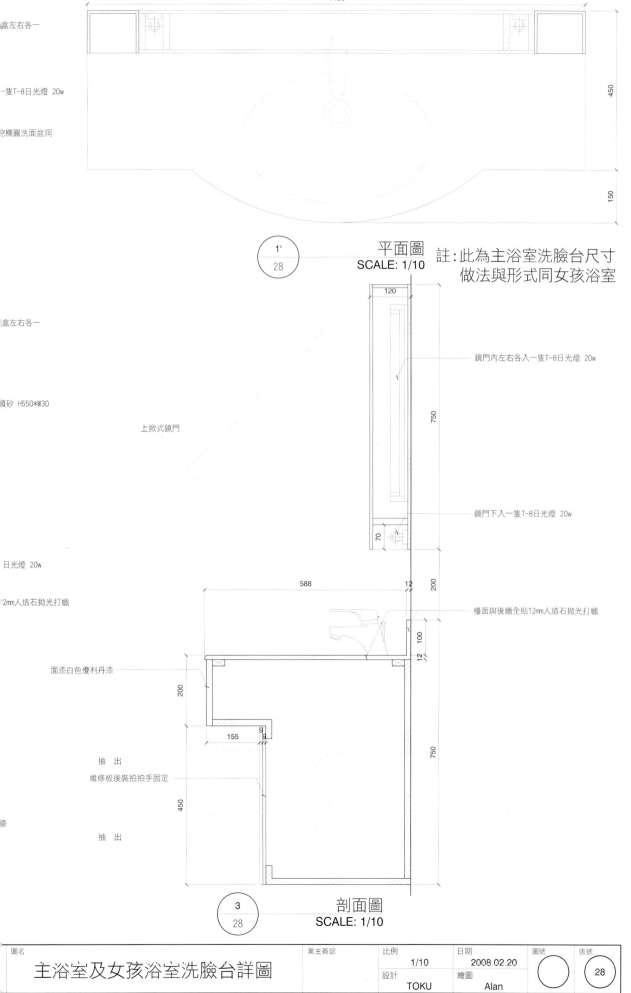

1450

450

150

1'
28

平面圖
SCALE: 1/10

註:此為主浴室洗臉台尺寸
做法與形式同女孩浴室

盒左右各一

一隻T-8日光燈 20w

瓷橢圓洗面盆洞

盒左右各一

120

鏡門內左右各入一隻T-8日光燈 20w

750

噴砂 H550*W30

上掀式鏡門

鏡門下入一隻T-8日光燈 20w

70

日光燈 20w

2mm人造石拋光打蠟

588   12   200

100

12

檯面與後牆全貼12mm人造石拋光打蠟

面漆白色優利丹漆

200

750

155   9 9

抽 出

維修板後裝拍拍手固定

450

抽 出

漆

3
28

剖面圖
SCALE: 1/10

圖名		業主簽認	比例		日期		圖號	張號
主浴室及女孩浴室洗臉台詳圖			1/10		2008.02.20		○	28
			設計	繪圖				
			TOKU	Alan				

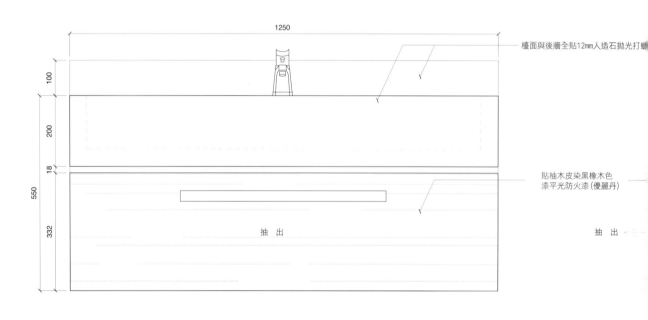

1250

80

80

500

3
29

檯面人造石12mm

裝掛毛巾桿 (現品)
長800~600不鏽鋼毛絲面

貼柚木皮染黑橡木色
漆平光防火漆 (優麗

1
29
平面圖
SCALE: 1/10

1250

100

200

18

550

332

檯面與後牆全貼12mm人造石拋光打蠟

抽　出

貼柚木皮染黑橡木色
漆平光防火漆 (優麗丹)

抽　出

2
29
立面圖
SCALE: 1/10

TOKU 得貴室內裝修有限公司
TEL (02) 28355896 FAX (02)28313903

案名
星光大道 陳公館

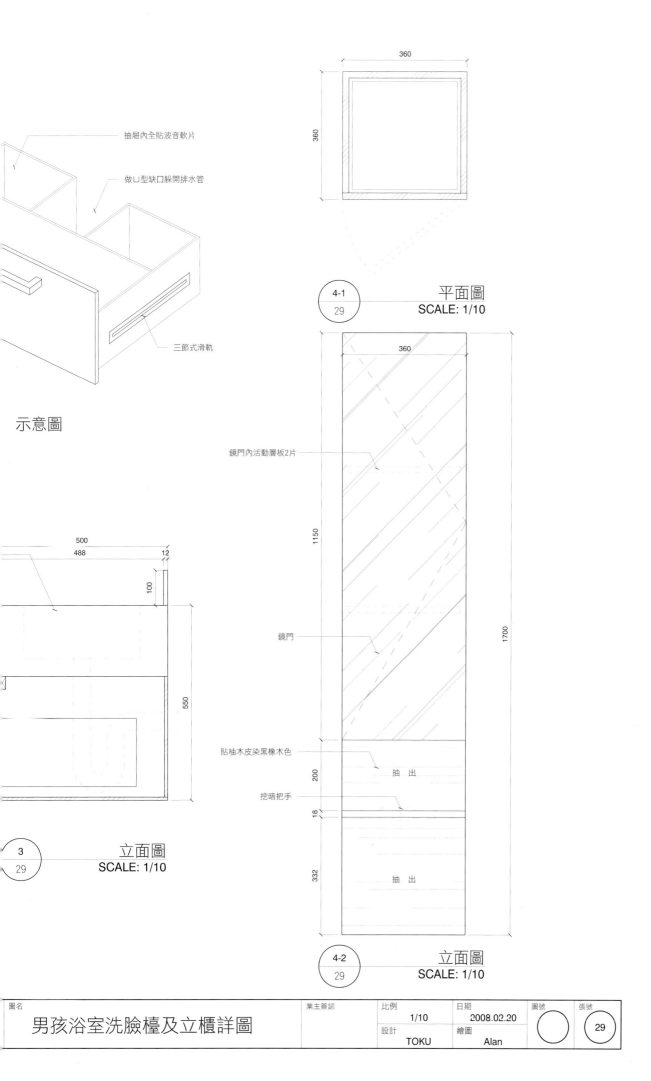

抽屜內全貼波音軟片

做凵型缺口躲開排水管

三節式滑軌

示意圖

360

360

4-1
29

平面圖
SCALE: 1/10

360

鏡門內活動層板2片

1150

1700

鏡門

500
488
12

100

550

貼柚木皮染黑橡木色

200

挖暗把手

18

抽　出

332

抽　出

3
29

立面圖
SCALE: 1/10

4-2
29

立面圖
SCALE: 1/10

圖名	業主簽認	比例		日期		圖號	張號
男孩浴室洗臉檯及立櫃詳圖		1/10		2008.02.20			29
		設計	TOKU	繪圖	Alan		

新形象出版圖書目錄

郵撥帳號：0510716-5　郵撥戶名：陳偉賢
TEL：02-2920-7133　　FAX：02-2927-8446
地址：台北縣中和市中和路322號8樓之一

一. 美術. 設計

書　號	書　　　名	定價
00001-01	新插畫百科(上)	400
00001-02	新插畫百科(下)	400
00001-06	世界名家插畫專集	600
00001-09	世界名家兒童插畫專集	600
00001-05	藝術.設計的平面構成	380
00001-17	紙 基礎造形.藝術.設計	420
00001-12	時尚產品工業設計	650
00001-10	商業美術設計(平面應用篇)	450
00001-11	廣告視覺媒體設計	400
00001-15	應用美術.設計	400
00001-18	基礎造形	400
00001-22	商標造形創作	350
00001-23	插圖彙編(事物篇)	380
00001-24	插圖彙編(交通工具篇)	380
00001-25	插圖彙編(人物篇)	380
00001-28	版面設計基本原理	480
00001-29	D.T.P(桌面排版)設計入門	480
ZA0182-	紙器(包裝造形設計)	400
X0001-	印刷設計圖案(人物篇)	380
X0002-	印刷設計圖案(動物篇)	380
X0003-	圖案設計(花木篇)	350
X0015-	裝飾花邊圖案集成	450
X0016-	實用聖誕圖案集成	380

二. POP設計

書　號	書　　　名	定價
00002-03	精緻手繪POP字體3	400
00002-04	精緻手繪POP海報4	400
00002-05	精緻手繪POP展示5	400
00002-06	精緻手繪POP應用6	400
00002-08	精緻創意POP字體8	400
00002-09	精緻創意POP插圖9	400
00002-10	精緻創意POP畫典10	400
00002-13	POP設計叢書1POP廣告(理論&實務)	400
00002-14	POP設計叢書2POP廣告(麥克筆字體篇)	400
00002-15	POP設計叢書3POP廣告(手繪創意字篇)	400
00002-18	POP設計叢書4POP廣告(手繪POP製作篇)	400
00002-22	POP設計叢書5POP廣告(店頭海報篇)	450
00002-21	POP設計叢書6POP廣告(手繪POP字體)	400
00002-26	POP設計叢書7POP廣告(手繪海報設計)	450
00002-27	POP設計叢書8POP廣告(手繪軟筆字體)	450
00002-17	POP設計字體篇POP正體字學1	450
00002-19	POP設計字體篇POP個性字學2	450
00002-20	POP設計字體篇POP變體字學3基礎篇	450
00002-24	POP設計字體篇POP變體字4(應用篇)	450
00002-31	POP設計字體篇POP創意字學5	450
00002-23	海報設計1海報祕笈(學習海報篇)	450
00002-25	海報設計2海報祕笈(綜合海報篇)	450
00002-28	海報設計3海報祕笈(手繪海報篇)	450
00002-29	海報設計4海報祕笈(精緻海報篇)	450
00002-30	海報設計5海報祕笈(店頭海報篇)	500
00002-32	海報設計6海報祕笈(創意海報篇)	450
00002-34	POP高手系列1POP字體(變體字1)	400
00002-33	POP高手系列2POP商業廣告	400

00002-35	POP高手系列3POP廣告實例	400
00002-36	POP高手系列4POP實務	400
00002-39	POP高手系列5POP插畫	400
00002-37	POP高手系列6POP視覺海報	400
00002-38	POP高手系列7POP校園海報	400

三. 室內設計. 透視圖

書　號	書　　　名	定價
00003-01	藍白相間裝飾法	450
00003-03	名家室內設計作品集 (大8K)	600
00003-04	室內設計製圖實務與圖例(精裝)	650
00003-05	室內設計製圖	400
00003-06	室內設計基本製圖	350
00003-07	美國最新室內透視圖表現技法1	500
00003-08	展覽空間規劃	650
00003-09	店面設計入門	550
00003-10	流行店面設計	450
00003-11	圖解式流行餐飲店設計	450
00003-12	居住空間的立體表現	500
00003-13	精緻室內設計	800
00003-14	室內設計製圖實務	450
00003-01	藍白相間裝飾法	450
00003-03	名家室內設計作品集 (大8K)	600
00003-04	室內設計製圖實務與圖例(精裝)	650
00003-05	室內設計製圖	400
00003-06	室內設計基本製圖	350
00003-07	美國最新室內透視圖表現技法1	500
00003-08	展覽空間規劃	650
00003-09	店面設計入門	550
00003-10	流行店面設計	450
00003-11	圖解式流行餐飲店設計	450
00003-12	居住空間的立體表現	500
00003-13	精緻室內設計	800
00003-14	室內設計製圖實務	450
00003-18	室內設計配色手冊	350
00003-19	百貨公司的內裝設計	550
00003-21	休閒俱樂部.酒吧與舞台設計	1200
00003-22	室內空間設計	500
00003-23	櫥窗設計與空間處理(平)	450
00003-24	博物館&休閒公園展示設計	800
00003-25	個性化室內設計精華	500
00003-26	室內設計&空間運用	1000
00003-27	萬國博覽會&展示會	1200
00003-33	居家照明設計	950
00003-34	商業照明-創造活潑生動的公共空間	1200
00003-39	室內透視繪製實務	600
00003-40	家居空間-設計與快速表現	450
00003-41	室內空間徒手表現	600
00003-42	室內.景觀空間設計繪圖表現法	480
00003-43	徒手畫-建築與室內設計	580
00003-44	室內空間透視圖-設計表現實例	520
Z0308-	羅啟敏室內透視圖表現2	500
Z0329-	商業空間-辦公室.空間.傢俱和燈共(特價)	499
Z0330	商業空間-酒吧.旅館及餐館(特價)	499
Z0331-	商業空間-商店.巨型百貨公司及精品(特價)	499

新形象出版圖書目錄

郵撥帳號：0510716-5　郵撥戶名：陳偉賢
TEL：02-2920-7133　FAX：02-2927-8446
地址：台北縣中和市中和路322號8樓之一

四.圖學

書　號	書　　名	定價
00004-01	綜合圖學	250
00004-02	製圖與識圖	280
00004-04	基本透視實務技法	400
00004-05	世界名家透視圖全集(大8K)	600
B0260-	視覺設計叢書3設計圖學(基礎篇)	300
B0264-	視覺設計叢書4設計圖學(進階篇)	300
B0265-	透視圖技法解析	400
C0495-	實用製圖與識圖	240

五.色彩.配色

書　號	書　　名	定價
00005-01	色彩計劃(新形象)	350
00005-02	色彩心理學-初學者指南	400
00005-03	色彩與配色(普級版)	300
00005-04	配色事典(1)集	330
00005-05	配色事典(2)集	330
00003-07	美國最新室內透視圖表現技法1	500

六.行銷.企業識別設計

書　號	書　　名	定價
00006-01	企業識別設計	450
00006-02	商業名片(1)	450
00006-03	商業名片(2)創意設計	450

七.造園.景觀

書　號	書　　名	定價
00007-01	造園景觀設計	1200
00007-02	現代都市街道景觀設計	1200
00007-05	最新歐洲建築外觀	1500
00007-06	觀光旅館設計	800
00007-07	建築藝術-景觀設計實務	850
N0070-	環境景觀識別設計II	1050

八.繪畫技法

書　號	書　　名	定價
00008-01	基礎石膏素描	400
00008-02	石膏素描技法專集	450
00008-03	繪畫思想與造形理論	350
00008-04	魏斯水彩畫專集	650
00008-05	水彩靜物圖解	400
00008-06	美術技法叢書1油彩畫技法	450
00008-08	美術技法叢書3風景表現技法	450
00008-09	石膏素描表現技法4	450
00008-10	水彩.粉彩表現技法5	450
00008-11	描繪技法6	350
00008-12	粉彩表現技法7	400
00008-13	繪畫表現技法8	500
00008-14	色鉛筆描繪技法9	400
00008-15	油畫配色精要10	400
00008-16	鉛筆技法11	350
00008-17	基礎油畫12	450
00008-18	世界名家水彩(1)大8K	650
00008-20	世界名家水彩(3)大8K	650
00008-22	世界名家水彩(5)大8K	650

00008-23	壓克力畫技法	400
00008-24	不透明水彩技法	400
00008-25	新素描技法解說	350
00008-26	畫鳥.話鳥	450
00008-27	噴畫技法	600
00008-28	當代彩墨繪畫技法(附繪畫教學光碟)	550
00008-29	人體結構與藝術構成(第四版)	1300
00008-30	藝用解剖學(平裝)	350
00008-31	鉛筆素描真簡單	390
00008-32	千嬌百態	450
00008-33	世界名家油畫專集(大8K)	650
00008-35	芳菲傳馨 吳士偉水墨畫集	600
00008-38	美術繪畫1實用繪畫範本	450
00008-37	美術繪畫2粉彩畫技法	450
00008-39	美術繪畫3油畫基礎畫法	450
00008-45	美術繪畫4水彩技法圖解	450

00008-68	美術繪畫5水彩靜物畫	400
00008-41	水彩拼貼技法大全	650
00008-42	人體之美實體素描技法	400
00008-44	噴畫的世界	500
00008-46	技法1鉛筆畫技法	350
00008-47	技法2粉彩筆畫技法	450
00008-48	技法3沾水筆.彩色墨水技法	450
00008-49	技法4野生植物畫法	400
00008-50	技法5油畫質感表現技法	450
00008-57	技法6陶藝教室	400
00008-59	技法7陶藝彩繪的裝飾技巧	450

00008-51	如何引導觀畫者的視線	450
00008-52	人體素描-裸女繪畫的姿勢	400
00008-53	大師的油畫秘訣	750
00008-54	創造性的人物速寫技法	600
00008-55	壓克力膠彩全技法-從基礎到應用	450
00008-56	畫材百科	500
00008-58	繪畫技法與構成	450
00008-60	繪畫藝術	450
00008-62	GIRLS' LIFE美少女生活插畫集	450
00008-63	軍事插畫集	500
00008-64	品味陶藝專門技法	400
00008-65	中國畫技法(CD/ROM)	500
00008-66	精細素描	300
00008-69	超素描教室簡易學習法	300
00008-70	油畫簡單易懂的混色教室	380
00008-71	藝術讚賞(附光碟)	250
00008-72	水墨山水畫快速法	380
00008-73	水粉畫技法	480
00008-74	繪畫技法系列1乾筆技法大全	520
00008-75	繪畫技法系列2素描技法大全	520
00008-76	繪畫技法系列3動畫繪製大全	650
00008-77	繪畫技法系列4油畫技法大全	520
00008-78	繪畫技法系列5粉彩技法大全	520
即將出版	繪畫技法系列6-工業設計繪圖	650

00001-16	插畫藝術設計	400
X0005-	精細插畫設計	600
X0006-	透明水彩表現技法	450
X0008-	最新噴畫技法	500

郵撥帳號：0510716-5　郵撥戶名：陳偉賢
TEL：02-2920-7133　　FAX：02-2927-8446
地址：台北縣中和市中和路322號8樓之一

九. 廣告設計. 企劃

書　號	書　　　名	定價
00009-03	企業識別設計與製作	400
00009-05	實用廣告學	300
00009-12	廣告設計2-商業廣告印刷設計	450
00009-13	廣告設計3-包裝設計點線面	450
00009-15	廣告設計5-包裝設計	450
00009-16	被遺忘的心形象	150
00009-18	綜藝形象100序	150
00006-04	名家創意系列1識別設計	1200
00009-20	名家創意系列2包裝設計	800
00009-21	名家創意系列3海報設計	800
00009-22	視覺設計-啟發創意的平面設計	850

十. 建築房地產

書　號	書　　　名	定價
00010-02	建築環境透視圖	650
00010-04	建築模型-製作紙面模型	550
00010-03	實戰寶典9-營建工程管理實務	390
00010-06	美國房地產買賣投資	220
00010-20	寫實建築表現技法	400
00010-64	中美洲-樂園貝里斯	350

十一. 手工藝DIY

書　號	書　　　名	定價
00011-05	紙的創意世界-紙藝設計	600
00011-07	陶藝娃娃	280
00011-08	木彫技法	300
00011-09	陶藝初階	450
00011-10	小石頭的創意世界(新版)	380
00011-11	紙黏土叢書1-紙黏土的遊藝世界	350
00011-16	紙粘土叢書2-紙粘土的環保世界	350
00011-12	彩繪你的生活	380
00011-13	紙雕創作-餐飲篇	450
00011-14	紙雕創作1-紙雕嘉年華	450
00011-15	紙黏土白皮書	450
00011-19	談紙神工	450
00011-18	創意生活DIY(1)美勞篇	450
00011-20	創意生活DIY(2)工藝篇	450
00011-21	創意生活DIY(3)風格篇	450
00011-22	創意生活DIY(4)綜合媒材篇	450
00011-22	創意生活DIY(4)綜合媒材篇	450
00011-23	創意生活DIY(5)札貨篇	450
00011-24	創意生活DIY(6)巧飾篇	450
00011-26	DIY物語(1)織布風雲	400
00011-32	紙藝創作系列1-紙塑娃娃(回饋價)	299
00011-33	紙藝創作系列2-簡易紙塑	375
00011-46	黏土花藝-超輕黏土與樹脂土	380
00011-47	歐風立體紙雕	390
00011-51	卡片DIY1-3D立體卡片1	450
00011-52	卡片DIY2-3D立體卡片2	450
00011-57	創意生活1創意無所不在	280
00011-60	個性針織DIY	450
00011-01	織布生活DIY	450
00011-62	彩繪藝術DIY	450
00011-63	花藝禮品DIY	450

書　號	書　　　名	定價
00011-64	節慶DIY系列1聖誕饗宴(1)	400
00011-65	節慶DIY系列2聖誕饗宴(2)	400
00011-66	節慶DIY系列3節慶嘉年華	400
00011-67	節慶DIY系列4節慶道具	400
00011-68	節慶DIY系列5節慶卡麥拉	400
00011-69	節慶DIY系列6節慶禮品包裝	400
00011-70	節慶DIY系列7節慶佈置	400
00011-76	親子同樂系列1童玩勞作(特價)	280
00011-77	親子同樂系列2紙藝勞作(特價)	280
00011-78	親子同樂系列3玩偶勞作(特價)	280
00011-80	親子同樂系列4環保勞作	280
00011-79	親子同樂系列5自然科學勞作(特價)	280
00011-83	親子同樂系列6可愛娃娃勞作(特價)	299
00011-84	親子同樂系列7生活萬象勞作(特價)299元	299
00011-75	休閒手工藝系列1鉤針玩偶	360
00011-81	休閒手工藝系列2銀編首飾	360
00011-82	休閒手工藝系列3珠珠生活裝飾(特惠價299)	299
00011-85	休閒手工藝系列4芳香布娃娃	360
00011-86	兒童美勞才藝系列1趣味吸管篇	200
00011-87	兒童美勞才藝系列2捏塑黏土篇	280
00011-88	兒童美勞才藝系列3創意黏土篇	280
00011-89	兒童美勞才藝系列4巧手美勞篇	200
00011-90	兒童美勞才藝系列5兒童美術篇	250
0011-100	兒童美勞才藝系列6兒童色鉛筆	250
00011-91	快樂塗鴉畫1陸地動物	280
00011-92	快樂塗鴉畫2植物＊昆蟲	280
00011-93	快樂塗鴉畫3海空生物	280
00011-93	快樂塗鴉畫3海空生物	280
00011-93	快樂塗鴉畫3海空生物	280
00011-93	快樂塗鴉畫3海空生物	280
00011-93	快樂塗鴉畫3海空生物	280
00011-93	快樂塗鴉畫3海空生物	280
00011-93	快樂塗鴉畫3海空生物	280
00011-93	快樂塗鴉畫3海空生物	280
00011-94	快樂塗鴉畫4生活萬物	280
00011-95	手創生活1鋁線與金屬-創意輕鬆做	299
00011-96	手創生活2紙黏土勞作-創意輕鬆做	299
00011-97	手創生活3自然素材-創意輕鬆做	299
00011-98	手創生活4瓶罐與牛奶盒-創意輕鬆做	299
00011-99	手創生活5手機的裝飾-創意輕鬆做	299
0011-101	手創生活6室內生活佈置	350
0011-102	手創生活7風格佈置	350
0011-103	手創生活8庭院佈置	350
0011-104	手創生活9餐廳與廚房佈置	350
00016-01	做一個漂亮的木樺	580
00016-02	沒落的行業-木刻專集	400

十二. 幼教設計

書　號	書　　　名	定價
00012-01	創意的美術教室	450
00012-02	最新兒童繪畫指導	400
00012-04	教室環境設計	350
00012-06	教室環境設計1人物篇	360
00012-07	教室環境設計2動物篇	360
00012-08	教室環境設計3童話圖案篇	360

郵撥帳號：0510716-5　郵撥戶名：陳偉賢
TEL：02-2920-7133　　FAX：02-2927-8446
地址：台北縣中和市中和路322號8樓之一

十二. 幼教設計

書 號	書 名	定價
00012-09	教室環境設計4創意篇	360
00012-10	教室環境設計5植物篇	360
00012-11	教室環境設計6萬象篇	360
00012-12	教室佈置系列1教學環境佈置	400
00012-13	教室佈置系列2人物校園佈置(1)	180
00012-14	教室佈置系列3人物校園佈置(2)	180
00012-15	教室佈置系列4動物校園佈置(1)	180
00012-16	教室佈置系列5動物校園佈置(2)	180
00012-17	教室佈置系列6自然萬象佈置(1)	180
00012-18	教室佈置系列7自然萬象佈置(2)	180
00012-19	教室佈置系列8幼兒教育佈置PART1	180
00012-20	教室佈置系列9幼兒教育佈置PART2	180
00012-21	教室佈置系列10創意校園佈置	360
00012-22	教室佈置系列11佈置圖案百科	360
00012-23	教室佈置系列12花邊佈告欄佈置	360
00012-29	教室佈置系列13紙雕花邊應用(附光碟)	360
00012-30	教室佈置系列14花邊校園海報(附光碟)	360
00012-31	教室佈置系列15趣味花邊造型(附光碟)	360
00012-03	幼教教具設計1教具製作設計(平裝)	360
00012-24	幼教教具設計2摺紙佈置的教具	360
00012-26	幼教教具設計3有趣美勞的教具	360
00012-27	幼教教具設計4益智遊戲的教具	360
00012-28	幼教教具設計5節慶活動的教具	360
00012-25	教學環境佈置1花卉植物篇	400
00012-32	教學環境佈置2昆蟲動物篇	400

十三. 攝影

書 號	書 名	定價
00013-01	世界名家攝影專集(1)	650
00013-03	世界自然花卉	400
00013-11	完全攝影手冊完整的攝影課程	980
00013-12	THE35MM現代攝影師指南	600
00013-13	專業攝影系列-婚禮攝影	750
00013-14	專業攝影系列-攝影棚人像攝影	750
00013-15	電視節目製作-單機操作析論	500
00013-16	感性的攝影技巧	500
00013-17	快快樂樂學攝影	500
00013-18	電視製作全程記錄-單機實務篇	380
00013-19	攝影疑難診斷室	500
00013-20	特定景物攝影技巧	500
00013-21	增強光色效果的攝影術	400

十四. 字體設計

書 號	書 名	定價
00014-01	英文.數字造形設計	800
00014-02	中國文字造形設計	250
00014-03	中英文美術字體設計	250
00014-05	新中國書法	700

十五. 服裝. 美容. 髮型設計

書 號	書 名	定價
00015-01	服裝打版講座	350
00015-05	衣服的畫法-便服篇	400
00015-07	基礎服裝畫(北星)	350
00015-10	美容美髮專書1美容.美髮與色彩	420
00015-11	蕭本龍e媚彩妝美學	450
00015-12	臉部視覺美學造型	780
00015-13	服裝打版放縮講座	350
Z1508-	T-SHIRT噴畫過程及指導(特價)	299

十六. 中國美術. 藝術欣賞

書 號	書 名	定價
00016-05	陳永浩彩墨畫集	650

十七. 電腦設計

書 號	書 名	定價
00001-21	商業電腦繪圖設計	500
00017-02	電腦設計-影像合成攝影處理	850
00017-03	電腦數碼成像製作	1350
00017-04	美少女CG網站	450
00017-05	神奇的美少女CG世界	500
00017-06	美少女CG電腦技巧實力提升	450

十八. 西洋美術. 藝術欣賞

書 號	書 名	定價
00004-	06西洋美術史	300
00004-07	名畫的藝術思想	400

室內設計施工圖與裝修工程

出版者	新形象出版事業有限公司
負責人	陳偉賢
地址	新北市中和區235中和路322號8樓之1
電話	(02)2920-7133
傳真	(02)2927-8446

編著者	陳德貴
發行人	陳偉賢
執行企劃	陳怡任
電腦美編	謝文杰
製版所	興旺彩色印刷製版有限公司
印刷所	利林印刷股份有限公司

總代理	北星文化事業股份有限公司
地址/門市	新北市永和區234中正路462號B1
電話	(02)2922-9000
傳真	(02)2922-9041
網址	www.nsbooks.com.tw
郵撥帳號	50042987北星文化事業有限公司帳戶
本版發行	2019 年 8 月
定價	NT$500元整

行政院新聞局出版事業登記證/局版台業字第3928號
經濟部公司執照/76建三辛字第214743號

室內設計的施工圖與裝修工程 /陳得貴編著.-
-第一版.-- 新北市中和區：新形象，2009.10
　　面；　公分
　　ISBN 978-986-6796-06-7(平裝)

　　1.室內設計 2.工程圖學 3.施工管理

441.52　　　　　　　　　　98015846